COURS D'ÉTUDES

A L'USAGE DES PETITS SÉMINAIRES ET DES COLLÉGES.

COURS ÉLÉMENTAIRE

D'ALGÈBRE

A L'USAGE

DES ÉTABLISSEMENTS D'INSTRUCTION PUBLIQUE

AVEC UN GRAND NOMBRE

D'EXEMPLES, D'EXERCICES DE CALCUL ET DE PROBLÈMES

Par l'Abbé Ch. MENUGE

Professeur de sciences mathématiques et physiques au petit séminaire de Saint-Gaultier.

PARIS

LOUIS GIRAUD, LIBRAIRE-ÉDITEUR

RUE DES SAINTS-PÈRES, 11

NIMES. — MÊME MAISON

COURS ÉLÉMENTAIRE

D'ALGÈBRE.

APPROBATION

DE MONSEIGNEUR L'ARCHEVÊQUE DE BOURGES.

CHARLES-AMABLE DE LA TOUR D'AUVERGNE LAURAGUAIS,

Par la miséricorde divine et la grâce du Saint-Siége apostolique, Patriarche, Archevêque de Bourges, Primat des Aquitaines, etc.

Vu le rapport qui nous a été fait par la commission que nous avons instituée pour l'examen des livres, sur le *Cours élémentaire d'Algèbre* de M. l'abbé Menuge, professeur de sciences dans notre petit séminaire de Saint-Gaultier ;

Considérant que cet ouvrage, aux termes dudit rapport, présente le mérite d'un abrégé facile et clair des premiers éléments de l'algèbre et d'un choix judicieux de nombreux exemples destinés à les faire comprendre et appliquer ; que d'ailleurs la pensée chrétienne qui a présidé à sa rédaction le rend particulièrement propre à servir à l'enseignement dans les maisons religieuses ;

Nous en permettons l'impression par les présentes, en même temps que nous en autorisons l'usage dans nos établissements diocésains.

Donné à Bourges, le 5 novembre 1863.

† C.-A., *Archev. de Bourges.*

Par mandement :

Du Peyroux, ch. s. g.

Paris. — Imprimerie P.-A. BOURDIER et Ce, 6, rue des Poitevins.

COURS D'ÉTUDES

A L'USAGE DES PETITS SÉMINAIRES ET DES COLLÉGES.

COURS ÉLÉMENTAIRE D'ALGÈBRE

A L'USAGE

DES ÉTABLISSEMENTS D'INSTRUCTION PUBLIQUE

AVEC UN GRAND NOMBRE

D'EXEMPLES, D'EXERCICES DE CALCUL ET DE PROBLÈMES,

Par l'Abbé Ch. MENUGE

Professeur de sciences mathématiques et physiques au petit séminaire de Saint-Gaultier.

PARIS

LOUIS GIRAUD, LIBRAIRE-ÉDITEUR

RUE DES SAINTS-PÈRES, 11

NIMES. — MÊME MAISON

1865

Tout exemplaire non revêtu de la griffe de l'éditeur sera réputé contrefait.

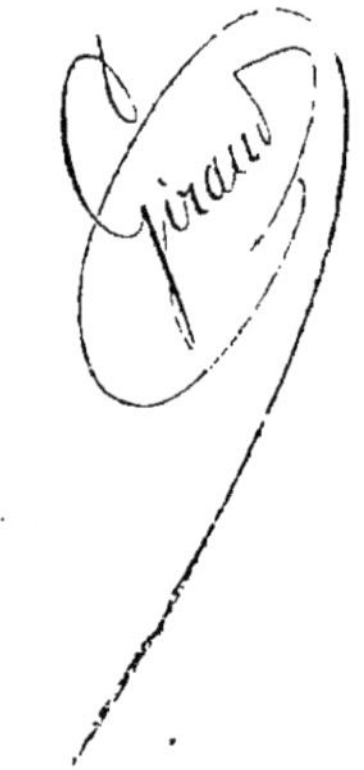

PRÉFACE

Rendre l'étude de l'algèbre facile, intéressante et utile pour ceux mêmes qui ont peu de temps à y consacrer, tel est le but de ce nouveau cours élémentaire. Voici comment nous avons cru pouvoir l'atteindre.

Nous avons d'abord évité de charger les commencements de détails considérables dont on ne doit faire plus tard aucune application; c'est ainsi que pour la multiplication et la division des polynômes nous avons beaucoup abrégé ou même supprimé complétement ce qu'on trouve à ce sujet dans la généralité des traités d'algèbre[1]. De plus, en reportant le calcul des quantités négatives à la place que lui ont assignée les programmes officiels, nous avons voulu d'une part dégager de toute difficulté, même apparente, ce qui précède la résolution des équations et des

1. Les nouveaux programmes d'enseignement du 25 mars dernier prescrivent la division des polynômes, même pour les jeunes gens qui font des études littéraires complètes. C'est pourquoi nous la donnons dans un appendice à la fin du volume. On entrera dans le dessein qui nous l'avait fait supprimer, en ne l'étudiant qu'à la fin du cours ou au moins après les problèmes du premier degré.

problèmes; de l'autre, réserver pour le moment où les élèves auraient été préparés à la bien comprendre, la *théorie raisonnée* de ces quantités, que l'esprit, pour être pleinement satisfait, réclame nécessairement et que nous espérons avoir rendue facile en déduisant tout de l'idée très-simple de soustraction.

Au lieu d'essayer, comme on l'a fait dans beaucoup d'ouvrages, de donner, avant l'explication des opérations fondamentales, une idée des avantages de l'algèbre par la résolution de quelques problèmes, nous avons préféré renfermer dans notre premier chapitre des développements étendus sur l'interprétation des signes, le calcul des valeurs numériques et l'usage des formules. Ces développements faciles à comprendre, ayant par eux-mêmes des applications immédiates, ne peuvent que servir à montrer tout d'abord l'utilité générale de l'algèbre; ils favorisent l'élan des jeunes élèves et les disposent à se livrer avec courage, après quelques leçons de plus, à l'étude des questions d'un autre ordre. Nous n'avons pas voulu d'ailleurs commencer sans faire connaître le but et l'importance de l'algèbre, l'idée pratique et en partie aussi l'idée philosophique que nous y attachons.

Mais c'est le calcul des équations qui apporte surtout dans l'étude de l'algèbre ce plaisir, cette ardeur qui sont en même temps une récompense des premiers efforts et une des conditions d'un véritable succès : aussi fallait-il donner tous nos soins à cette partie si intéressante. Déjà, dans le premier et le second chapitre, nos exemples sont très-nombreux, et les exercices, rattachés aux exemples ou au moins aux règles par des numéros d'ordre, reproduisent les cas divers qui y sont expliqués ; mais ici surtout, selon que les règles présentaient des cas plus variés ou plus pratiques, nous nous sommes étudié à prévenir toutes les difficultés une à une et à ne rien omettre qui parût avoir quelque utilité.

Pour la mise en équation des problèmes, il fallait encore, s'il était possible, plus d'attention à aider les jeunes élèves et à les conduire par degrés presque insensibles à l'application facile de la méthode générale. C'est dans vingt-sept exemples relatifs au premier degré à une inconnue que nos explications, rendues presque familières, ont surtout pour but de faire toucher du doigt que toute la méthode consiste à savoir vérifier un résultat supposé, et c'est pourquoi alors nous employons souvent un nombre connu supposé arbitrairement, au lieu d'appeler de suite x le résultat demandé. Ces vingt-sept exemples sont divisés par séries auxquelles correspondent d'autres séries comprenant ensemble une centaine de problèmes proposés en exercices. Les chapitres suivants renferment de même un grand nombre d'exemples et d'exercices sur les problèmes du premier degré à plusieurs inconnues et du second degré à une inconnue.

Si nous avions composé cet ouvrage pour les jeunes gens qui font une étude spéciale des mathématiques, on pourrait trouver minutieuses et exagérées toutes les précautions que nous avons prises pour ménager les forces des élèves tout en les exerçant. Mais il s'agit pour nous de faciliter l'acquisition des connaissances scientifiques à ceux qu'on applique plus particulièrement à l'étude des belles-lettres; nous ne pouvions donc rien faire de trop pour celle de toutes les sciences qui a le tort avoué de parler le moins à l'imagination et qui mérite pourtant l'attention sérieuse des jeunes élèves, ainsi que notre cours le montrera.

Quant au but pratique que nous avons dû nous proposer, il n'aurait pas été assez digne des maisons d'éducation auxquelles nous destinons notre travail, s'il s'était borné à des applications d'arithmétique commerciale et industrielle : nous devions en général faire servir les notions d'algèbre à l'intelligence des livres élémentaires de mathématiques et de physique. Par conséquent, nous ne pouvions pas négliger le calcul des équations littérales. C'est d'ailleurs un des points les plus curieux de l'algèbre, de voir comment une formule tirée d'une équation répond à tous les cas de cette équation et peut se transformer de manière à fournir plusieurs autres formules aussi utiles qu'elle l'était elle-même. Nous ne manquons pas, dans un article spécial, de chercher à faire ressortir ces avantages importants.

La discussion des problèmes présente aussi trop d'intérêt pour que nous n'ayons pas au moins donné en exemple le problème connu sous le nom de *Problème des Courriers;* mais nous n'avons rien dit de la discussion des formules à plusieurs inconnues, ni de celle des racines du second degré; à plus forte raison il convenait d'omettre entièrement les questions de maximum et de minimum. Nous avons exposé en partie la théorie des proportions, en avertissant toutefois qu'il n'était pas indispensable de l'étudier. Quant aux progressions, il nous a paru suffisant de placer, après les définitions, les formules qui s'y rapportent sans les démontrer. Par ces suppressions[1], nous avons pu réserver à nous de la place et aux élèves du temps pour l'étude des logarithmes, qui fournissent le moyen d'effectuer une foule de calculs si curieux, surtout en géométrie. Si l'on évite les logarithmes négatifs, ainsi qu'on peut le faire avec la plus grande facilité dans la plupart des cas (Voy. à cet égard une observation de la fin du chap. XI, n° 392), ces calculs seront tellement simplifiés, qu'une seule leçon suffira pour en apprendre le secret aux élèves. Une petite table comprenant les nombres de 1 à 100 occupe une page de notre livre.

Le dernier chapitre contient un grand nombre d'applications de l'algèbre aux différentes parties de la science. On y entrevoit même les richesses de son application à la géométrie, peut-être assez pour désirer de faire un jour connaissance avec cette partie si belle des mathématiques. — Vient ensuite, dans un chapitre supplémentaire, l'*Histoire de l'algèbre*.

Quant aux *résumés* qui terminent les chapitres, on

1. Ce sont aussi, pour la plupart, celles qui distinguent le nouveau programme d'algèbre des classes d'humanités de celui du cours particulier de sciences.

y trouvera l'abrégé des règles avec leurs démonstrations, comme dans un traité d'algèbre *de quelques pages*. Nous ferons remarquer d'après cela que si cet ouvrage pouvait paraître trop volumineux pour les jeunes gens à qui il s'adresse, il ne le doit pas à la quantité des matières qu'il renferme, mais plutôt à la place considérable occupée à la fois par les résumés dont nous parlons et par les nombreux exemples et exercices qui accompagnent partout les préceptes. Ce n'est pas augmenter le temps nécessaire à une étude que de multiplier les moyens d'en rendre l'objet à la fois plus clair et plus intéressant. Au reste, avec le secours de nos résumés et les nombreuses divisions que nous avons établies dans les exercices, rien ne sera plus facile que de limiter, d'après le temps qui est attribué à l'enseignement de l'algèbre dans chaque maison d'éducation, les matières qu'on voudra expliquer aux élèves. Les plus studieux trouveront dans les parties négligées de quoi compléter utilement l'enseignement reçu en commun.

Enfin nous espérons qu'on nous saura gré d'avoir quelquefois dans la suite du cours, interrompu l'exposition des méthodes pour en faire ressortir l'esprit, y remarquer l'action du génie, ou y trouver un enseignement autre que l'enseignement mathématique proprement dit. Nous avons voulu, de plus, élever l'algèbre dans l'esprit de nos jeunes lecteurs en mêlant une pensée religieuse aux motifs qui peuvent les porter à l'étudier. Et pourquoi, en effet, la pensée de Dieu serait-elle bannie d'une seule de nos sciences? « A notre époque surtout, » ainsi que Monseigneur l'Archevêque de Bourges daignait nous l'écrire au sujet de notre *Cours de Cosmographie*, « il importe souverainement que la pensée de Dieu domine tout : *Deus scientiarum Dominus est*. » La jeunesse chrétienne doit être formée dans ces sentiments, et si nous contribuons, même pour une légère part, à les lui inspirer, nous devrons nous estimer plus heureux que si nous lui faisions admirer et comprendre tous les calculs des Descartes et des Newton.

ERRATA.

Pages. Lignes.

10, 10, en remontant, au lieu : de 33), lisez : 33.

12, 10, au lieu de $\sqrt{a}$, lisez : $\sqrt[3]{a}$.

19, au lieu de : $\frac{\sqrt{a}}{d}$, lisez : $\frac{\sqrt{c}}{d}$.

6, en remontant, au lieu de : $\frac{\surd c}{d}$, lisez : $\frac{\sqrt{c}}{d}$.

23, 14, au lieu de : que le fait, lisez : que ne le fait.

27, 5, en remontant (exercice 1), au lieu de : $a - 2c - b - d$, lisez : $a - c - b + d$.

29, 12, en remontant (exercice 25), au lieu de la 2e formule : $x = (a + b)c^2$, lisez : $x = (a + b)c$.

30, 14, au lieu de : 800, lisez : 8000.

136, avant l'exemple IV, lisez l'exemple III *bis*, placé à la page 154.

138, 10, au lieu de : $-\frac{x}{3} \cdot \frac{1}{2} (3x - y)2$, lisez :

$$-\frac{x}{3} \cdot \frac{1}{2} = (3x - y)3.$$

139, 6, au lieu de : *latérales*, lisez : *littérales*.

204, 5, en remontant, au lieu de 1656, lisez : 1536.

COURS ÉLÉMENTAIRE

D'ALGÈBRE.

Tractavit (ratio) omnia diligenter, percepit prorsus se plurimum posse, et quidquid posset, numeris posse. S. AUGUSTIN. *De Ordine*, II, 43.

But et importance de l'Algèbre.

1. L'algèbre a pour but de faciliter, par l'emploi des lettres de l'alphabet et de quelques autres signes dans le calcul, la résolution de toutes les questions qu'on peut faire sur les nombres. C'est une sorte d'arithmétique qui supplée à l'insuffisance de l'arithmétique proprement dite. Elle résout une foule de difficultés que, sans elle, on n'oserait point aborder, et, dans bien des circonstances même où le calcul ordinaire ne fait pas défaut, elle apporte encore une clarté et une simplicité qui en rendent l'usage précieux dans l'étude des sciences. On peut la définir *la science du calcul des quantités considérées d'une manière abstraite et représentées par des lettres*. Newton lui donnait le nom d'*Arithmétique universelle*.

2. L'algèbre offre surtout l'avantage de simplifier les *questions générales*. Ainsi, lorsqu'il s'agit de la résolution d'un problème, outre qu'elle fournit la réponse qui convient à chaque cas particulier et pour des nombres déterminés, elle sait de plus embrasser tous les cas dans une même opération, et amener, par une combinaison régulière de ses signes, une solution unique de toutes les questions de même espèce; cette solution consiste, comme nous le verrons dès les premières pages de cet ouvrage, en une sorte de *règle générale* indiquant au calculateur les opérations purement arithmétiques qu'il doit effectuer sur des nombres connus pour trouver d'autres nombres inconnus qui sont l'objet de la question proposée. Ces règles générales, écrites avec les signes convenables, prennent le nom de *formules*.

3. Au reste, ce n'est pas au commencement de ce cours que nous pouvons expliquer tous les avantages que présente l'algèbre; nos jeunes lecteurs en auront de suite une idée plus précise s'ils jettent un coup-d'œil sur les divers problèmes que nous avons réunis plus loin : ils s'apercevront aussitôt que si on devait traiter la plupart d'entre eux par les règles ordinaires du calcul et par le raisonnement abandonné à ses seules forces, leur résolution réclamerait la pénétration des esprits les plus exercés dans la science des nombres (Voyez à la fin des chapitres V, VI et IX). Ces problèmes deviennent au contraire tout à fait faciles si on veut les soumettre aux procédés particuliers qu'enseigne l'algèbre.

4. C'est surtout dans l'étude des sciences mathématiques et physiques que l'algèbre rend des services signalés et fait voir toute son utilité. Aussi ne saurait-on ouvrir la plupart des traités qui expliquent ces matières sans y trouver presque à chaque page les signes algébriques et des calculs faits à l'aide de ces signes. On peut même dire de l'algèbre qu'elle est depuis plusieurs siècles, et surtout aujourd'hui, comme la langue et l'écriture particulière des savants. Devenue entre leurs mains un instrument universel pour l'intelligence des lois mathématiques que Dieu a mises dans ses ouvrages, elle a amené dans les sciences qui ont ces lois pour objets, d'immenses progrès, et sert tous les jours à multiplier et à faciliter leurs applications aux besoins de la vie. Les jeunes élèves voudront donc, en étudiant ce cours élémentaire, se mettre en état de comprendre et d'appliquer eux-mêmes, au moins dans ce qu'il y a de plus simple, les résultats de tant de recherches scientifiques sur les divers objets de la création. Mais ce n'est pas là le seul but que nous leur proposons. Nous croyons aussi qu'ils trouveront dans l'étude de l'algèbre et dans les exercices du calcul algébrique un secours de plus pour le développement de leurs facultés intellectuelles, et nous ne négligerons rien dans ce traité, aux différents points de vue auxquels il est possible de se placer, pour qu'ils retirent en effet de leur travail cet avantage précieux.

CHAPITRE PREMIER

Des signes algébriques. Interprétation et usage des formules. Définitions préliminaires.

5. On a besoin de représenter par des signes en algèbre : 1° les nombres sur lesquels il faut opérer ou raisonner; 2° les opérations à faire sur ces nombres; 3° les relations d'égalité ou d'inégalité entre les quantités qui sont l'objet du calcul algébrique.

6. Signes employés en algèbre pour représenter les nombres. — On représente les nombres en algèbre ou par des chiffres ou par des lettres de l'alphabet. Les chiffres conviennent pour désigner les nombres déterminés et connus, tels que *vingt-cinq*, *quarante-six*, *cent quatre-vingts*. Les lettres servent à désigner ceux dont la valeur, inconnue ou non déterminée, est considérée seulement d'une manière *générale* : les lettres a, b, c, par exemple, peuvent représenter des nombres *quelconques* de maisons, d'arbres, de pommes, sans détermination ou fixation particulière de ces nombres.

7. Les lettres de l'alphabet n'ayant par elles-mêmes aucune signification mathématique, on comprend parfaitement que chacune d'elles soit très-propre à représenter en même temps tous les nombres possibles d'une même espèce d'unité. L'algébriste est d'ailleurs libre, toutes les fois qu'il opère, de faire désigner à une lettre l'espèce d'unité qu'il veut, pourvu sans doute qu'il ait soin de marquer, afin d'être compris, quel est le sens adopté par lui dans chaque cas particulier. Il suit de là que la lettre a, par exemple, pourra signifier tour à tour des nombres quelconques de kilogrammes de fer, d'hectolitres de vin, de stères de bois, etc. Une même lettre garde le même sens dans le cours d'une même opération ; elle peut ensuite en changer si la question change d'objet. Cette signification arbitraire et générale des lettres de l'alphabet, employées comme signes ou symboles des nombres, résume tout le secret de l'importance qu'elles ont en algèbre. Ce n'est pas qu'il eût été difficile de prendre à leur place d'autres signes conventionnels pour représenter les quantités : mais ces signes nouveaux n'auraient pas offert, comme les signes alphabétiques, l'avantage d'être connus d'avance de tout le monde ; il aurait fallu d'ailleurs leur donner des noms et on ne pouvait en imaginer de plus simples que ceux des lettres de l'alphabet.

8. Du choix des différentes lettres pour représenter différentes espèces d'unités. — Quoique le choix des lettres à introduire dans le calcul algébrique ne soit soumis à aucune règle, l'usage veut cependant qu'on emploie de préférence les dernières x, y, z, pour représenter les *inconnues* dont il s'agit de calculer la valeur, et les premières a, b, c, etc., pour désigner les nombres qu'on suppose connus. De plus, on prend ordinairement, pour représenter une espèce d'unité, la lettre initiale du mot qui exprime cette unité ; cela aide la mémoire. C'est ainsi que, dans les traités de physique et de mécanique, l'espace parcouru par un corps en mouvement s'écrit algébriquement e, et la vitesse de ce corps v. Souvent enfin on se sert de la même lettre avec un ou plusieurs accents, comme a', a'', a''', etc., qu'on prononce *a prime, a seconde, a tierce,* etc., pour rappeler des quantités composées d'unités semblables, ou qui offrent entre elles quelque analogie : par exemple, si la lettre a désigne, en vertu d'une convention, un certain nombre de kilogrammes de fer, on désignera par a', a'', a''', d'autres nombres de kilogrammes de fer.

9. Quantité algébrique ou littérale. — On appelle

quantité algébrique ou *littérale, expression algébrique* ou *littérale,* toute quantité écrite au moyen des lettres de l'alphabet.

10. Valeur numérique. — On appelle *valeur numérique* d'une quantité littérale la valeur particulière que prend cette quantité quand on y remplace chaque lettre par le nombre que cette lettre représente dans une circonstance donnée. De nombreux exemples, dans la suite de ce chapitre, feront comprendre cette définition, et montreront comment on trouve la valeur numérique de toute quantité dans laquelle les nombres sont désignés par des lettres.

11. Signes des opérations. — Les signes des opérations algébriques, addition, soustraction, multiplication et division, élévation aux puissances et extraction des racines, sont presques tous également employés en arithmétique ; mais ils sont loin d'avoir dans cette science l'importance qu'ils ont en algèbre.

12. Signe de l'addition. — L'addition s'indique par le signe $+$, qu'on prononce *plus*. Ainsi $5+3$ s'énonce 5 *plus* 3, et signifie la *somme* des nombres 5 et 3, c'est-à-dire 8. De même $a+b$ signifie qu'à un certain nombre représenté par a on ajoute un autre nombre désigné par b : en d'autres termes, $a+b$ signifie la *somme* des deux nombres a et b; on prononce *a plus b*.

13). Si, *par convention*, et dans une circonstance déterminée, a valait 12 et b valait 4, l'expression $a+b$ vaudrait $12+4$ ou 16, et, pour rappeler la définition que nous donnions il y a un instant (nº 10), on appellerait alors le nombre 16 la *valeur numérique* de la quantité algébrique $a+b$.

14. Signe de la soustraction. — Le signe de la soustraction est —; il s'énonce *moins*. Ainsi $5-3$ signifie 5 *moins* 3; de même $a-b$ signifie un nombre représenté par a moins un autre nombre représenté par b, ou plus simplement le nombre a moins le nombre b; on prononce *a moins b*.

15). En *supposant* de nouveau $a=12$ et $b=4$ (le signe

=, ici employé, est déjà connu en arithmétique et signifie *égale*; voyez nº 59), la valeur numérique de la quantité $a-b$ serait $12-4$ ou 8 : en d'autres termes, l'expression $a-b$, dans cette hypothèse particulière, vaudrait 8.

16. Signe de la multiplication. — On indique la multiplication de trois manières : par le signe ×, par un simple point, ou par l'absence de tout signe, entre deux quantités écrites l'une à la suite de l'autre. D'après cela, pour indiquer la multiplication de la quantité a par la quantité b, on écrit $a \times b$, ou $a.b$, ou plus simplement et plus ordinairement ab. Dans les deux premiers cas, on prononce *a multiplié par b*; dans le dernier, on peut dire simplement *a b*.

17). Si a valait 5 et que b valût 3, l'expression algébrique ab, équivalente à $a \times b$ ou à $a\ b$, vaudrait 15.

18. Il est inutile de faire remarquer que, pour indiquer la multiplication de deux nombres écrits en chiffres, on ne peut employer que le point ou le signe × : ainsi on écrira indifféremment 5×3 ou 5.3, mais non $5\ 3$.

19. Coefficient. — Un *coefficient* est un nombre qui se place *devant* une quantité algébrique pour indiquer combien de fois on prend cette quantité. Par exemple, pour représenter $ab \times 2$, on écrit $2\,ab$, ce qui signifie 2 fois le produit ab; de même on écrira $\frac{2}{3}\,ab$ et $0,4\,ab$ pour représenter les $\frac{2}{3}$ et les 4 dixièmes du produit ab. On pourra écrire aussi $3\frac{1}{2}\,ab$ (le nombre $3\frac{1}{2}$ étant, d'après un usage adopté en arithmétique, l'abrégé de $3+\frac{1}{2}$), pour marquer qu'on prend trois fois et demie ce même produit, bien qu'on préfère alors généralement remplacer $3\frac{1}{2}$ par $\frac{7}{2}$ et écrire $\frac{7}{2}\,ab$. Les nombres 2, $\frac{2}{3}$, 0,4, $3\frac{1}{2}$, $\frac{7}{2}$ sont des *coefficients*.

20). Dans le cas de $a=5$ et de $b=3$, on aurait, pour

les valeurs numériques des trois expressions précédentes : $2\,ab = 15 \times 2 = 30$; $\frac{2}{3}\,ab = 15 \times \frac{2}{3} = \frac{30}{3}$ ou 10; $3\,\frac{1}{2}\,ab$ ou $\frac{7}{2}\,ab = 15 \times \frac{7}{2} = \frac{105}{2}$ ou $52\,\frac{1}{2}$.

21. Une quantité écrite sans coefficient est censée avoir pour coefficient l'unité; ab, par exemple, signifie naturellement 1 fois la quantité ab ou $1\,ab$.

22. Quelquefois le coefficient d'une quantité littérale est figuré lui-même par une lettre. Ainsi, dans le produit ax, on peut, si l'on veut, considérer la lettre a comme représentant un coefficient numérique et lui appliquer, en effet, dans certains cas le nom de coefficient. Cette désignation ne change du reste en rien la valeur de l'expression ax, car on sait par l'arithmétique qu'on peut intervertir comme on veut l'ordre des facteurs d'un produit, de sorte que $x \times a$ égale $a \times x$.

23. Signe de la division. — Pour représenter une division, on écrit le diviseur sous le dividende en les séparant l'un de l'autre par un trait horizontal : par exemple, $\frac{a}{b}$ signifie que a est divisé par b, et s'énonce *a divisé par b* ou bien *a sur b*; de même $\frac{a+b}{c}$ indique la division de la somme $a + b$ par c.

24). En supposant $a = 10$, $b = 2$, $c = 3$, on aurait $\frac{a}{b} = \frac{10}{2} = 5$ et $\frac{a+b}{c} = \frac{10+2}{3} = \frac{12}{3} = 4$.

25. On représente aussi, quoique moins souvent, la division en écrivant le dividende et le diviseur l'un à la suite de l'autre et les séparant par deux points, de cette manière, $a : b$.

26. Fractions algébriques.—On donne le nom de *fraction algébrique* à toute expression telle que $\frac{a}{b}$ ou $\frac{a+b}{c}$, qui indique le quotient d'une division, soit qu'on puisse l'effectuer ou qu'on ne le puisse pas. Le dividende s'appelle *numérateur* de la fraction, et le diviseur son *dénominateur*.

27. On rencontre quelquefois dans le calcul des fractions assez compliquées qu'il est important de savoir bien interpréter. Soient par exemple, $\frac{a+\frac{b}{c}}{d}$ et $\frac{\frac{2}{3}a}{\frac{a}{d}+\frac{bd}{c}}$: dans ces deux expressions, les dividendes ou numérateurs, placés au-dessus de la partie moyenne de la ligne du texte, sont $a+\frac{b}{c}$ et $\frac{2}{3}a$; les diviseurs ou dénominateurs sont d et $\frac{a}{d}+\frac{bd}{c}$.

28). D'après cela, si l'on suppose $a=12$, $b=10$, $c=5$, $d=2$, on trouvera, pour valeur de la première fraction, $\frac{12+\frac{10}{5}}{2}=\frac{14}{2}=7$; quant à l'autre, son numérateur valant $12\times\frac{2}{3}$ ou 8, et son dénominateur étant la somme $\frac{12}{2}+\frac{20}{5}$ qui égale $6+4$ ou 10, elle représentera la fraction numérique $\frac{8}{10}$.

29. Nous ferons remarquer qu'on indique la multiplication des fractions avec les signes ordinaires, comme dans les exemples suivants :

$$\frac{a}{b}\times\frac{c}{d},\ \frac{a}{b}\cdot\frac{c}{d},\ \frac{a}{b}\ \frac{c}{d};\qquad \frac{a}{b}\times c,\ \frac{a}{b}\cdot c,\ \frac{a}{b}\ c.$$

30. Puissances. — On appelle *puissances* d'une quantité les produits qu'on obtient en la multipliant une ou plusieurs fois par elle-même. Soit par exemple le nombre **4**: le produit 4×4 ou 16, dans lequel 4 est *deux* fois facteur, s'appelle la *deuxième* puissance de ce nombre; le produit

$4 \times 4 \times 4$ ou 64 dans lequel 4 est *trois* fois facteur est la *troisième* puissance de 4; si 4 était *quatre* fois facteur, le produit, 256, serait la *quatrième* puissance de 4, et ainsi de suite. De même les produits successifs

$$a \times a,\ a \times a \times a,\ a \times a \times a \times a$$

sont la deuxième, la troisième et la quatrième puissance de la quantité a. — La deuxième puissance d'une quantité s'appelle aussi *carré*, et la troisième puissance *cube*.

31. Exposant. — Lorsqu'on veut exprimer qu'une lettre est plusieurs fois facteur dans le produit où elle entre, comme la lettre a dans les produits précédents, on écrit habituellement cette lettre une seule fois, en plaçant à sa droite et un peu au-dessus un nombre qui marque le *degré* de la puissance à laquelle elle est élevée. Ainsi, $a \times a$, deuxième puissance ou carré de a, s'écrit a^2; $a \times a \times a$, troisième puissance ou cube de a, s'écrit a^3; la quatrième puissance de la même lettre a s'écrit a^4; on lit *a deux*, *a trois*, *a quatre*, et les nombres 2, 3, 4 s'appellent des *exposants*.

32). Dans le cas de $a = 5$, on aurait $a^2 = 5 \times 5 = 25$, $a^3 = 5 \times 5 \times 5 = 125$, $a^4 = 5 \times 5 \times 5 \times 5 = 625$. Si l'on avait en même temps $a = 5$ et $b = 3$, les produits $a^2 b, a^3 b, a^4 b$ vaudraient respectivement

$$25 \times 3 = 75,\ 125 \times 3 = 375,\ 625 \times 3 = 1875.$$

33). L'exposant, à moins d'indication contraire, affecte seulement la lettre qui le précède immédiatement : ainsi, ab^2 signifie abb, et non pas $abab$. Lorsqu'il arrive qu'un seul exposant doit affecter plusieurs lettres ensemble, il y a pour ce cas une notation particulière dont nous parlerons bientôt. (n° 55).

34. Quand une lettre n'a pas d'exposant, elle est censée avoir l'exposant 1. Ainsi, ab^2 est la même chose que $a^1 b^2$.

35. L'exposant, comme le coefficient, est quelquefois littéral : ainsi, l'expression a^m présente la lettre m en exposant; elle se lit *a exposant m*, et signifie que la lettre a est facteur un nombre de fois représenté par m, ou en d'autres termes que cette lettre est élevée à une puissance du degré m. Cette puissance a^m s'appelle la puissance $m^{ième}$ de a.

36). Si l'on supposait $a = 5$ comme au n° 32 et $m = 4$, la valeur numérique de a^m serait 5^4 ou $5 \times 5 \times 5 \times 5 = 625$; la puissance a^{m+1} vaudrait dans la même hypothèse 5^5 ou $5 \times 5 \times 5 \times 5 \times 5 = 3125$, et a^{m-1} se réduirait à 5^3 ou à $5 \times 5 \times 5 = 125$. Ces deux derniers exemples montrent que l'exposant n'est pas toujours une quantité aussi simple que pouvaient le faire croire les exemples du n° 32.

37. L'exposant comparé au coefficient. — Il est très-important de ne pas confondre l'exposant avec le coefficient. Par exemple, les expressions $3a$ et a^3, qui offrent le même nombre 3, l'une en coefficient et l'autre en exposant, sont loin d'avoir la même valeur : $3a$ indique que la quantité a est prise 3 fois, c'est $a + a + a$; tandis que a^3 marque la troisième puissance de a ou le produit $a \times a \times a$.

38). En supposant encore $a = 5$, on aurait, pour la valeur numérique de $3a$, $5 + 5 + 5 = 15$; nous avons déjà vu que, dans le même cas, celle de a^3 serait $5 \times 5 \times 5$ ou 125.

39. Distinction entre l'exposant et un autre signe appelé indice. — Il faut distinguer aussi l'exposant d'un autre signe à peu près semblable qui se place comme lui à droite des quantités, mais en bas, et qu'on appelle du nom général d'*indice*. Ainsi, on écrit quelquefois a_1, a_2, a_3, et l'on prononce *a indice* 1, *a indice* 2, *a indice* 3. Les chiffres 1, 2, 3, désignent simplement alors le *rang* des quantités a_1, a_2, a_3, dans une série qui les renferme, et n'emportent point avec eux l'idée de multiplication ni de puissance.

40. Racines. — On appelle *racine* la quantité qu'il faut multiplier une ou plusieurs fois par elle-même pour avoir une puissance. Par exemple, 4 est la *racine deuxième* ou *racine carrée* de 16, car 16 égale 4×4; ce nombre 4 est en même temps la *racine troisième* ou *racine cubique* de 64, car 64 égale $4 \times 4 \times 4$, et 256 la *racine quatrième* de 256, et égale

$4 \times 4 \times 4 \times 4$; etc. (*Voy.* nº 30.) De même, a est la racine carrée de a^2, la racine cubique de a^3, la racine quatrième de a^4. Une racine quelconque de la quantité a elle-même serait le nombre qui produirait a, si on le multipliait une fois, ou deux fois, ou trois fois, etc., par lui-même : si, par exemple, a valait 16, sa racine carrée serait 4.

41. Radical et indice d'un radical. — On représente une racine à *extraire* par le signe $\sqrt{\ }$ appelé *radical*, accompagné d'un nombre appelé *indice*, qui marque le degré de la racine. Ainsi, $\sqrt[3]{a}$ représente la racine cubique de a. Dans le cas de la racine carrée, on sous-entend l'indice, de sorte qu'on écrit simplement $\sqrt{a}$ pour racine carrée de a.

42). Si l'on supposait $a = 64$, on aurait $\sqrt{a} = 8$, et $\sqrt[3]{a} = 4$.

43. Quand il s'agit de la racine d'une fraction, on place le signe radical devant la fraction, comme dans cet exemple $\sqrt{\frac{c}{d}}$. — Il ne faudrait pas confondre $\sqrt{\frac{c}{d}}$ avec $\frac{\sqrt{c}}{d}$: car $\sqrt{\frac{c}{d}}$ indique la racine carrée de la fraction $\frac{c}{d}$, tandis que $\frac{\sqrt{c}}{d}$ est une fraction qui a pour numérateur la racine carrée de c, et pour dénominateur d.

44). En supposant $c = 16$ e. $d = 25$, $\sqrt{\frac{c}{d}}$ vaudrait $\frac{4}{5}$ et $\frac{\sqrt{c}}{d}$ vaudrait $\frac{4}{25}$.

45. On a soin de prolonger la branche horizontale du radical sur toute la quantité dont on doit extraire la racine. Ainsi $\sqrt{16+9}$ représente la racine carrée de 25, laquelle égale 5. Si l'on écrivait $\sqrt{16} + 9$, cela signifierait qu'à la racine carrée de 16, qui est 4, il faudrait ajouter 9, ce qui ferait 13 et non plus 5. De même les deux expressions littérales $\sqrt{a+b-c}$ et $\sqrt{a}+b-c$ ont des sens très-différents : l'une indique la racine carrée de toute la quantité $a+b-c$, et l'autre signifie qu'il faut prendre la racine carrée de a, y ajouter b et retrancher c.

46). En supposant $a=36$, $b=40$, $c=12$, on trouverait, pour valeur numérique de la première expression,

$$\sqrt{36+40-12} = \sqrt{64} = 8,$$

et pour valeur numérique de la seconde,

$$\sqrt{36}+40-12 = 6+40-12 = 34.$$

47. L'indice d'un radical, comme l'exposant et le coefficient, peut être représenté par une lettre : $\sqrt[m]{a}$, désigne la racine $m^{\text{ième}}$ de a.

48). Pour $a=64$ et $m=3$, on aurait $\sqrt[m]{a} = \sqrt[3]{64} = 4$. L'expression $\sqrt[m+1]{a}$, dans le même cas, vaudrait $\sqrt[4]{64} = 2$, et $\sqrt[m-1]{a}$ vaudrait $\sqrt[2]{64} = 8$.

49. Quand on veut représenter la multiplication et la division des racines, on emploie les signes ordinaires de la multiplication et de la division, en considérant les radicaux comme inséparablement liés aux quantités qu'ils affectent.

Ainsi, on peut écrire aussi bien $b \times \sqrt{a}$ ou $b\sqrt{a}$, $\sqrt{a} \times \sqrt{b}$ ou $\sqrt{a}\ \sqrt{b}$. De même la division de $\sqrt{a}$ par $\sqrt{b}$ s'écrira $\dfrac{\sqrt{a}}{\sqrt{b}}$ ou $\sqrt{a} : \sqrt{b}$.

50). Les trois expressions que nous venons de citer donneraient, pour $a=49$ et $b=9$, les valeurs suivantes :

$$b\sqrt{a} = 9\times 7 = 63,\ \sqrt{a}\ \sqrt{b} = 7\times 3 = 21,\ \frac{\sqrt{a}}{\sqrt{b}} = \frac{7}{3}.$$

51. Parenthèses. — En algèbre, on emploie souvent des *parenthèses* ( ) ou des *crochets* [ ] pour indiquer une opération à faire sur *l'ensemble* de plusieurs quantités. Par exemple, si la somme des nombres $8+3$ doit être retranchée de 20, on indique cette soustraction en écrivant $20-(8+3)$, ce qui équivaut à $20-11$ ou à 9; on écrira de même $(8-3)\times 2$ pour exprimer 2 fois l'excès de 8 sur 3, ou 2 fois 5, ce qui fait 10. En supprimant les parenthèses, on aurait, pour la première de ces expressions, $20-8+3=15$, au lieu de 9, et pour la seconde, $8-3\times 2$ ou $8-6=2$, au lieu de 10.

52. De même, les expressions littérales

$$\begin{array}{ll} a-(b+c) & \text{et } a-b+c, \\ 3(a-b) & \text{et } 3a-b, \\ (a+b)\times(c-d) & \text{et } a+b\times c-d, \\ (a+b):d & \text{et } a+b:d, \end{array}$$

ne sont pas respectivement équivalentes.

53). Soient, par exemple, $a=30$, $b=6$, $c=7$, $d=3$, on trouvera pour leurs valeurs numériques :

$$\begin{array}{ll} a-(b+c)=30-13=17, & a-b+c=30-6+7=31; \\ 3(a-b)=3\times 24=72, & 3a-b=90-6=84; \\ (a+b)\times(c-d)=36\times 4=144, & a+b\times c-d=30+42-3=69; \\ (a+b):d=36:3=12, & a+b:d=30+2=32. \end{array}$$

54. On peut ne pas exprimer le signe $\times$ entre deux parenthèses : ainsi, le produit $(a+b)\times(c-d)$ s'écrit également bien $(a+b)(c-d)$.

55. Quand il s'agit des puissances de plusieurs lettres, on dispose les parenthèses et l'exposant comme dans les exemples suivants : $(ab)^2$, carré du produit ab; $(a+b)^2$, carré de la somme $a+b$; $\left(\frac{b}{a}\right)^3$, cube de la fraction $\frac{b}{a}$. Dans l'indication des racines, les parenthèses tiennent lieu du prolongement de la branche du radical, de sorte que l'on peut écrire indifféremment $\sqrt{}(b+a)$ ou $\sqrt{b+a}$.

56). D'après cela, en supposant $a = 5$ et $b = 4$, on aurait :

$$(ab)^2 = 20 \times 20 = 400, \quad (a+b)^2 = 9 \times 9 = 81,$$

$$\left(\frac{b}{a}\right)^3 = \frac{4}{5} \times \frac{4}{5} \times \frac{4}{5} = \frac{64}{125},$$

$$\sqrt{(a+b)} = \sqrt{9} = 3;$$

mais si l'on supprimait les parenthèses dans ces quatre expressions, en maintenant les exposants et le radical, on aurait :

$$ab^2 = 5 \times 16 = 80, \quad a + b^2 = 5 + 16 = 21,$$

$$\frac{b^3}{a} = \frac{64}{5} = 12\frac{4}{5},$$

$$\sqrt{b} + a = 2 + 5 = 7.$$

57. Quelquefois, on renferme des parenthèses entre parenthèses. Par exemple, on écrira

$$\Big(a - (b + c)\Big)\, cd \quad \text{ou} \quad \Big[a - (b + c)\Big]\, cd,$$

pour indiquer que la différence $a - (b + c)$ doit être multipliée par le produit cd.

58). En faisant cette multiplication, avec les valeurs attribuées dans les exemples du n° 53 aux lettres a, b, c, d, on trouverait $(30 - 13) \times 21 = 17 \times 21 = 357$.

59. Signes d'égalité et d'inégalité. — Lorsque deux quantités ont la même valeur, on l'indique en séparant ces quantités par le signe $=$, qu'on prononce *égale*; c'est ce que nous avons déjà fait très-souvent dans le cours de ce chapitre. On forme ainsi ce qu'on appelle une *égalité*. Voici un exemple d'égalité entièrement littérale : $a + b = bd + c$.

60. Dans une égalité, on appelle *membres* les deux parties entre lesquelles se place le signe $=$. L'égalité $a + b = bd + c$, a pour *premier membre* $a + b$, et pour *second membre* $bd + c$.

61). Les deux membres de l'égalité précédente seraient numériquement égaux, et l'égalité qu'ils forment serait vraie si l'on avait par exemple $a=10$, $b=4$, $c=6$, $d=2$, car alors $a+b$ vaudrait $10+4$, ou 14, et $bd+c$ vaudrait $4\times2+6$, ou 14 aussi ; l'égalité proposée deviendrait donc $14=14$. Pour $a=4$, $b=3$, $d=2$ et $c=1$, la même égalité serait encore vraie, car le calcul des valeurs numériques des deux membres donnerait alors $7=7$.

62. Le signe de l'*inégalité* est $>$ ou $<$ (*plus grand que* ou *plus petit que*), dont l'ouverture est tournée du côté de la quantité la plus grande. Par exemple $a>b$ signifie que a est plus grand que b, et $b<a$ signifie équivalemment que b est plus petit que a.

63). Cette double inégalité aurait lieu si, par exemple, comme dans le premier cas du numéro précédent, a valait 10 et b valait 4, car évidemment on peut écrire $10>4$ ou $4<10$.

64. Nous avons fini l'exposé des principales notations algébriques; quelques autres, employées plus rarement que les précédentes, seront expliquées lorsque nous traiterons les sujets particuliers auxquels elles se rapportent (Chapitres VII et IX).

65. Termes.— Dans une quantité écrite avec les signes de l'algèbre, il y a ordinairement plusieurs parties séparées les unes des autres par le signe $+$ ou le signe $-$. Ainsi, l'expression $ac+\frac{b}{d}-bc$ est composée de trois parties distinctes, ac, $+\frac{b}{d}$, $-bc$; chacune d'elles s'appelle un *terme*.

66. Devant le premier terme d'une expression, on sous-entend habituellement le signe $+$, comme on le voit dans l'exemple précédent. De même, dans l'intérieur des parenthèses, le premier des termes qui y sont renfermés est censé avoir le signe $+$, s'il n'est précédé d'aucun signe renfermé avec lui. C'est ainsi que dans l'expression $3a-(b+c)$, le terme b, du binôme $(b+c)$, est censé avoir le signe $+$ comme le terme $3a$: car le signe $-$ qui précède la parenthèse est le signe de *l'ensemble* des deux termes $b+c$, et non le signe particulier de b. L'expression $3a-(b+c)$ pourrait donc aussi bien s'écrire $3a-(+b+c)$. Si b devait avoir le signe —, on écrirait $3a-(-b+c)$. On verra tout à l'heure (nos 71 et 72) que cette dernière expression $3a-(-b+c)$ équivaudrait à $3a-(+c-b)$, ou plus simplement à $3a-(c-b)$.

67. Il arrive souvent qu'on regarde le signe d'un terme (signe + ou signe —) comme appartenant spécialement au coefficient de ce terme : on dit alors, par exemple, que le coefficient du premier terme dans l'expression $3a-2b$ est $+3$, et le coefficient du second terme -2.

68. On appelle termes *positifs* les termes affectés du signe +, et termes *négatifs* ceux affectés du signe —. Les termes positifs indiquent donc des quantités à additionner, et les termes négatifs des quantités à soustraire.

69. On appelle *monôme* toute quantité algébrique qui n'a qu'un terme, comme $3ab$; *binôme*, celle qui en a deux, comme $3ab+c$; *trinôme*, celle qui en a trois, comme $3ab+c-ad$. On appelle en général *polynôme* toute expression qui a plusieurs termes.

70. D'après ce que nous avons dit de l'usage des parenthèses, on doit admettre qu'il y a des termes *composés* de plusieurs autres plus simples. C'est ainsi que dans l'expression $(a-b)-(c-d)$, il y a à proprement parler deux termes seulement, l'un positif $+(a-b)$, et l'autre négatif $-(c-d)$: ces deux termes sont composés chacun de deux termes aussi ; le premier, des termes $+a$ et $-b$; le second, des termes $+c$ et $-d$.

71. Ordre des termes. — On peut intervertir comme on veut l'ordre des termes d'une expression : cela n'en change pas la valeur. Par exemple, $16-5$ et $-5+16$ signifient également qu'il faut prendre 16 unités et en retrancher 5. Et, en effet, il importe peu, dans l'écriture comme dans le langage, que l'idée d'addition soit exprimée avant ou après celle de soustraction : *de* 16 *retrancher* 5, c'est évidemment la même chose que *retrancher* 5 *de* 16.

D'après cela les quantités littérales $a - b$ et $-b + a$ sont aussi équivalentes; de même $a - b - c$ et $-c + a - b$. Cependant quand il n'y a aucun motif d'adopter une autre disposition, il est bon, au moins ordinairement, de mettre de préférence les termes positifs avant les termes négatifs, les termes où entrent les inconnues avant les termes supposés connus, les termes purement algébriques avant les termes entièrement numériques; on fait aussi généralement attention à l'ordre des lettres de l'alphabet, soit pour ranger entre elles les lettres de chaque terme, soit pour ranger les termes entre eux. Souvent enfin on dispose les termes d'un polynôme suivant les puissances croissantes ou décroissantes d'une même lettre, c'est-à-dire de manière que l'exposant de cette lettre aille en augmentant ou en diminuant du premier terme au dernier, et c'est proprement ce qu'on appelle *ordonner* le polynôme : par exemple $ax^3 + bx^2 + cx + d$ est un polynôme ordonné suivant les puissances décroissantes de la lettre x. Mais ces différents usages n'ont rien d'absolu (*).

72. Si plusieurs termes sont renfermés entre parenthèses, ils peuvent changer de place entre eux, mais il faut bien remarquer qu'on ne pourrait pas les mettre les uns sans les autres à un autre rang dans l'expression générale dont leur ensemble fait partie. Par exemple, pour reprendre une des expressions du n° 66, on peut bien écrire équivalemment $3a - (-b + c)$, ou $3a - (c - b)$, ou encore $-(-b + c) + 3a$, mais on changerait le sens de l'expression en mettant $3a$ entre parenthèses à la place de $+c$ de cette manière, $c - (-b + 3a)$ ou $c - (3a - b)$.

73). En supposant $a = 10$, $b = 12$, $c = 20$, on aurait :

$$3a - (-b + c) = 30 - (-12 + 20) = 30 - 8 = 22$$
$$-(-b + c) + 3a = -(-12 + 20) + 30 = -8 + 30 = 22$$
$$c - (-b + 3a) = 20 - (-12 + 30) = 20 - 18 = 2$$

(*) Lorsqu'on a à diviser un polynôme par un polynôme, il est nécessaire avant tout d'ordonner les deux polynômes sur lesquels il faut opérer, mais ce cas est en dehors de notre plan.

74. Des monômes négatifs isolés, ou première idée des quantités négatives. — En arithmétique, lorsqu'un nombre doit être soustrait, on est habitué à faire porter la soustraction sur un autre nombre plus fort qui par là se trouve diminué, de sorte que, dans cette partie des mathématiques, il n'y a jamais lieu de considérer des termes négatifs tels que — 10, — 20, ou en général — a, complétement isolés; si même l'on était amené à écrire dans la résolution d'un problème d'arithmétique des expressions telles que 8 — 12, 14 — 16, on les regarderait simplement comme des indications de soustractions impossibles, et on mettrait aussitôt à la place, en modifiant convenablement le sens de la question si on le pouvait, 12 — 8, 16 — 14. Il n'en est pas de même de l'algèbre, qui souvent présente de ces sortes de quantités auxquelles elle donne dans chaque cas un sens précis et parfaitement déterminé. Pour le moment, nous nous contenterons de considérer en général ces termes négatifs, isolés ou joints à des termes positifs arithmétiquement plus faibles, comme représentant des nombres à soustraire, sans examiner le sens plus particulier qu'ils peuvent avoir dans l'application : ainsi — 10 désignera d'abord pour nous, d'une manière simple et d'après le sens général du signe —, 10 unités à soustraire, mais qu'en réalité on ne peut soustraire d'aucune autre quantité au moins immédiatement; dans les quantités 8 — 12 ou + 8 — 12, le terme — 12 représentera de même 12 unités à soustraire, sans qu'en réalité on ait à faire la soustraction indiquée; dans $8a - 12a$, le terme $-12a$ représentera également une soustraction de 12 fois a; enfin l'expression $-8a - 12a$ indiquera une soustraction de $8a$ et une autre de $12a$. Il ne faut pas d'ailleurs trouver étranges ces manières d'écrire ou de parler, car dans l'arithmétique et dans le langage ordinaire on considère bien aussi isolément les *dettes* d'un négociant, par exemple, qui sont au fond des quantités à soustraire; et lorsqu'on parle de ces dettes, c'est très-souvent sans faire aucune mention du capital en caisse, peut-être beaucoup moins considérable qu'elles, ni des créances peut-être aussi fort insuffisantes, dont il faudrait les soustraire pour apprécier la fortune du négociant. Il est donc permis également en algèbre de considérer à part des termes qui emportent avec eux l'idée de soustraction, sans les joindre à d'autres termes avec lesquels la soustraction indiquée devienne possible. On pourra même, ainsi qu'on le verra plus loin et qu'il résulterait déjà de l'analogie que nous venons d'établir, soumettre ces termes négatifs aux opérations ordinaires du calcul, les additionner avec d'autres termes positifs ou négatifs, les soustraire, les multiplier, les diviser. Mais dans nos premiers chapitres (jusqu'au septième), il ne s'agira pour ces quatre opérations que de quantités présentant des termes positifs dont la valeur surpasse celle de leurs termes négatifs.

75. Fonction. — Lorsqu'une quantité dépend d'une ou de plusieurs autres, on exprime cette dépendance en disant que la première est une *fonction* des autres. Ainsi, par exemple, la quantité $5x^2 - x + 4$ est composée avec la lettre x, et il est évident qu'elle en dépend de telle sorte que sa valeur variera en même temps que la valeur de x; pour $x = 3$, par exemple, elle sera $45 - 3 + 4$ et pour $x = 5$ elle deviendra $125 - 5 + 4$: on dira donc que cette quantité est une fonction de x. — La quantité considérée comme changeant de grandeur, dans une fonction, est appelée *variable*, et l'on donne le nom de *constante* à celle qui conserve toujours la même valeur. Dans la fonction donnée tout à l'heure en exemple, x est une variable, et $+ 4$ est un terme constant. Ce terme constant pourrait être aussi représenté par une lettre.

76. Formules algébriques. — On appelle *formule algébrique* une égalité qui indique les opérations à faire sur des nombres connus, représentés par des lettres, pour avoir un nombre inconnu dont la valeur dépend de celles des premiers. Par exemple $x = ab$ est une formule qui exprime que pour avoir la valeur de x, il faut multiplier le nombre représenté par a, par le nombre représenté par b.

77. Comme on le voit par cet exemple, le premier membre d'une formule renferme habituellement une seule lettre qui désigne l'inconnue, et c'est le second membre qui, au moyen de lettres, de nombres et de signes combinés entre eux, indique les opérations à faire pour obtenir cette inconnue. La valeur de l'inconnue dépendant ainsi de la valeur variable des lettres du second membre, on dit que cette inconnue est exprimée *en fonction* de ces lettres; on dira, par exemple, que dans la formule $x = ab$ la valeur de l'inconnue x est exprimée en fonction des lettres a et b.

78. Règle pour le calcul des inconnues au moyen des formules. — *Pour avoir dans un cas donné la valeur d'une inconnue au moyen d'une formule, il faut calculer la valeur numérique du second membre de cette formule, en remplaçant chaque lettre par la valeur particulière qu'elle a dans le cas proposé.*

79. Exemples. — *Premier exemple.* — L'arithmétique enseigne que pour avoir l'intérêt simple d'un capital placé à un taux quelconque pendant un certain temps, il faut multiplier le capital par le taux de l'intérêt, multiplier le produit obtenu par le temps, puis diviser le second produit par 100; s'il s'agit, par exemple, de l'intérêt d'une somme de 4000 fr. à 5 p. °/° pendant 4 ans, la règle que nous rappelons amène la fraction $\frac{4000 \times 5 \times 4}{100} = 800$.

Or, cette règle, qui vient d'être énoncée en plusieurs lignes, s'exprime avec quelques lettres seulement au moyen d'une formule, $i = \frac{ctn}{100}$, dans laquelle i désigne l'intérêt cherché, c le capital, t le taux, n le nombre entier ou fractionnaire d'années; et il est facile de voir que dans le cas particulier résolu tout à l'heure, cette formule se transforme, par une simple substitution des nombres aux lettres qui les représentent, en la fraction $\frac{4000 \times 4 \times 5}{100}$, que l'application du précepte arithmétique nous a fournie.

Deuxième exemple. — En appelant c un capital placé à intérêts composés pendant un nombre entier d'années, r l'intérêt d'un franc en un an, n le nombre des années (nombre entier), C le capital augmenté des intérêts composés, on a pour calculer C la formule $C = c(1 + r)^n$. Cette formule signifie que si, par exemple, on veut trouver ce que deviendra un capital de 20000 fr. placé à intérêts composés à 5 °/₀ pendant 4 ans, il faudra écrire $C = 20000 \times (1 + 0{,}05)^4$ ou $C = 20000 \times (1{,}05)^4$ (ce nombre 1,05 ou $1 + 0{,}05$ est la valeur de $1 + r$ lorsque l'intérêt est de 5 °/₀, car alors l'intérêt de 1 fr. en un an est de 5 centimes). On fera le calcul en multipliant la 4ᵉ puissance de 1,05 par 20000; on obtiendra 24310 fr. 12.

Troisième exemple. — Soit une formule de physique, $h = \frac{g\,t^2}{2}$, dans laquelle h désigne la hauteur verticale de laquelle un corps abandonné à lui-même tombe en vertu de la pesanteur, t la durée de la chute exprimée en secondes, g l'énergie de la pesanteur représentée à Paris par une vitesse de $9^m{,}8088$ imprimée au corps dans la première seconde de chute : on veut savoir, au moyen de cette formule, de quelle hauteur un corps tombera en 10 secondes. Pour cela, en remplaçant g par 9,8088 et t par 10, on aura $h = \frac{9{,}8088 \times 10 \times 10}{2} = 490^m{,}44$.

Quatrième exemple. — Appelons a une somme d'argent à diviser en quatre parts, b l'excès de la deuxième part sur la première, c l'excès de la troisième sur la deuxième, d l'excès de la quatrième sur la troisième, et x la première ou la plus petite part, qu'il faut d'abord calculer pour obtenir ensuite les trois autres : on a pour cet objet, ainsi qu'il sera expliqué plus tard, la formule $x = \frac{a - 3b - 2c - d}{4}$.

Or, si nous appliquons ici cette formule au cas où la somme à partager serait de 1850 fr. et où les excès b, c, d seraient respectivement de 230 fr., 110 fr., 140 fr., nous trouverons $x = \frac{1850 - 690 - 220 - 140}{4} = 200$; la première part étant donc de 200 fr., la deuxième sera de 200 fr. + 230 fr. ou de 430 fr., la troisième de 430 + 110 fr. ou de 540 fr., la quatrième enfin de 540 fr. + 140 fr. ou de 680 fr.

80*. Ces exemples montrent qu'une formule algébrique est une sorte de tableau qui représente de la manière la plus nette et la plus concise ce qu'il y a à faire pour obtenir un résultat numérique dépendant de plusieurs nombres donnés, de sorte qu'un coup-d'œil suffit pour embrasser tout le détail des opérations ainsi indiquées. Et en effet, il n'était pas possible de réunir à un plus haut degré que le fait l'algèbre dans ses notations, la simplicité, la clarté et la brièveté. Par une seule lettre, par un trait, par un point, elle représente des mots entiers; elle attribue à l'absence même de tout signe une signification importante; au moyen des parenthèses, douées par là d'une propriété auparavant inconnue, elle fait atteindre à un signe quelconque, exprimé ou sous-entendu, plusieurs nombres ou plusieurs lettres à la fois; enfin, elle remplace par un seul chiffre, coefficient ou exposant, plusieurs quantités dont les valeurs s'additionnent ou se multiplient : et rien ne manque à cet ensemble si complet pour éviter la confusion et l'incertitude, en même temps que tout y concourt à renfermer le sens le plus étendu dans les relations en apparence si restreintes de quelques lettres. Ces avantages importants attireront de plus en plus notre attention à mesure que nous avancerons dans la connaissance du calcul qui a les lettres mêmes et les formules pour objet.

RÉSUMÉ DU CHAPITRE I.

L'*algèbre* a pour but de faciliter, par l'emploi des lettres de l'alphabet et de quelques autres signes dans le calcul, la résolution de toutes les questions qu'on peut faire sur les nombres. (Nos 1-4.)

En algèbre, on représente les nombres sur lesquels on doit opérer, ou par des chiffres ou par des lettres de l'alphabet, suivant les cas ; les dernières lettres x, y, z, servent spécialement à désigner les inconnues dont il s'agit de calculer la valeur. Les autres rappellent plus ordinairement des quantités supposées connues. Des lettres avec un ou plusieurs accents, telles que a', a'', a''', qu'on prononce *a prime*, *a seconde*, *a tierce*, servent à exprimer plusieurs quantités qui ont entre elles quelque analogie. (5-8).

On appelle *quantité algébrique* ou *littérale*, *expression algébrique* ou *littérale*, toute quantité écrite au moyen des lettres de l'alphabet. (9).

On appelle *valeur numérique* d'une quantité littérale la valeur particulière que prend cette quantité, dans une circonstance donnée, quand on y remplace toutes les lettres par les nombres qu'elles représentent. Deux exemples expliqueront tout à l'heure cette définition. (10, 13, 15, 17, 20, etc.)

On indique l'addition par le signe $+$, qu'on prononce *plus*. Ex. : l'expression $a+b$ signifie une quantité a, plus une autre quantité b. Si l'on *suppose* que a égale 12, et que b égale 4, $a+b$ vaudra donc 12 *plus* 4, ou 16. — Le nombre 16 sera, dans ce cas particulier, ce qu'on appellera la *valeur numérique* de $a+b$. (12, 13).

Le signe de la soustraction est $-$, qu'on prononce *moins*. Ex. : $a-b$ signifie a moins b. — En supposant de nouveau $a=12$ et $b=4$ (le signe $=$, connu déjà en arithmétique, ainsi que les précédents, remplace ici le mot *égale*), la valeur numérique de $a-b$ sera 8. (14, 15).

On indique la multiplication de trois manières. Ex. : $a\times b$, $a.b$, ou plus simplement ab, (16-18, 29, 49-54, 57).

On appelle *coefficient* un nombre (quelquefois une lettre) qui se place devant une quantité algébrique pour marquer combien de fois on prend cette quantité. Ex. : $3\,ab$, ou 3 fois ab ; $\frac{2}{3}\,ab$ et $0,4\,ab$, ou les $\frac{2}{3}$ et les 0,4 de ab ; $3\,\frac{1}{2}\,ab$, ou trois fois et demie ab. (19, 20, 22, 37, 51-53, 67).

On sous-entend le coefficient 1. Ex. : ab pour $1\,ab$. (21).

On indique habituellement la division par un trait horizontal séparant le dividende du diviseur. Ex. : $\frac{a}{b}$; on prononce *a divisé par b* ou *a sur b*. On désigne aussi la division de *a* par *b* en écrivant $a:b$. (23-25, 49, 51-53).

On donne le nom de *fraction algébrique* à toute expression telle que $\frac{a}{b}$, qui indique le quotient d'une division. Le *numérateur* et le *dénominateur* d'une fraction algébrique peuvent être eux-mêmes des fractions. (26-28).

On appelle *puissances* d'une quantité, 2e *puissance* ou *carré*, 3e *puissance* ou *cube*, 4e *puissance*, etc., les produits qu'on obtient en multipliant cette quantité une fois, deux fois, trois..... fois par elle-même. Ex. : 16, 64, 256....., 2e, 3e, 4e.... puissances de 4; $a\times a$, $a\times a\times a$,... 2e 3e, 4e... puissances de a; a^m, puissance $m^{\text{ième}}$ de a. (30).

On appelle *exposant* un nombre placé à droite et un peu au-dessus d'une lettre pour indiquer le *degré* de la puissance à laquelle cette lettre est élevée. Ex. : a^2, a^3, a^4..., 2e, 3e, 4e... puissances de a. (31-33, 36-38, 55).

On sous-entend l'exposant 1. Ex. : a pour a^1. (34).

L'exposant, comme le coefficient, est quelquefois littéral. (35).

Il ne faut pas confondre l'exposant avec un autre signe nommé du nom général d'*indice*, qui se place aussi à droite des quantités, mais en bas. Ex. : a_1, a_2. (39).

On appelle *racine* la quantité qu'il faut multiplier une ou plusieurs fois par elle même pour avoir une puissance. Ex. : 4, *racine* 2e ou *racine carrée* de 16, et en même temps *racine* 3e ou *racine cubique* de 64, etc.; a, racine 2e de a^2 et racine 3e de a^3, etc. (40).

On représente une racine par le signe $\sqrt{}$, appelé *radical*, en y joignant un nombre (quelquefois une lettre) appelé *indice* ou *exposant* du radical, pour marquer le *degré* de la racine. Ex. : $\sqrt[3]{a}$, racine cubique de a; $\sqrt[m]{a}$, racine $m^{\text{ième}}$ de a. L'indice 2 se sous-entend. Ex. $\sqrt{a+b-c}$, racine carrée de $a+b-c$. (41-48.)

Lorsqu'une opération doit être faite sur l'*ensemble* de plusieurs quantités, on met ces quantités entre parenthèses. Ex. : $a+(b-c)$, somme des deux quantités a et $b-c$; $3(a+b)$, 3 fois la somme

$a+b$; $(ab)^2$, le carré du produit ab ; $\sqrt{(b+a)}$, racine carrée de la somme $b+a$. (51-57, 66).

Deux quantités séparées par le signe = forment ce qu'on appelle une *égalité*. Ex. : $a+b=bd+c$. Les deux quantités ainsi séparées s'appellent les *membres* de l'égalité. (59-61).

Le signe de l'*inégalité* est > dont l'ouverture est tournée du côté de la quantité la plus grande. Ex. : $a > b$ ou $b < a$, a plus grand que b ou b plus petit que a. (62, 63).

Dans une expression algébrique, on appelle *termes* les différentes parties séparées par le signe + ou le signe —. L'expression $a + \frac{b}{d} - c$ a trois termes. (65).

Quand le premier terme d'une expression n'a pas de signe, il est censé avoir le signe +. Ceci s'applique même au premier terme des expressions renfermées entre parenthèses. Ex. : dans l'expression $3a-(b+c)$ les deux termes $3a$ et b sont censés avoir le signe +; le signe — qui précède la parenthèse affecte la somme $b+c$ et n'est pas le signe particulier de b. (66, 67).

On appelle termes *positifs* les termes précédés du signe + et termes *négatifs* ceux précédés du signe —. (68).

Une quantité s'appelle *monôme*, *binôme*, *trinôme*, *polynôme*, selon qu'elle a un, deux, trois, ou en général plusieurs termes. (69.)

Il faut remarquer qu'une parenthèse renfermant plusieurs termes et précédée du signe + ou du signe — constitue un seul terme *composé* de plusieurs autres plus simples. Ex. : l'expression $(a-b)-(c-d)$, renferme deux termes binômes : l'un positif $+(a-b)$, et l'autre négatif $-(c-d)$. (70).

On peut intervertir, comme on veut, l'ordre des termes d'un polynôme. Ainsi, $a-b-c$ équivaut à $-c+a-b$. Ordinairement, on adopte l'arrangement le plus simple ou le plus naturel; mais l'usage en ceci n'a rien d'absolu. (71-73).

En algèbre, on rencontre quelquefois des termes négatifs complétement isolés ou joints à des termes positifs numériquement plus faibles, par exemple -10, $8-12$, $-8a-12a$. Nous nous bornerons à remarquer dès maintenant à ce sujet qu'un terme négatif indique en général une *quantité à soustraire* : or, il est certain qu'une quantité à soustraire peut être considérée isolément et en faisant abstraction de toute autre quantité. C'est ainsi qu'en arithmétique et dans le langage ordinaire on considère isolément les *dettes* d'un négociant qui sont de leur nature des quantités à soustraire : l'avoir du négociant peut être nul, ou insuffisant pour les soustractions à effectuer, ce qui n'empêche pas de se faire une juste idée des dettes en question, et de pouvoir, par exemple, les comparer à d'autres dettes et les faire entrer dans divers calculs. (74).

On exprime qu'une quantité dépend d'une ou de plusieurs autres en disant que la première est une *fonction* des autres. Ex. : $5x^2 - x + 4$, fonction de x, dans laquelle x est une *variable* dont toute la quantité dépend. Le terme $+4$ qui ne varie pas dans la fonction est dit une quantité *constante*. (75).

On donne le nom de *formules algébriques* à des égalités qui indiquent les opérations à faire sur des nombres connus représentés par des lettres, pour avoir un nombre inconnu dont la valeur dépend de celles des premiers. *En calculant la valeur numérique du second membre d'une formule, on obtient le nombre inconnu représenté par la lettre unique qui forme habituellement le premier membre.* Par exemple, soit l'égalité $i = \frac{ctn}{100}$, formule des intérêts simples, dans laquelle i représente l'intérêt d'un capital c placé au taux t pendant un nombre d'années n : dans le cas d'un capital de 4000 fr. placé au taux 5 p. 0/0 pendant 4 ans, cette formule donnera

$$i = \frac{4000.5.4}{100} = 800. \quad (76\text{-}79).$$

EXERCICES.

Calculer la valeur numérique des expressions suivantes, en supposant, pour les différentes lettres, les valeurs indiquées ci-dessous :

(Les nombres entre crochets placés à la suite de chaque exercice renvoient aux numéros du texte).

(1°) Soient : $a = 20$, $b = 6$, $c = 5$, $d = 4$.

1. $c+d$; $c-d$; $b+d-c$; $a-b-d$; $a-b+d$; $a-2c-b-d$. [12-15]
2. $a \times d$; $c.d$; ac; $a \times c \times d$; $b.c.d$; $abcd$. [16, 17]
3. $5a$; $2b$; $5ab$; $3c$; $4bc$; $8abc$. [19, 20]
4. $\frac{1}{2}a$; $\frac{3}{4}cd$; $\frac{2}{3}ad$; $2\frac{1}{2}a$; $1\frac{1}{2}c$; $3\frac{2}{3}bd$;

(2°) Soient : $a = 4$, $b = 5$, $c = 3$, $d = 2$.

5. $\frac{a}{d}$; $2a : d$; $\frac{ab}{d}$; $\frac{abc}{3d}$; $3a : bd$; $\frac{ad}{8}$. [23-25]

6. $\frac{a+2b}{2}$; $\frac{3c-d}{11}$; $\frac{b-a-1}{c}$; $\frac{3a}{d-1}$; $\frac{2a-2d}{b-c}$; $\frac{b-1}{a}$.

7. $\frac{a+d}{\frac{1}{2}a}$; $\frac{b+\frac{a}{d}}{5}$; $\frac{2ab+\frac{1}{2}ac}{2a}$; $\frac{\frac{1}{2}a}{c}$; $\frac{\frac{1}{2}}{c}$; $\frac{c}{\frac{1}{2}}$. [27, 28]

(3°) Soient : $a=1$, $b=2$, $c=3$, $d=4$.

8. $\frac{a}{b}\times\frac{c}{d}$; $\frac{a}{b}\cdot c$; $\frac{c}{a}\cdot\frac{b}{3d}$; $3ab\cdot\frac{d}{c+3}$; $\frac{3}{4}\cdot\frac{d}{5a}$; $\frac{a+b}{bc}d$. [29]

(4°) $a=6$, $b=4$, $c=5$, $d=2$, $m=4$.

9. a^2; b^3; bc^2; b^2c; b^2c^2; $b^2c^2-b^2c$; [30-33, 37]

10. a^3+b^2; a^4-d^2; ab^3c; $3a^2$; $2a^2b$; $3b^3c^2$.

11. a^m; a^{m-1}; a^{m-2}; d^m; d^{m+1}; d^{m+2}. [35]

(5°) $a=12$, $b=6$, $c=4$, $d=2$, $m=3$.

12. $\sqrt{am}$; $\sqrt[3]{cd}$; $\sqrt[m]{ab}$; $\sqrt{10a^3}$; $\sqrt[m-1]{3a}$; $\sqrt[3]{2a^2}$. [40-42, 47, 48]

13. $\sqrt{3a+13}$; $\sqrt{3a}+13$; $\sqrt{5a+4}$; $\sqrt{5a}+4$; $\sqrt{10b^3-44}$;
$\sqrt{10b^3}-44$. [45, 46]

14. $c\times\sqrt{3a}$; $5\sqrt{3ac}$; $2\sqrt[3]{8cd}$; $6\sqrt[3]{48b^2}$; $\sqrt{3a}\ \sqrt{c}$;
$\sqrt{am}\ \sqrt{3bd}$. [49, 50]

15. $\sqrt{\frac{c}{3a}}$; $\frac{\sqrt{c}}{\sqrt{3a}}$; $\sqrt{\frac{5a+4}{6a+9}}$; $\frac{\sqrt{5a+4}}{\sqrt{6a+9}}$; $\frac{\sqrt{5a+4}}{6a+9}$; $\frac{5a+4}{\sqrt{6a+9}}$.
[43, 44, 49, 50]

(6°) $a=9$, $b=10$, $c=3$, $d=1$.

16. $(a+c)+(b-d)$; $a+c+b-d$; $b+c-(c+d)$; $b+c-c+d$;
$(2a+d)-(b-c)$; $2a+d-b-c$. [51-54]

17. $a(b-c)$; $(a-c)a$; $10(5a+b^2)$; $6(a^2-b-c^2)$; $3b(a-5)$;
$(ad-9)(c+d)$.

18. $(8a^2-5a)ab$; $(8a-5)a^2$; $8(a-d^3)$; $(3c-d)(a-2c)$;
$(a-d)(2b-c)$; $(2a-c)(3a-b)$.

19. $\frac{1}{2}(a+b+d)$; $(a-c)\frac{1}{2}$; $(a+c)\frac{2}{3}$; $2\frac{1}{2}(3a-d)$; $\frac{ac-(a-c)}{b-c}$;
$\frac{b(3b-a)}{c(a+d)}$.

$$(7^{o})\ a=8,\ b=6,\ c=4,\ d=10.$$

20. $(bc)^2$; $(bc)^2 d$; $d(bc)^2$; $(bcd)^2$; $(b+c)^3$; $(a-c)^2$. [55, 56

20 *bis*. $(a-c)^2 cd$; $cd(a-c)^2$; $(a-b+d)^2$.

21. $\left(\frac{c}{d}\right)^2$; $\left(\frac{c}{a}\right)^3$; $\left(\frac{c+d}{a}\right)^2$; $\sqrt{(bc+12)}$; $\sqrt[3]{(bd^2+129)}$;
$\sqrt{(a+d)^3}$.

22. $[2a-(d-c)]6$; $[2a-(d-c)]^2$; $[(a+d)-(b+c)]d$. [57

Calculer les valeurs de x par les formules suivantes, en supposant

$$a=5,\ b=7,\ c=8.$$

23. $x=ab$; $x=ab^2$; $x=3ab^3$; $x=4b^2c$; $x=ab^4$; $x=a^2b^2$.
[76-78]

24. $x=b^2-a$; $x=2a-b$; $x=2ab-c$; $x=11c-3b$.
$x=c^4-4c$; $x=8bc^2-a$.

25. $x=a+b^2-c$; $x=\frac{1}{2}c^2-a$; $x=(a+b)c^2$; $x=(a+b)c^2$;
$x=(a+b)^2c$; $x=(ab)^2c$.

Calculer les valeurs de a et de e par les formules suivantes, dans lesquelles on a

$$b=5,\ c=8,\ d=4.$$

26. $a=2b-c$; $a=2bc-bd$; $a=3cd-c$; $a=bd^4c$;
$a=6b^2-2d$; $a=10b^2c^2$.

27. $e=\frac{c}{d}$; $e=\frac{3bc}{2d}$; $e=\frac{b^2c}{2b}$; $e=\frac{b-d}{4}$; $e=\frac{bcd^2}{b^2d}$; $e=\frac{b+c^2+3}{c}$

28. Soit i l'intérêt simple d'un capital c placé au taux t pendant un nombre entier ou fractionnaire d'années n, on a quatre formules :

$$i=\frac{ctn}{100}\ [1];\quad c=\frac{100\,i}{tn}\ [2];\quad t=\frac{100\,i}{cn}\ [3];\quad n=\frac{100\,i}{ct}\ [4]:$$

2.

On demande de calculer par leur moyen : [nº 79, 1er ex.]

1º L'intérêt d'un capital de 5000 fr. placé à 4 1/2 p. 0/0 pendant 3 ans (formule [1] ;

2º Le capital qui produit 570 fr. d'intérêt à 5 p. 0/0 en 2 ans (formule [2] ;

3º Le taux de l'intérêt d'un capital de 25000 fr., qui, en 2 ans, a produit 2250 fr. (formule [3] ;

4º Le temps qu'il a fallu à un capital de 65000 fr. pour rapporter 8775 fr. d'intérêt à 4 1/2 p. 0/0 (formule [4];

5º L'intérêt d'un capital de 100000 fr. placé à 5 p. 0/0 pendant 4 ans 1/2 (formule [1] ;

6º Le capital qui a produit 2396 fr. 25 à 4 p. 0/0 en 2 ans, 3 mois ou 2 ans 1/4 (formule [2] ;

7º Le taux de l'intérêt d'un capital de 800 fr., qui en 2 ans, 6 mois (2 ans 1/2), a produit 900 fr. (formule [3];

8º Le temps pendant lequel un capital de 150000 fr. a rapporté 21000 fr. d'intérêt à 4 p. 0/0 (formule [4].

29. Par la formule des intérêts composés

$$C = c\,(1+r)^n, \qquad \text{[nº 79, 2e ex.]}$$

Calculer ce que deviennent :

1º Un capital de 10000 fr., augmenté de ses intérêts composés à 4 p. 0/0 pendant 3 ans ($1+r$, dans ce cas, vaut 1,04);

2º Un capital de 100000 fr., augmenté de ses intérêts composés à 5 p. 0/0 pendant 5 ans;

3º Un capital de 50000 fr. augmenté de ses intérêts composés à 4 1/2 p. 0/0 pendant 2 ans.

30. Soient h la hauteur, exprimée en mètres, d'où un corps tombe à terre par l'action de la pesanteur, t la durée de la chute exprimée en secondes, v la vitesse acquise après le temps t, g un nombre constant pour un lieu donné, lequel nombre égale à Paris $9^m,8088$ ou plus simplement $9^m,81$.

Appliquer les formules

$$h = \frac{gt^2}{2}\ [1],\ t = \sqrt{\frac{2h}{g}}\ [2],\ v = gt\ [3],\ v = \sqrt{2gh}\ [4],\ t = \frac{v}{g}\ [5],$$

à la résolution des questions suivantes : [nº 79, 3e ex.]

1º Une balle de plomb a mis 3 secondes à tomber au fond d'un puits; quelle est la profondeur du puits? (formule [1];

2° Combien de temps une balle mettrait-elle à tomber au fond du puits de Grenelle à Paris, la profondeur du puits étant de 548 mètres? (formule [2] ;

3° Quelle est la vitesse acquise par la balle au moment où elle arrive au fond du même puits? (formule [3] en employant le résultat de la question précédente ; formule [4] en calculant directement et sans se servir de ce résultat ;

4° Combien de temps faudrait-il à un corps pesant pour tomber d'une hauteur de 4000 mètres? (formule [2];

5° En combien de temps un corps pesant acquiert-il, en tombant, une vitesse de 200 mètres par seconde (formule [5].

31. Par les formules du mouvement d'oscillation d'un pendule

$$t = \pi\sqrt{\frac{l}{g}} \ [1], \qquad l = \frac{gt^2}{\pi^2} \ [2],$$

dans lesquelles t désigne la durée d'une petite oscillation, l la longueur du pendule, g le nombre constant 9,8088 ou plus simplement 9,81, π un autre nombre constant 3,1416 ou plus simplement 3,14 (rapport de la circonférence au diamètre).

Calculer :

1° La durée des petites oscillations d'un pendule dont la longueur est de 16 mètres (formule [1];

2° La longueur d'un pendule dont chaque oscillation mesure une seconde (formule [2];

3° La durée des petites oscillations d'une lampe d'église suspendue à une voûte qui s'élève de 25 mètres au-dessus de la lampe (formule [1];

4° La hauteur du point de suspension d'une lampe dont chaque petite oscillation dure $4^s,5$ (formule [2];

5° La durée d'une petite oscillation pour le cas où l'on aurait $l = 1000$ mètres (formule [1];

6° La hauteur d'une voûte au sommet de laquelle serait fixé un pendule oscillant en supposant $t = 8$ secondes (formule [2].

32. Appliquer la formule du nº 79, 4e ex., à la résolution des deux questions suivantes :

1° Diviser une somme de 10000 fr. en quatre parts, telles que l'excès de la deuxième part sur la première soit de 300 fr., l'excès de la troisième sur la deuxième de 900 fr., et l'excès de la quatrième sur la troisième de 500 fr.

2° Diviser 15000 fr. en quatre parts, telles que l'excès de la deuxième sur la première soit de 1100 fr., l'excès de la troisième sur la deuxième de 600 fr., et l'excès de la quatrième sur la troisième de 900 fr.

CHAPITRE II.

Opérations fondamentales de l'Algèbre.

81. Les quantités algébriques, soit entières, soit fractionnaires, peuvent être soumises, comme les nombres, à six opérations fondamentales, l'*addition*, la *soustraction*, la *multiplication*, la *division*, l'*élévation aux puissances*, et l'*extraction des racines*, qu'on définit de la même manière qu'en arithmétique. Généralement on termine ou on prépare ces opérations par une sorte de simplification désignée spécialement sous le nom de *réduction des termes semblables*, et que selon l'usage nous étudierons en premier lieu. Nous renverrons au chapitre IX d'ajouter quelques notions nouvelles sur les puissances et les racines aux définitions que nous avons déjà données.

82*. Quoique les opérations fondamentales de l'algèbre aient le même objet que celles qui portent les mêmes noms en arithmétique, elles en diffèrent néanmoins beaucoup par la nature de leurs résultats; et il est important d'en être averti d'avance, car sans cela on pourrait, avant d'en voir l'application dans les problèmes, regarder comme complétement inutiles des calculs qui semblent le plus souvent ne conduire à aucune solution ni plus claire, ni plus simple que la question elle-même. C'est qu'en réalité les résultats divers que ces opérations amènent, ne sont que des formes nouvelles données aux expressions primitivement indiquées, sans que rien puisse faire d'abord pressentir l'importance du changement effectué dans la combinaison des lettres et des signes. Il est vrai pourtant que ces transformations vaines en apparence, sont, comme l'annonce le titre de ce chapitre, l'élément essentiel et fondamental de tout calcul algébrique.

I. — RÉDUCTION DES TERMES SEMBLABLES.

83. Définition I. — On appelle *termes semblables* ceux qui ne diffèrent que par leurs coefficients et leurs signes. Par exemple $3x^2$ et $-4x^2$, qui ont la même lettre x affectée du même exposant 2, et qui ont seulement des signes et des coefficients différents, sont des termes semblables; dans l'expression $3a^2b + 4ab^2 + a^2b - 3a^2b$, le premier terme et les deux derniers sont également des termes semblables. Cette dénomination s'applique aussi à tous les termes purement numériques, tels que $+4$, -5, $+9$.

84. Définition II. — La *réduction des termes semblables* a pour but d'en réunir plusieurs en un seul qui leur soit équivalent. Cette opération tend donc, ainsi que nous le disions tout à l'heure (n° 81), à simplifier les quantités.

85. Règle. — *Pour réduire plusieurs termes semblables en un seul terme, on fait la somme des coefficients des termes positifs, puis celle des coefficients des termes négatifs: on retranche la plus petite somme de la plus grande; on donne au reste le signe + ou le signe —, suivant que les termes qui ont fourni la plus grande somme ont l'un ou l'autre de ces signes; enfin, on écrit à la suite du même reste, une seule fois, les lettres communes à tous les termes, chacun avec son exposant* (on a soin de ne pas additionner les exposants).

86. Exemples. — 1° Soit à opérer la réduction du polynôme $7x^2 - 4x^2 + 3x^2 - 2x^2$; on aura :

Somme des coefficients positifs : $7 + 3 = 10$;
Somme des coefficients négatifs : $4 + 2 = 6$;
Différence des deux sommes : $10 - 6 = 4$;
Résultat de la réduction : $+4x^2$ ou simplement $4x^2$.

2° Expression à réduire : $-9,3x + 4,7x - 2x - x$;
Un seul coefficient positif : 4, 7 ;

Somme des coefficients négatifs : 9, 3 + 2 + 1 = 12, 3 ;
Différence : 12, 3 — 4, 7 = 7, 6 ;
Résultat de la réduction : — 7, 6 x.

3° Polynôme à réduire : $10\,a + 3\,a + 5 + 4$. Ce polynôme présente des termes semblables de deux sortes ; il y a donc deux réductions à faire séparément :

La première donne $10\,a + 3\,a = 13\,a$.

car, puisque le polynôme à réduire ne contient pas de termes négatifs semblables aux deux termes positifs $10\,a$ et $3\,a$, il n'y a, pour cette première réduction partielle, aucune soustraction de coefficients à effectuer, et le résultat doit avoir simplement pour coefficient la somme $10+3=13$;

La seconde réduction donne $5+4=9$;

En unissant les deux résultats, on a :

$$10\,a + 3\,a + 5 + 4 = 13\,a + 9.$$

4° On aurait de même :

$$-10\,a - 3\,a - 5 - 4 = -13\,a - 9\ (*).$$

5° Le polynôme $10\,x^2 + 3\,x^2 + a - 2\,b + 9 - 10\,x - 3\,x - a + b$, composé de quatre sortes de termes semblables et d'un terme qui n'est semblable à aucun autre (le cinquième), devient, par quatre réductions séparées :

$$13\,x^2 - 13\,x - b + 9.$$

On remarquera que le terme $-\,a$, dans le polynôme à réduire, ayant même coefficient que le terme $+\,a$ (coefficient 1

(*) Par les exemples 2e et 4e, nous semblons anticiper sur le calcul des quantités négatives que nous avons déjà annoncé comme devant être un des objets du chapitre VII ; mais nous ferons remarquer que nous ne considérons ici les termes négatifs isolés ou joints à des termes positifs numériquement plus faibles, qu'avec le sens général que nous leur avons reconnu au n° 74, et que l'opération que nous faisons porte seulement sur les coefficients, que nous regardons toujours comme positifs.

sous-entendu), avec un signe contraire, détruit complétement ce dernier terme (differ. des coeffi. : $1 - 1 = 0$). Le cinquième terme $+9$, qui n'est semblable à aucun autre, est écrit sans changement au résultat de la réduction.

6° Enfin, en réduisant le polynôme

$$7a^2b - 10ab^2 + 17\tfrac{2}{3}x - 5a^2b - 7\tfrac{1}{3}x - 3ab^2,$$

on obtient, par trois réductions :

$$2a^2b - 12ab^2 + 10\tfrac{1}{3}x.$$

87. Démonstration. — En raisonnant d'abord sur le premier exemple $7x^2 - 4x^2 + 3x^2 - 2x^2$, il est évident que prendre 7 fois la quantité x^2, plus 3 fois la même quantité, revient à la prendre en tout 10 fois; et que retrancher cette même quantité 4 fois, ensuite 2 fois, c'est la retrancher en tout 6 fois : mais 10 fois x^2 moins 6 fois x^2, c'est évidemment la même chose que 4 fois x^2 ou que $4x^2$. — On voit que le résultat $4x^2$ est positif parce que dans l'expression proposée, les coefficients positifs l'emportant sur les coefficients négatifs, x^2 est pris *positivement* plus de fois qu'il n'est pris *négativement*.

Le second exemple offre un résultat négatif $-7,6x$, parce que, dans l'expression à réduire, le nombre de fois qu'il faut retrancher ou prendre *négativement* la lettre x l'emporte sur le nombre de fois qu'il faut l'additionner ou la prendre *positivement*.

Dans le quatrième exemple, on remarquera que nous avons dû écrire $-10a - 3a = -13a$, parce qu'avoir à retrancher d'abord $10a$ et ensuite $3a$, c'est la même chose que si l'on avait à retrancher en tout $13a$; il est de même évident que $-5 - 4$ équivaut à -9.

II. — ADDITION.

88. Définition. — L'*addition algébrique* est une opération par laquelle on réunit plusieurs expressions pour en faire une seule équivalente qu'on appelle *somme algébrique*.

89. Règle. — *Pour effectuer l'addition algébrique, on écrit tous les termes des expressions à additionner, les uns à la suite des autres, chacun avec son signe. — Si le résultat renferme des termes semblables, on en fait la réduction.*

90. Exemples :

1°

$$\begin{array}{ll} & a-b \\ & c-d \\ \hline \text{Somme} & a-b+c-d \end{array}$$

2°

$$\begin{array}{rl} & 2\,x+2,7\,a\,b+b \\ & -5\,x+3,5\,a\,b \\ & -\;x+7\,a\,b-c \\ \hline \text{Somme réduite} & -4\,x+13,2\,a\,b+b-c \end{array}$$

3°

$$(a^2-\frac{1}{2}b)+(-2,5\,c+b)+(c-\frac{3}{4})$$

$$=a^2-\frac{1}{2}\,b-2,5\,c+b+c-\frac{3}{4}$$

$$\text{Somme réduite}=a^2+\frac{1}{2}\,b-1,5\,c-\frac{3}{4}$$

91. Démonstration. — 1° *Démonstration sur un exemple numérique.* — Pour fixer davantage les idées, nous raisonnerons d'abord sur des nombres. Soit donc l'addition de deux binômes numériques :

$$\begin{array}{ll} & 20-3 \\ & \;\;7-2 \\ \hline \text{Somme} & 20-3+7-2=22. \end{array}$$

Si à la quantité 20 — 3 il fallait ajouter 7, la somme serait évidemment 20 — 3 + 7 = 24; mais ici ce n'est pas 7 qu'il faut ajouter, c'est 7 — 2 ou 5; d'après cela, le nombre 7 dont on vient de faire l'addition est *trop fort* de 2 unités: par conséquent la somme 20 — 3 + 7 ou 24 est elle-même *trop forte* de 2 unités; il faut donc la diminuer de 2 unités, en écrivant 20 — 3 + 7 — 2, ou 24 — 2 = 22.

Remarque. — On aurait obtenu la même somme 22 en additionnant d'un seul coup les nombres 17 et 5 qui égalent les deux binômes 20 — 3 et 7 — 2. Cette remarque confirme la démonstration et montre l'accord de l'arithmétique avec l'algèbre.

2° *Démonstration générale.* — Raisonnons maintenant sur le premier des exemples ci-dessus, l'addition de deux quantités littérales :

$$\begin{array}{ll} & a-b \\ & c-d \\ \hline \text{Somme} & a-b+c-d. \end{array}$$

Si au binôme $a-b$, il fallait ajouter c, la somme serait $a-b+c$; mais au lieu de c, c'est $c-d$ qu'il faut ajouter : la somme obtenue $a-b+c$ est donc trop forte de d; il faut donc la diminuer de d, en écrivant $a-b+c-d$.

III. — SOUSTRACTION.

92. Définition. — La *soustraction algébrique* est une opération par laquelle on retranche une expression algébrique d'une autre expression donnée. Le résultat s'appelle *reste, excès* ou *différence*.

93. Règle. — *Pour faire la soustraction algébrique, on écrit les termes de la quantité qu'il faut soustraire, en changeant leurs signes* (+ en — et — en +), *à la suite de l'autre quantité, dont on conserve tous les signes. — On fait ensuite, s'il y a lieu, la réduction des termes semblables.*

94. Exemples :

$$\begin{array}{ll} 1^\circ \text{ De} & a-b \\ \text{Soustraire} & c-d \\ \hline \text{Reste} & a-b-c+d \end{array}$$

$$\begin{array}{ll} 2^\circ \text{ De} & 2x+2,7\,ab+b \\ \text{Soustraire} & -5x+3,5\,ab \\ \hline \text{Reste} & 2x+2,7\,ab+b+5x-3,5\,ab \\ \text{Reste réduit} & 7x-0,8\,ab+b. \end{array}$$

3° $$(a^2 - \frac{1}{2} b) - (-2,5\,c + b) - (c - \frac{3}{4})$$

$$= a^2 - \frac{1}{2} b + 2,5\,c - b - c + \frac{3}{4}$$

Reste réduit $= a^2 - 1\frac{1}{2} b + 1,5\,c + \frac{3}{4}$.

95. Démonstration. — 1° *Démonstration sur un exemple numérique :*

De	$20 - 3$
Soustraire	$7 - 2$
Reste	$20 - 3 - 7 + 2 = 12.$

Si de la quantité $20 - 3$ on avait à soustraire 7, le reste serait évidemment $20 - 3 - 7 = 10$; mais ce n'est pas 7 qu'il faut soustraire, c'est $7 - 2$ ou 5 : d'après cela le nombre 7 dont on vient d'indiquer la soustraction, étant *trop fort* de 2 unités, le reste $20 - 3 - 7$ ou 10 est donc au contraire *trop faible* de 2 unités ; il faut donc augmenter ce reste de 2 unités en écrivant $20 - 3 - 7 + 2$, ou $10 + 2 = 12$.

Remarque. — On aurait obtenu le même reste 12 en opérant arithmétiquement sur les nombres 17 et 5, qui équivalent aux deux binômes proposés.

2° *Démonstration générale.* — Soit le premier des exemples ci-dessus :

De	$a - b$
Soustraire	$c - d$
Reste	$a - b - c + d.$

Si de $a - b$ il fallait soustraire c, le reste serait $a - b - c$; mais au lieu de c, c'est une quantité *moins forte* qu'il faut soustraire, c'est $c - d$; la quantité à soustraire étant moins forte de d, le reste au contraire doit être *plus fort* de d ; le reste $a - b - c$, écrit tout à l'heure, doit donc être augmenté de d ; on aura, par conséquent, pour reste de la soustraction proposée, $a - b - c + d$.

96. Remarque. En additionnant le reste d'une soustraction algébrique et la quantité à soustraire, on retrouve la quantité dont on a soustrait celle-ci; on peut vérifier sur les exemples précédents. Cette observation confirme la démonstration précédente, et montre de nouveau l'accord de l'algèbre avec l'arithmétique.

IV. — MULTIPLICATION.

97. Définition. — La *multiplication algébrique* est une opération par laquelle on compose une quantité nommée *produit*, avec une autre quantité nommée *multiplicande*, comme une troisième quantité nommée *multiplicateur* est composée avec l'unité.—Le multiplicande et le multiplicateur s'appellent les *facteurs* du produit.

98). Soit, par exemple, $a \times b$; le multiplicateur b étant composé en prenant positivement ou additionnant l'unité b fois, le produit sera composé en additionnant b fois le multiplicande a: de sorte que si, dans un cas particulier, on suppose $a=4$ et $b=3$, multiplier a par b, ce sera prendre positivement ou additionner 3 fois le nombre 4.

Si le multiplicateur est une fraction, comme dans cet exemple $a \times \frac{b}{d}$, la multiplication aura pour objet de prendre b fois, positivement, la $d^{\text{ième}}$ partie de a; de sorte qu'en supposant $a=4$, et $\frac{b}{d}=\frac{3}{5}$, multiplier a par $\frac{b}{d}$ ce sera prendre positivement ou additionner 3 fois le $\frac{1}{5}$ de 4.

99. Multiplication des monômes. — Règle. — *Pour multiplier entre eux deux monômes, on fait le produit des coefficients, on écrit à la suite les différentes lettres, sans répéter celles qui se trouvent en même temps dans les deux monômes; on donne à chacune des lettres qui sont communes aux deux facteurs un exposant égal à la somme de ses exposants, et on laisse aux lettres non communes les exposants qu'elles ont.*

100. Exemples. — 1° $4\,a^2\,b^2$

$\times\,5\,a^3\,c$

Produit $20\,a^5\,b^2\,c$

2° $a\times a=a^2$; 3° $3{,}5\,ab\times c=3{,}5\,a\,b\,c$; 4° $a\times 4=4\,a$;
5° $a^2\times 1=a^2$;

$$6^\circ\ 10\,a\times\frac{1}{2}\,c=5\,a\,c;$$

$$7^\circ\ \frac{2}{3}\,x\times\frac{3}{4}=\frac{6}{12}\,x=\frac{1}{2}\,x;$$

$$8^\circ\ 3\,a\,b\times 5\,a\times 2\,a\,b=30\,a^3\,b^2.$$

101. Démonstration. — Prenons notre premier exemple :

$$4\,a^2\,b^2\times 5\,a^3\,c=20\,a^5\,b^2\,c.$$

D'après les principes connus d'arithmétique et que nous rappelons au n° 109, le produit de $4a^2b^2$ par $5\,a^3c$ égale le produit de tous les facteurs du multiplicande et du multiplicateur, c'est-à-dire $4\times a\times a\times b\times b\times 5\times a\times a\times a\times c$, ou bien, en changeant l'ordre des facteurs et en abrégeant l'écriture, $5\times 4\,a\,a\,a\,a\,a\,b\,b\,c$; or, si l'on multiplie 5 par 4 et si l'on emploie l'exposant pour éviter de répéter la lettre a, ce résultat devient évidemment $20\,a^5\,b^2\,c$.

102. Multiplication des polynômes. — Règle. — *Pour faire le produit de deux polynômes, on multiplie successivement tous les termes du multiplicande par chaque terme du multiplicateur, en observant pour chaque multiplication partielle la règle des monômes; on détermine le signe de chaque produit de deux termes d'après la règle suivante :*

$+$ *multiplié par* $+$ *donne* $+$; $-$ *multiplié par* $+$ *donne* $-$;
$+$ *multiplié par* $-$ *donne* $-$; $-$ *multiplié par* $-$ *donne* $+$;

ou, plus brièvement : *Des signes semblables donnent* $+$ *et des signes contraires donnent* $-$;

on additionne ensuite tous les produits partiels et on fait la réduction des termes semblables s'il y a lieu.

103. Exemples : 1°

$$\begin{array}{lr}
 & a-b \\
 & c-d \\
\hline
 & ac-bc \\
 & -ad+bd \\
\hline
\text{Produit} & ac-bc-ad+bd
\end{array}$$

2°

$$\begin{array}{lr}
 & a-4 \\
 & x \\
\hline
\text{Produit} & ax-4x
\end{array}$$

3°

$$\begin{array}{lr}
 & x^2 \\
 & -x+1 \\
\hline
\text{Produit} & -x^3+x^2
\end{array}$$

4°

$$\begin{array}{lr}
 & a+b \\
 & a+b \\
\hline
 & a^2+ab \\
 & +ab+b^2 \\
\hline
\text{Produit} & a^2+2ab+b^2
\end{array}$$

5°

$$\begin{array}{lr}
 & a-b \\
 & a-b \\
\hline
 & a^2-ab \\
 & -ab+b^2 \\
\hline
\text{Produit} & a^2-2ab+b^2
\end{array}$$

6°

$$\begin{array}{lr}
 & a+b \\
 & a-b \\
\hline
 & a^2+ab \\
 & -ab-b^2 \\
\hline
\text{Produit} & a^2 \quad -b^2
\end{array}$$

7° $\left(\frac{1}{2}x-8\right)\times\frac{3}{4}=\frac{3}{8}x-6$

8°

$$\begin{array}{lr}
 & 3a^2-a+1 \\
 & 5a^2b+2ab \\
\hline
 & 15a^4b-5a^3b+5a^2b \\
 & +6a^3b-2a^2b+2ab \\
\hline
\text{Produit} & 15a^4b+a^3b+3a^2b+2ab
\end{array}$$

Nota. — Nous donnons l'exemple 8° avec l'intention que nos lecteurs aient une idée de ces sortes de multiplications moins faciles, mais nous avertissons qu'à cause du peu d'applications que l'on en fait dans la pratique ordinaire de l'algèbre, on doit surtout s'arrêter à l'étude de nos autres exemples.

9° $(4x-b).(3x-c).2=24x^2-6bx-8cx+2bc.$

104. Démonstration.— 1° Raisonnons d'abord, comme pour l'addition et la soustraction, sur un exemple numérique :

$$\begin{array}{rl} & 8-3 \\ & 9-2 \\ \hline & 72-27 \\ & \quad -16+6 \\ \hline \text{Produit} & 72-27-16+6=35. \end{array}$$

En multipliant 8, au lieu de 8 — 3, par 9, on multiplie 3 unités de trop ; le produit 72 est par conséquent trop fort de 9 fois 3 unités ou de 27 ; il faut donc le diminuer de 27 et l'on a 72 — 27 pour le produit de tout le multiplicande par le premier terme du multiplicateur. Mais en répétant le multiplicande 9 fois au lieu de 9 fois moins 2 fois, on le répète 2 fois de trop ; il faut donc, du premier produit partiel, 72 — 27, retrancher 2 fois le multiplicande, c'est-à-dire 2 fois (8 — 3) : or, si l'on multiplie le multiplicande (8 — 3) par 2, comme tout à l'heure on l'a multiplié par 9, on a pour produit 16 — 6. Ce produit devant être retranché de 72 — 27, on en change donc les signes, pour l'écrire à la suite de 72 — 27 ; on obtient ainsi 72 — 27 — 16 + 6 = 35.

Remarque. — On verra encore ici l'accord des procédés algébriques avec l'arithmétique en remarquant que 35 est le produit des nombres 5 et 7 qui égalent respectivement les binômes 8 — 3, 9 — 2.

2° Soit maintenant le premier exemple du n° 103, multiplication de deux quantités littérales :

$$\begin{array}{rl} & a-b \\ & c-d \\ \hline & ac-bc \\ & \quad -ad+bd \\ \hline \text{Produit} & ac-bc-ad+bd. \end{array}$$

En multipliant d'abord a par c, on multiplie une quantité trop forte de b ; le produit qu'on obtient, ac, est par conséquent trop fort du produit $b\,c$; il faut donc le diminuer de $b\,c$; et on a ainsi $a\,c - b\,c$ pour produit exact de tout le multiplicande par le premier terme du multiplicateur. Mais en multipliant ainsi qu'on vient de le faire, $a - b$ par c, on a multiplié par une quantité trop forte de d; le produit déjà obtenu $ac - bc$ est donc trop fort du produit de tout le multiplicande par d. En effectuant ce dernier produit comme tout à l'heure le produit par c, on trouve $ad - bd$; il faut donc retrancher $a\,d - b\,d$ du produit précédent $ac - bc$: on a, en vertu de la règle de la soustraction, $a\,c - b\,c - a\,d + b\,d$. C'est le produit exact du multiplicande $a - b$ par le multiplicateur $c - d$.

105. Remarque sur une application numérique du produit de deux quantités algébriques. — On pourrait se servir du produit algébrique $a\,c - b\,c - a\,d + b\,d$ pour calculer le produit de deux binômes numériques tels que $8 - 3$, $9 - 2$ compris dans les deux binômes algébriques $a - b$, $c - d$. Pour cela, on remplacerait simplement dans le produit ci-dessus les lettres a, b, c, d par leurs valeurs respectives 8, 3, 9, 2; on aurait ainsi, comme par la multiplication effectuée plus haut, $8 \times 9 - 3 \times 9 - 8 \times 2 + 3 \times 2$ ou $72 - 27 - 16 + 6 = 35$.

Si l'on voulait d'un autre côté multiplier la somme de deux nombres tels que 7 et 5 par leur différence, on pourrait appliquer pour ce calcul le résultat de l'exemple sixième du n° 103, dans lequel la lettre a vaudrait alors 7 en même temps que la lettre b vaudrait 5; mais on remarquera qu'il n'y aurait pas, comme dans le cas précédent, à répéter sur les nombres toutes les opérations faites sur les lettres, car une réduction de termes semblables a supprimé deux termes au produit de $a + b$ par $a - b$.

106. Décomposition d'un produit en deux facteurs dans le cas où tous les termes renferment une ou plusieurs lettres semblables. — Si une expression algébrique renferme dans tous ses termes une même lettre, on peut considérer cette expression comme un produit obtenu en multipliant une certaine quantité par cette lettre; c'est ainsi, par exemple, que le produit $ax - 4x$, obtenu en multipliant $a - 4$ par x (Voy. n° 103), présente la lettre x à ses deux termes. Or, évidemment, un produit peut toujours être écrit sous la forme qu'il avait avant la multiplication; on pourra donc écrire équivalemment $ax - 4x$ ou $(a - 4) \times x$. Écrit de la seconde manière, le produit $ax - 4x$ se montre décomposé en ses deux facteurs dont l'un est la lettre x, et l'on dit alors que la lettre x est mise *en facteur commun*. On peut aussi *mettre en facteur commun* l'ensemble de plusieurs lettres.

107. Règle pour mettre une quantité en facteur commun. — *En général pour mettre en facteur commun une quantité qui entre comme facteur dans tous les termes d'une expression, il faut écrire cette quantité une seule fois, puis renfermer entre parenthèses l'expression donnée, sans cette quantité, en conservant à chaque terme son signe propre. L'ensemble de l'expression ainsi formée prend le signe* $+$. (Il est évident, d'ailleurs, d'après un des principes du n° 109, qu'on pourra écrire le facteur commun aussi bien après qu'avant la parenthèse; nous n'avons pas besoin de dire non plus que le signe $+$ pourra être sous-entendu comme à l'ordinaire).

108. Exemples : 1° $ax - 4x = +x(a - 4)$ ou $(a - 4)x$;

2° $ac + c = +c(a + 1)$ ou $(a + 1)c$;

3° $-ax^2 + bx^2 = +x^2(-a + b)$ ou $(-a + b)x^2$;

4° $ad^2 - cd = d(ad - c)$ ou $(ad - c)d$;

5° $ac^2 - a^2c = ac(c - a)$ ou $(c - a)ac$;

6° $2a^3bx^2 + 6a^2bx - 2ab = 2ab(a^2x^2 + 3ax - 1)$.

NOTA. — Il est nécessaire, pour la résolution d'un grand nombre de problèmes d'algèbre, de savoir mettre une lettre en facteur commun; mais il n'arrive pas aussi souvent qu'on ait à mettre en facteur commun un produit de plusieurs lettres. Nos quatre premiers exemples résument donc les cas les plus pratiques comme les plus faciles.

109. Propriétés des facteurs algébriques. — On doit appliquer aux facteurs algébriques les théorèmes démontrés en arithmétique pour les facteurs numériques, car, les lettres représentant des nombres, les propriétés générales des nombres conviennent évidemment aux lettres. C'est ce que nous avons déjà supposé depuis le commencement de ce cours; mais il est particulièrement utile de rappeler ici trois grands principes dont l'importance pratique en algèbre est considérable :

1° Le produit de plusieurs facteurs ne change pas dans quelque ordre qu'on les multiplie. Par exemple, on aura $a\times b\times c = b\times a\times c = c\times b\times a$.

2° Pour multiplier par une quantité un produit de plusieurs facteurs, il suffit de multiplier par cette quantité l'un quelconque des facteurs. Exemple : on pourra multiplier le produit $c\,(a+b)$ par d en écrivant indifféremment $cd\,(a+b)$ ou bien $c\,(a\,d+b\,d)$.

3° Pour multiplier une quantité par un produit de plusieurs facteurs, il suffit de la multiplier successivement par ces facteurs. Exemple : $a\times(c\,d) = a\times c\times d$.

V. — DIVISION.

110. Définition. — La *division algébrique* est une opération par laquelle, étant donnés un produit appelé *dividende* et l'un de ses facteurs appelé diviseur, on trouve l'autre facteur appelé *quotient*.

111. L'explication des trois opérations précédentes nous a préparés à l'étude de celle-ci, laquelle ne pourra, par conséquent, offrir aucune difficulté. Nous aurons à traiter deux cas différents : 1° La division d'un monôme par un monôme; 2° la division d'un polynôme par un monôme. Nous ne nous occuperons pas de la division d'un polynôme par un polynôme, parce que ce troisième cas reste à peu près sans application dans les questions d'algèbre élémentaire.

112. Division d'un monôme par un monôme. — Règle. — *Pour diviser un monôme par un monôme, on divise le coefficient du dividende par celui du diviseur; on donne à chaque lettre commune aux deux monômes un exposant égal à l'excès de celui qu'elle a au dividende sur celui qu'elle a au diviseur; on écrit au quotient toutes les lettres du dividende qui ne se trouvent pas au diviseur, en conservant leurs exposants; on ne met pas au quotient les lettres qui entrent dans les deux monômes avec le même exposant.*

113. Exemples. — (Comparez les sept exemples de ce numéro aux exemples correspondants du n° 100.)

$$1^{\circ}\ \frac{20\,a^5\,b^2\,c}{4\,a^2\,b^2} = 5\,a^3\,c;$$

$$2^{\circ}\ \frac{a^2}{a} = a;\quad 3^{\circ}\ \frac{3,5\,a\,b\,c}{c} = 3,5\,ab;\quad 4^{\circ}\ \frac{4\,a}{4} = a;\quad 5^{\circ}\ \frac{a^2}{a^2} = 1;$$

$$6^{\circ}\ \frac{5\,a\,c}{10\,a} = \frac{5}{10}\,c \text{ ou } 0,5\,c \text{ ou } \frac{1}{2}\,c;$$

$$7^{\circ}\ \frac{1}{2}\,x : \frac{3}{4} = \frac{4}{6}\,x = \frac{2}{3}\,x.$$

114. Démonstration. — D'après la définition du n° 110, en multipliant le quotient d'une division par le diviseur, on doit obtenir au produit le dividende, et c'est à ce signe qu'on reconnaît une division bien faite; or, il est facile de montrer que, si l'on effectue la division conformément à la règle précédente, cette condition se trouve nécessairement remplie. Pour cela raisonnons sur le premier exemple ci-dessus, en faisant voir que la multiplication du quotient $5\,a^3\,c$ par le diviseur $4\,a^2\,b^2$ reproduira *nécessairement* le dividende $20\,a^5\,b^2\,c$. Puisqu'on a obtenu le coefficient 5 du quotient en divisant 20 par 4, les coefficients 4 et 5 sont donc les facteurs du coefficient 20; en multipliant 4 par 5 on retrouvera donc 20. Puisque l'exposant 3 de la lettre a, au quotient, a été obtenu en retranchant l'exposant 2 de l'exposant 5 (exposants qui affectent la même lettre au diviseur et au dividende), il s'ensuit qu'en additionnant 3 et 2 on retrouvera 5 ; ainsi, la multiplication de a^3 par a^2 donnera a^5. Enfin, les lettres b et c ne se trouvant chacune que dans l'un des deux facteurs du dividende (b au diviseur et c au quotient), la multiplication ne pourra pas changer leurs exposants; elles s'écriront donc simplement au produit, avec les exposants qu'elles ont, à la suite de a^5. Ainsi en multipliant le quotient de la division proposée par le diviseur, il ne peut pas se faire qu'on ait un produit autre que le dividende; la règle par laquelle on a obtenu ce quotient est donc exacte.

115. Cas d'impossibilité. — La division est impossible : 1° quand le diviseur contient une lettre qui ne se trouve pas au dividende ;

2° Quand une lettre a au diviseur un exposant plus fort que celui qu'elle a au dividende;

3° On dit aussi que la division est impossible quand le coefficient du dividende n'est pas exactement divisible par celui du diviseur. On peut toutefois, dans ce cas, mettre au quotient une fraction pour coefficient. *Voy.* nos sixième et septième exemples.

116. Exposant O. — Nous avons dit (n° 112), que lorsqu'une lettre a le même exposant au dividende et au diviseur, on ne l'écrit pas au quotient. Quelquefois pourtant, au lieu d'effacer cette lettre, on juge utile d'en conserver la trace, et on lui donne alors l'exposant 0 : on écrirait, par exemple, $\frac{a^2}{a^2} = a^0$ au lieu de $\frac{a^2}{a^2} = 1$. En général, une lettre affectée de l'exposant 0 égale l'unité.

117. Division d'un polynôme par un monôme. — Règle. — *Pour diviser un polynôme par un monôme, on divise successivement chaque terme du polynôme par le monôme, en observant la même règle des signes que pour la multiplication : c'est-à-dire que des signes semblables au dividende et au divi-*

seur donnent au quotient le signe +, et que des signes contraires donnent —.

118. Exemples : 1° $\frac{15\,x - 10\,x}{5} = 3\,x - 2\,x$;

$$2^\circ \quad \frac{a\,x - 4\,x}{x} = a - 4;$$

$$3^\circ \quad \frac{a^2 - a}{a} = a - 1;$$

$$4^\circ \quad \frac{6\,a^3 - 2\,a^2 + 18\,a}{3\,a} = 2\,a^2 - \frac{2}{3}\,a + 6.$$

119. Démonstration. — En faisant d'abord abstraction des signes, on reconnaît de suite que chaque terme du quotient, dans les quatre exemples qui précèdent, ayant été obtenu en divisant le terme correspondant du dividende par le diviseur, on reproduirait nécessairement tous les termes du dividende en multipliant tous les termes du quotient par le diviseur. Quant aux signes, on vérifie aussi sur les mêmes exemples que les signes de chaque dividende sont nécessairement reproduits dans la multiplication de chaque quotient par le diviseur correspondant.

120. Propriétés de la division algébrique. — On doit appliquer à la division algébrique les théorèmes démontrés en arithmétique pour la division des nombres : 1° Si le dividende et le diviseur sont multipliés ou divisés par une même quantité, le quotient ne change pas. Ex. : $\frac{a^2}{a} = \frac{a^2\,b}{a\,b}$.

2° Pour diviser par une quantité un produit de plusieurs facteurs, il suffit de diviser par cette quantité l'un quelconque des facteurs. Ex. : pour diviser le produit $(a\,b \times a\,c)$ par a il suffit d'écrire $b \times a\,c$ ou $a\,b \times c$.

3° Pour diviser une quantité par un produit de plusieurs facteurs, il suffit de diviser successivement par les facteurs de ce produit : par exemple, pour diviser $a^2\,b^3$ par le produit $(a \times b)$, on pourra d'abord diviser $a^2\,b^3$ par a, ce qui donnera $a\,b^3$, puis en divisant $a\,b^3$ par b, on obtiendra le quotient demandé $a\,b^2$.

VI. — OPÉRATIONS SUR LES FRACTIONS ALGÉBRIQUES.

121. Nous n'avons pas de règles particulières à expliquer pour les fractions algébriques ; il nous suffira de rappeler celles de l'arithmétique, en y joignant quelques exemples. Rappelons d'abord la propriété fondamentale des fractions.

122. Propriété fondamentale des fractions.—*Quand on multiplie ou qu'on divise le numérateur et le dénominateur d'une fraction par une même quantité, cette fraction ne change pas de valeur.* Par exemple, $\frac{a}{b}=\frac{a\,m}{b\,m}$ ou $\frac{a\,m}{b\,m}=\frac{a}{b}$.

123. Simplification des fractions. — *Règle.* — Pour simplifier une fraction algébrique, on efface les facteurs communs au numérateur et au dénominateur.

Exemples : 1° $\frac{a\,b}{b\,c}=\frac{a}{c}$; 2° $\frac{4\,a^2\,b}{6\,a^3\,c}=\frac{2\,b}{3\,a\,c}$; 3° $\frac{a}{a\,c}=\frac{1}{c}$;

4° $\frac{3\,a\,c-b\,c}{a^2\,c}=\frac{3\,a-b}{a^2}$; 5° $\frac{3\,a^3+a}{a\,c-a^2}=\frac{3\,a^2+1}{c-a}$.

124. Réduction d'un entier en fraction. — *Règle.* — Pour réduire un entier en fraction, on multiplie l'entier par le dénominateur donné, et on écrit le produit en numérateur.

Par exemple, soit à réduire l'entier a en une fraction dont le dénominateur soit b, on aura $a=\frac{a\,b}{b}$.

125. On peut d'une manière générale transformer un entier en fraction en donnant à cet entier l'unité pour dénominateur.

Exemple : $a=\frac{a}{1}$.

126. Réduction d'un entier et d'une fraction en un seul terme fractionnaire.—*Règle.*—On multiplie l'entier par le dénominateur de la fraction ; on ajoute le numérateur au produit, ou on l'en retranche, selon que la fraction a le signe $+$ ou le signe $-$; on donne au résultat le dénominateur de la fraction.

Exemples : 1° $a+\frac{c}{d}=\frac{ad+c}{d}$; 2° $a-\frac{c}{d}=\frac{ad-c}{d}$.

127. Remarque I. — Si l'on considère les entiers comme des fractions ayant pour dénominateur l'unité, la règle précédente devient un simple cas de celle de l'addition ou de la soustraction. *Voy.* les n°s 131 et 132.

128. Remarque II. — Nous avons déjà rappelé (n° 19) le sens attaché aux quantités numériques telles que $3\frac{1}{2}$, formées d'un nombre entier joint à une fraction qui n'en est séparée par aucun signe : ainsi nous savons que $3\frac{1}{2}$ s'écrit pour $3+\frac{1}{2}$. Nous ajouterons ici que $-3\frac{1}{2}$ équivaut de même à $-(3+\frac{1}{2})$, ou bien, sans parenthèses, à $-3-\frac{1}{2}$, car il est évident qu'avoir à retrancher $3\frac{1}{2}$ c'est la même chose que si l'on avait à retrancher d'abord 3 et ensuite $\frac{1}{2}$.

129. Extraction des entiers. — *Règle.* — On *extrait* les entiers contenus dans une fraction en divisant le numérateur par le dénominateur. Si le dénominateur contient un ou plusieurs termes qu'on ne puisse diviser, ils forment avec le dénominateur une fraction qu'on joint au résultat de la division.

Exemples : 1° $\frac{ad+c}{d}=a+\frac{c}{d}$; 2° $\frac{ad-c}{d}=a-\frac{c}{d}$.

130. Réduction au même dénominateur. — *Règle.* — Pour réduire plusieurs fractions au même dénominateur, il faut multiplier le numérateur et le dénominateur de chacune par le produit des dénominateurs de toutes les autres.

Exemples : 1° $\frac{a}{b}+\frac{c}{d}=\frac{ad}{bd}+\frac{bc}{bd}$;

2° $\frac{a}{b}+\frac{c}{d}+\frac{e}{f}=\frac{adf}{bdf}+\frac{bcf}{bdf}+\frac{bde}{bdf}$.

131. Addition. — *Règle.* — Les fractions étant réduites au même dénominateur, on additionne les numérateurs et on donne au résultat le dénominateur commun.

Ex. : 1° $\frac{a}{b}+\frac{c}{d}=\frac{ad+bc}{bd}$; 2° $\frac{a}{b}+\frac{c}{d}+\frac{e}{f}=\frac{adf+bcf+bde}{bdf}$.

132. Soustraction. — *Règle.* — Les fractions étant réduites au même dénominateur, on retranche un numérateur de l'autre, et on donne au résultat le dénominateur commun.

$$\text{Exemple : 1° } \frac{a}{b}-\frac{c}{d}=\frac{ad-bc}{bd}.$$

133. Multiplication. — *Règle.* — 1° Pour multiplier une fraction par un entier ou un entier par une fraction, on multiplie le numérateur de la fraction par l'entier; 2° pour multiplier une fraction par une fraction, on multiplie les numérateurs entre eux et les dénominateurs entre eux; 3° lorsque les quantités à multiplier renferment plusieurs fractions ou des entiers joints à des fractions, on peut ramener ce troisième cas au premier ou au second en réduisant chaque quantité en une seule fraction par l'une des opérations précédentes (nos 126, 131 ou 132); on peut aussi multiplier séparément les entiers et les fractions qui composent les facteurs.

$$\text{Exemples : 1° } \frac{a}{b}\times c=\frac{ac}{b};\ 2°\ c\times\frac{a}{b}=\frac{ac}{b}:$$

$$3°\ \frac{a}{b}\times\frac{c}{d}=\frac{ac}{bd};$$

$$4°\ \left(x-\frac{y}{4}\right)\times\left(y-\frac{x}{3}\right)=\frac{4x-y}{4}\times\frac{3y-x}{3}=$$

$$=\frac{12xy-3y^2-4x^2+xy}{12},$$

$$\text{ou bien } \left(x-\frac{y}{4}\right)\ \left(y-\frac{x}{3}\right)=xy-\frac{y^2}{4}-\frac{x^2}{3}+\frac{xy}{12};$$

$$5^\circ\ \frac{a}{b}\times\left(\frac{c}{d}+\frac{e}{f}\right)=\frac{a}{b}\times\frac{cf+de}{df}=\frac{acf+ade}{bdf},$$

$$\text{ou bien } \frac{a}{b}\times\left(\frac{c}{d}+\frac{e}{f}\right)=\frac{ac}{bd}+\frac{ae}{bf};$$

$$6^\circ\ \left(3x-\frac{a}{b}\right)\times c=3cx-\frac{ac}{b}.$$

134. Division.—*Règle.*—1° Pour diviser une fraction par un entier, on divise le numérateur de la fraction, ou bien on multiplie le dénominateur, par l'entier; 2° pour diviser un entier ou une fraction par une fraction, on multiplie le dividende par la fraction diviseur renversée; 3° quand on a à opérer sur des quantités qui renférment plusieurs fractions ou des entiers joints à des fractions, on peut ramener ce troisième cas au premier ou au second en réduisant chaque quantité en une seule fraction par l'une des opérations des nᵒˢ 126, 131 ou 132; on peut aussi diviser un dividende polynôme par un diviseur monôme, en divisant séparément chaque terme du dividende par le diviseur.

$$\text{Exemples : } 1^\circ\ \frac{ac}{b}:c=\frac{a}{b};\quad 2^\circ\ \frac{a}{b}:c=\frac{a}{bc};$$

$$3^\circ\ c:\frac{a}{b}=c\times\frac{b}{a}=\frac{bc}{a};\quad 4^\circ\ \frac{a}{b}:\frac{c}{d}=\frac{a}{b}\times\frac{d}{c}=\frac{ad}{bc};$$

$$5^\circ\ \left(x-\frac{y}{4}\right):\left(y-\frac{x}{3}\right)=\frac{4x-y}{4}:\frac{3y-x}{3}=\frac{12x-3y}{12y-4x};$$

$$6^\circ\ \frac{a}{b}:\left(\frac{c}{d}+\frac{e}{f}\right)=\frac{a}{b}:\frac{cf+de}{df}=\frac{adf}{bcf+bde};$$

$$7^\circ\ \left(3x-\frac{a}{b}\right):c=\frac{3x}{c}-\frac{a}{bc}.$$

135. Remarque. — En considérant les entiers comme des fractions ayant pour dénominateur l'unité (n° 125), les deux premiers cas, soit de la multiplication, soit de la division, n'en font plus qu'un seul, et la règle à retenir pour chacune de ces deux opérations se trouve simplifiée.

136*. En finissant ce chapitre, nous appellerons l'attention sur ce qui fait le caractère des transformations que le calcul algébrique nous a jusqu'à présent fournies, et on comprendra par là comment elles pourront, dans les chapitres suivants, répondre au but qu'on se propose dans l'algèbre. Lorsque, par les règles de l'arithmétique, on est parvenu à un résultat, rien ne retrace plus à l'esprit la route qui y a conduit. Qu'une ou plusieurs opérations arithmétiques nous aient donné, par exemple, 12 pour résultat, nous ne voyons rien dans 12 qui nous indique si ce nombre est venu de la multiplication de 3 par 4, ou de 2 par 6, ou de l'addition de 5 avec 7, ou de 2 avec 10, ou, en général, de toute autre combinaison d'opérations. L'arithmétique donne des règles pour trouver certains résultats, mais ces résultats ne peuvent pas fournir des règles. L'algèbre doit, au contraire, remplir ces deux objets (nº 2); et c'est pour y parvenir qu'elle représente les quantités par des signes généraux qui, n'ayant aucune relation plus particulière avec un nombre qu'avec un autre, ne représentent que ce qu'on veut ou ce que l'on convient de leur faire représenter : ces signes, toujours présents aux yeux dans toute la suite d'un calcul, conservent, pour ainsi dire, l'empreinte des opérations par lesquelles ils passent, ou du moins ils offrent dans les résultats de ces opérations, des traces de la route qu'on doit tenir pour arriver au même but par les moyens les plus simples. En se reportant à une remarque que nous avons faite au sujet de la multiplication (nº 105), on verra déjà en quoi consiste, en général, ce double effet sans pourtant pouvoir en apprécier encore toute l'importance : ce sera à toute la suite du cours, qui n'est qu'une continuelle application des opérations fondamentales, à en présenter des exemples aussi nombreux que remarquables (*).

(*) Cet aperçu sur la nature et l'utilité des opérations algébriques est emprunté à peu près entièrement au *Cours d'Algèbre* de Bézout.

RÉSUMÉ DU CHAPITRE II.

I. Réduction des termes semblables. — *Définition.* — On appelle *termes semblables* ceux qui ne diffèrent entre eux que par leurs coefficients et leurs signes; par exemple, $3x^2$ et $-4x^2$. (83).

Règle. — Pour réunir plusieurs termes semblables en un seul terme équivalent, on fait la somme des coefficients positifs et celle des coefficients négatifs, on prend la différence des deux sommes, on donne à cette différence le signe de la plus forte somme, et on écrit à la suite, une seule fois, les lettres communes à tous les termes, chacune avec son exposant. Ex. :

$7x^2-4x^2+3x^2-2x^2=4x^2$; $-10a-3a-5-4=-13a-9$. (85, 86).

Démonstration. — Il est évident (1er exemple) que si l'on doit prendre une quantité telle que x^2, 7 fois plus 3 fois, ou en tout 10 fois, et qu'on ait à la retrancher 4 fois, puis 2 fois, ou en tout 6 fois, c'est comme si l'on avait à prendre cette même quantité 10 fois moins 6 fois, ou 4 fois. Il est clair aussi (2e exemple) que retrancher la quantité a, 10 fois, puis 3 fois, revient à la retrancher 13 fois; de même deux soustractions, l'une de 5 unités et l'autre de 4, reviennent ensemble à une soustraction de 9 unités. (87).

II. Addition. — *Règle.* — Pour *additionner* ou joindre ensemble plusieurs expressions algébriques, on écrit tous les termes de ces expressions les uns à la suite des autres, chacun avec son signe.

Ex. : $(a-b)+(c-d)=a-b+c-d$. (89, 90).

Démonstration. — Si à la quantité $a-b$ il fallait ajouter c, on aurait évidemment pour somme $a-b+c$; mais le terme négatif $-d$ diminuant de d le terme à additionner c, la somme $a-b+c$ doit être aussi diminuée de d. (91).

III. Soustraction. — *Règle.* — Pour *soustraire* une quantité algébrique d'une autre, on écrit à la suite de cette autre tous les termes de la première avec des signes contraires.

Ex. : $(a-b)-(c-d)=a-b-c+d$. (93, 94)

Démonstration. — La quantité $c-d$ étant plus faible que c, il est clair qu'en retranchant $c-d$ d'une quantité quelconque, on doit avoir un résultat plus fort qu'en retranchant c : si l'on avait à retrancher c de $a-b$, le reste serait $a-b-c$; mais s'il faut retrancher $c-d$, on aura un reste plus fort $a-b-c+d$. (95).

IV. Multiplication. — *Multiplication des monômes.* — *Règle.* — On fait le produit des coefficients et on écrit à la suite les lettres des deux facteurs, chacune avec un exposant égal à la somme de ses exposants.

$$\text{Ex. : } 4\,a^2\,b^2 \times 5\,a^3\,c = 20\,a^5 b^2\,c. \qquad (99, 100)$$

Démonstration. — On a, d'après des principes connus d'arithmétique, lesquels sont applicables en algèbre,

$$4\,a^2\,b^2 \times 5\,a^3 c = 4.5.a.a.a.a.a.b.b.c,$$

ce qui revient évidemment à $40\,a^5\,b^2\,c$. (101).

Multiplication des polynômes. — *Règle.* — On multiplie chaque terme du multiplicande par chaque terme du multiplicateur, en observant pour les signes la règle suivante : Deux termes qui ont des signes semblables donnent au produit le signe +, et deux termes qui ont des signes contraires donnent au produit le signe —.

$$\text{Ex. : } (a - b) \times (c - d) = ac - bc - ad + bd. \quad (102, 103)$$

Démonstration. — Si l'on avait à multiplier a par c, le produit serait ac; mais le terme $-b$ diminuant de b le multiplicande a, le produit ac doit être diminué du produit de b par c, ce qui fait $ac - bc$; le multiplicateur c étant de son côté diminué de d par le terme $-d$, ce premier résultat doit être diminué du produit de tout le multiplicande par d; on a ainsi

$$ac - bc - (ad - bd) \text{ ou } ac - bc - ad + bd. \qquad (104)$$

Règle pour mettre une quantité en facteur commun. — Pour décomposer un produit en deux facteurs, en mettant en facteur commun une quantité qui entre comme facteur dans tous les termes du produit, on écrit cette quantité une seule fois, et on place devant elle ou à la suite, entre parenthèses, tous les termes de l'expression donnée, en conservant à chacun son signe propre; l'expression ainsi formée prend le signe +.

$$\text{Ex. : } ax - 4\,x = (a - 4)\,x \quad \text{ou} \quad x(a - 4). \qquad (106\text{-}108)$$

Les théorèmes démontrés en arithmétique sur la multiplication des nombres s'appliquent également à la multiplication des quantités littérales. (109).

V. Division. — *Division des monômes.* — *Règle.* — On divise le coefficient du dividende par celui du diviseur; on donne à chaque lettre commune aux deux monômes un exposant égal à l'excès de l'exposant qu'elle a au dividende sur celui qu'elle a au diviseur; on écrit toutes les lettres du dividende qui ne se trouvent pas au diviseur en conservant leurs exposants; on ne met pas au quotient les lettres qui se trouvent au dividende et au diviseur avec le même exposant.

$$\text{Ex. : } \frac{20\,a^5\,b^2\,c}{4\,a^2\,b^2} = 5\,a^3\,c. \qquad (112,\ 113)$$

On *démontre* cette règle en considérant que le quotient qu'elle fournit reproduit nécessairement le dividende lorsqu'on multiplie ce quotient par le diviseur. (114).

La division est impossible, ou du moins ne peut pas fournir de quotient exact, lorsque le diviseur contient un facteur qui ne se trouve pas au dividende. (115).

Quelquefois, dans la division d'un monôme par un monôme, on écrit au quotient les lettres qui ont le même exposant au dividende et au diviseur, en leur donnant l'exposant 0. En général, une lettre affectée de l'exposant 0 représente l'unité: $\frac{a^2}{a^2} = a^0 = 1$. (116).

Division d'un polynôme par un monôme. — *Règle.* — On divise chaque terme du polynôme par le monôme, en observant la même règle des signes que pour la multiplication.

$$\text{Ex. : } \frac{a\,x - 4\,x}{x} = a - 4. \qquad (117, 118)$$

La raison de cette règle est évidente. (119).

Les théorèmes démontrés en arithmétique pour la division des nombres s'appliquent également à la division des quantités littérales. (120).

VI. Fractions algébriques. — Les fractions algébriques ont les mêmes propriétés que celles dont le numérateur et le dénominateur sont des nombres. Les règles des opérations pour ces sortes de fractions sont aussi absolument les mêmes que celles enseignées en arithmétique pour les fractions numériques.

Exemples : Simplification : $\frac{am}{bm} = \frac{a}{b}$.

Réduction au même dénominateur : $\frac{a}{b} + \frac{c}{d} = \frac{ad}{bd} + \frac{bc}{bd}$.

Réduction d'un entier en fraction : $a = \frac{ad}{d}$; $a + \frac{c}{d} = \frac{ad+c}{d}$.

Extraction des entiers : $\frac{ad+c}{d} = a + \frac{c}{d}$.

Addition : $\frac{ad}{bd} + \frac{bc}{bd} = \frac{ad+bc}{bd}$.

Soustraction : $\frac{ad}{bd} - \frac{bc}{bd} = \frac{ad-bc}{bd}$.

Multiplication : $\frac{a}{b} \times \frac{c}{d} = \frac{ac}{bd}$.

Division : $\frac{a}{b} : \frac{c}{d} = \frac{ad}{bc}$. (121-135)

EXERCICES

sur les opérations fondamentales.

(Dans les exercices de ce chapitre et dans ceux des chapitres suivants, les nombres entre crochets renvoient aux différents exemples qui accompagnent les règles; les nombres entre parenthèses renvoient aux règles elles-mêmes).

I. — RÉDUCTION DES TERMES SEMBLABLES. (Nos 85, 86)

Réduire les polynômes suivants :

1. $10x^2 - 3x^2 + 2x^2 - 4x^2$; $24x - 15x + 2x - 3x$. [1er ex.]
2. $13a - 8a + 4a - 2a$; $12x^2 - 4x^2 - 3x^2 + 6x^2 + 2x^2$.
3. $18x^2 - 3x^2 - 2x^2 + 3x^2$, $11x^2 - 5x^2 - 2x^2 + 2x^2 - 3x^2$.
4. $12a + 8a - 3a + 4a - 3a$; $10a - 3a - 4a + 17a - 2a$.
5. $13a - 8a - 7a$; $6a + a - 10a$. [2]
6. $3,1x - 15,6x$; $8,7x^2 - 12x^2 - 0,2x^2$.
7. $-17,11x^2 - 8,2x^2 + x^2$; $8,9x - 15,02x - x - x$.
8. $3x + 2x + 2 + 1$; $-3x - 2x - 2 - 1$. [3, 4]
9. $6x^2 + x^2 + 19 + 7x^2 + 4$; $-6x^2 - x^2 - 19 - 7x^2 - 4$.

10. $a^2 - 8x - 15 + 9x + 5 - 10$; $5x - 3 - 4 - 2x + x^2 + 7$. [5]
11. $3x^2 - 8x^2 - 2x + 3x - x + a - b$; $-4a^2 + 3a^2 - ab + a^2 + bc$.
12. $6ab - 4a^2b + 7ab - ab$; $5,2ab^3 - a^3b - 0,2ab^3$. [6]
13. $13\frac{1}{2}cx^2 - 7\frac{1}{2}cx^2 - 4cx^2$; $19\frac{3}{4}dx^2 - 11\frac{1}{2}dx^2 + 17$.

II. — ADDITION. (Nos 89, 90)

Effectuer les additions suivantes :

14. $a + (b - c)$; $3x + (2a - 3)$; $(x + b) + (a - 7)$. [1]
15. $(a+b) + (a-c)$; $(a+b) + (-a+c)$; $(3a+3b)+(6a-4b)$. [2]
16. $(4ax + 5) + (-2,5ax + 16) + (ax - 2)$; $(5x^2+12ac-b^2) + (x^2 + b^2) + (-ac + x^2)$.
17. $(x + \frac{1}{2}ab) + (3x - \frac{1}{4})$; $(5x - ac) + (\frac{1}{2}x - \frac{1}{2}) + (-ac + x)$. [3]

III. — SOUSTRACTION. (Nos 93, 94)

Effectuer les soustractions suivantes :

18. $a - (b - c)$; $3x - (2a - 3)$; $(x + b) - (a - 7)$. [1]
19. $(a+b) - (a-c)$; $(a+b) - (-a+c)$; $(3a+3b) - (6a-4b)$. [2]
20. $(12a - b - 8) - (-3a + 5b)$; $(a + 3) - (-b + c + 3)$; $3x - (-10a + 20b)$.
21. $(3,5ax^2 - x) - (2,5ax^2 - x)$; $(3,5ax^2 - x) - (2,5ax^2 + x)$; $14ab - (-5,5ab + 6ab)$.
22. $(4ax + 5) - (-2,5ax + 16) - (ax - 2)$; $(5x^2+12ac-b^2) - (x^2 + b^2) - (-ac + x^2)$. [3]
23. $(x + \frac{1}{2}ab) - (3x - \frac{1}{4})$; $(5x - ac) - (\frac{1}{2}x - \frac{1}{2}) - (-ac + x)$.

IV. — MULTIPLICATION.

1° Multiplication des monômes. (Nos 99, 100)

24. $2a^2b \times 3a^3$; $ax^2 \times 2a^3$; $3a^2x \times 4x$; $5ab^2 \times 3ac$. [1-5]
25. $2x \times 4x$; $3x \times 2,5x$; $0,8ax \times 6,4ad$; $2x \times 5a$.
26. $3x \times 4$; $x \times 6x$; $10 \times a$; $x \times x$; $ax^2 \times 1$.
27. $\frac{1}{2}x \times 8$; $x \times \frac{1}{4}x$; $x \times 2\frac{3}{4}$ ou $x \times \frac{11}{4}$; $\frac{2}{3}ax \times \frac{1}{2}$. [6, 7]
28. $3x^2 \times a \times 4x$; $3a \times 2ax \times 5$; $5a \times 6a \times x$. [8]

2° Multiplication des polynômes. (Nos 102, 103)

29. $(a + b) \times (c - d)$; $(a - c) \times (x - 4)$; $(x + b) \times (y - d)$. [1]

30. $(2x^2-4)\times 5$; $a\times(2a+2b)$; $(x^3-1)\times 0,5a$; $d\times(-a+x)$. [2,3]

31. $(3a+2b)\times(2a-b)$; $(4x-5)\times(5x-2)$; $(2x^2-2x)\times(x-1)$. [4-6]

32. $(2x-y)\times(3x-y)$; $(x+1)\times(x+1)$; $(y^2+2x)\times(y^2-2x)$.

33. $(\frac{1}{2}a-7)\times 6$; $(\frac{2}{3}x+4)\times 3$; $(x-6)\times\frac{2}{3}$; $(\frac{2}{5}x-y)\times -\frac{4}{7}$. [7]

34. $(a^2b+3ab)(3a^2-5a)$; $(8ax^2-3x)(4a^3x-2x^3)$. [8]

35. $(a-b)(c-d)a$; $(a+b)(a-b)x$; $(a+b)(a-b)(a+b)$. [9]

3° Décomposition d'une expression algébrique en plusieurs facteurs. (N°s 107, 108)

36. **Mettre x en facteur commun dans les expressions suivantes :**

$ax-bx$; $abx-6x$; $ax-cx-x$; a^2x-3ax. [1-3]

37. **Mettre a en facteur commun :**

$ab-3a$; $-ac+ad$; $2ad-ac-a$; $a-ad$.

38. **Mettre x^2 en facteur commun :**

bx^2+7x^2; $abx^2-dx^2-3x^2$; $-ax^2+x^2$; $a^2x^2-ac^2x^2$.

39. **Décomposer les expressions suivantes en mettant à part les facteurs communs à tous les termes de chacune d'elles :**

ab^3-4bc; a^2b^2-ad; ac^2d-bc^2. [4]

$3ab^3-ab$; ab^2c-b^3c; $12ab^4-9ab^3-6ab^2$. [5,6]

V. — DIVISION.

1° Division des monômes. (N°s 112, 113)

40. $\frac{6a^2}{3a}$; $\frac{14a^4b}{2ab}$; $\frac{8a^4}{4a^3}$; $\frac{10a^2b}{2b}$. [1]

41. $\frac{16a^2}{4}$; $\frac{30x^2}{x}$; $\frac{15,3x^2}{3}$; $\frac{12x}{12x}$. [2, 5]

42. $\frac{4a^2}{5a}$; $\frac{2ab}{3a}$; $\frac{2}{3}ax:5$; $\frac{2}{3}ax:\frac{3}{4}$. [6, 7]

2° Division d'un polynôme par un monôme. (N°s 117, 118)

43. $\frac{18x^2-8x}{2x}$; $\frac{8ax-4cx-12}{4}$; $\frac{15a^2-5a^3}{5}$; $\frac{4a^2c-ac}{ac}$. [1-3]

44. $\frac{3x-2a}{3}$; $\frac{6ax-4a-3a^2x}{2}$. [4]

VI. — FRACTIONS.

1° Simplification. (N° 123)

45. $\frac{ab}{ac}$; $\frac{a^3b^2}{a^3c}$; $\frac{3b^2c}{b^2d}$; $\frac{b}{bc}$. [1-3]

46. $\frac{6a^2b}{9a^4c}$; $\frac{2x}{8x^2}$; $\frac{b}{12b}$; $\frac{4a^3b^2}{10a^4b}$.

47. $\frac{9a^2 - a^3}{ab2}$; $\frac{8a^2c - 7ac}{acd}$; $\frac{ab - ac}{a^2c - a^2}$; $\frac{bc - c}{ac - c^2}$. [4, 5]

2° Réduction d'un entier et d'une fraction en un seul terme fractionnaire. (N° 126)

48. $x + \frac{c}{d}$; $\frac{3x}{4} + a$; $3a - \frac{a}{b}$; $x - \frac{c}{d}$.

3° Extraction des entiers. (N° 129)

49. $\frac{ac + d}{c}$; $\frac{ax^2 - ab}{a}$; $\frac{ab^2 - c}{b}$; $\frac{ab - b^2 + bd}{b}$.

4° Addition. (N°s 130, 131)

50. $\frac{a}{c} + \frac{b}{c}$; $\frac{a^3}{b^2} + \frac{ad}{c}$; $\frac{c}{d^2} + \frac{b}{a} + \frac{c}{d}$.

5° Soustraction. (N°s 130, 132)

51. $\frac{a}{c} - \frac{b}{c}$; $\frac{a^3}{b^2} - \frac{ad}{c}$; $\frac{a^2}{cd} - \frac{a}{d}$.

6° Multiplication. (N° 133)

52. $\frac{c}{d} \times a$; $\frac{bc}{ad} \times 4$; $ab \times \frac{c}{d^2}$; $3a \times \frac{3}{5}$. [1, 2]

53. $\frac{x}{d} \times \frac{3}{4}$; $\frac{bc}{4a} \times \frac{1}{4}$; $\frac{x}{c} \times \frac{a}{b}$; $\frac{2ax}{3b} \times \frac{13}{4}$. [3]

54. $\left(x + \frac{3}{5}\right) \times \left(x - \frac{1}{7}\right)$; $\left(\frac{x}{2} + 4\right) \times \frac{1}{4}$; $\left(x - \frac{y}{2}\right)$
$\times \left(y - \frac{x}{3}\right)$ [4]

55. $\left(\frac{a}{b}+\frac{c}{d}\right)\times 3\,\frac{4}{5}$; $\left(x-\frac{3}{4}\right)\times 5$; $\left(3x-\frac{cd}{a}\right)\times a$. [5,6]

7° **Division.** (N° 134)

56. $\frac{c}{d} : a$; $\frac{12c}{d} : 4$; $\frac{ab}{d} : cd$; $\frac{8a^2}{15b} : 2a$. [1-3]

57. $x : \frac{c}{d}$; $\frac{x}{d} : \frac{3}{4}$; $\frac{3a}{b} : \frac{2x}{c}$; $8ab : \frac{3a}{cd}$. [4]

58. $\left(2x+\frac{3a}{4}\right) : 2\,\frac{1}{2}$; $a : \left(\frac{d}{c}+c\right)$; $\left(x+\frac{c}{d}\right) : \left(a-\frac{3c}{4}\right)$ [5]

59. $ad : \left(\frac{a}{d}-\frac{b}{d}\right)$; $\left(\frac{a}{d}-\frac{b}{d}\right) : ad$; $\left(\frac{y}{2}-x\right) : \frac{x}{3}$. [6, 7]

CHAPITRE III.

Des équations en général. — Leurs transformations.

137. Égalité. — Nous avons déjà dit (n° 59) ce qu'on entend par une *égalité*, et nous avons donné pour exemple celle-ci $a+b=b\,d+c$, dont les deux membres sont composés de termes positifs. Nous ajouterons qu'il peut aussi se présenter dans le calcul des égalités dont chacun des membres soit une quantité négative ; par exemple $-a-b=-b\,d-c$. Ces sortes d'égalités, d'après ce que nous avons dit au n° 74 sur les quantités négatives en général, ont comme les autres un sens facile à comprendre : ainsi la précédente $-a-b=-b\,d-c$ signifie simplement que la soustraction de a et de b équivaut à la soustraction de $b\,d$ et de c, ou en d'autres termes qu'en retranchant a et b d'une quantité quelconque on aurait le même résultat qu'en retranchant $b\,d$ et c de cette même quantité.

138. Identité. — Une égalité dont les deux membres sont les mêmes prend le nom d'*identité* : Ex. : $a+b=a+b$; $16=16$. On donne aussi quelquefois à une égalité le nom d'identité, quand on sait qu'en effectuant les calculs indiqués les deux membres deviennent les mêmes : par exemple l'égalité $(a+b)\times(a+b)=a^2+2ab+b^2$ (*Voy.* n° 103, 4°) sera dans ce sens une identité.

139. Équation. — On appelle *équation* une égalité qui renferme une ou plusieurs *inconnues* qu'elle sert à déterminer ; par exemple les égalités $3\,x+4=19$, $a\,x+c=b\,x$, dans lesquelles x représente des inconnues dont on doit chercher la valeur, sont ce qu'on appelle des équations.

140. Équations numériques. Équations littérales. — Lorsque les inconnues seules, dans une équation, sont représentées par des lettres, l'équation est dite *numérique ;* ainsi la première des équations données tout à l'heure en exemples, $3x+4=19$, est une équation numérique. On appelle *équation littérale* toute équation dans laquelle certaines lettres représentent des quantités supposées connues en même temps que d'autres lettres représentent les inconnues; par exemple, $ax+c=bx$ (la seconde du numéro précédent), et $ax+3=bx-2$, sont des équations littérales : ces deux équations contiennent la lettre x, qui dans chacune d'elles désigne l'inconnue, avec d'autres lettres a, b, c, en fonction desquelles on peut avoir par le calcul la valeur de l'inconnue.

141. Degré des équations. — Il y a des équations de différents degrés : du premier degré, du second degré, du troisième degré, etc. Pour reconnaître le degré d'une équation, on la suppose ramenée à n'avoir plus que des termes simples et entiers, ce qui est facile à réaliser, comme on le verra bientôt (chap. IV); puis, ce qui détermine alors le degré de l'équation, c'est l'exposant le plus élevé qui affecte l'inconnue, s'il n'y en a qu'une; ou bien, s'il y a plusieurs inconnues, c'est la somme la plus forte qu'on puisse obtenir en additionnant les exposants des inconnues dans un seul terme. Ainsi, en observant que les inconnues, dans les équations suivantes, sont désignées, suivant l'usage, par les dernières lettres de l'alphabet, on reconnaîtra, d'après l'examen des exposants, que $3x+4=19$, et $ax+by=c$, sont du premier degré, et que $x^2-7x=12$ et $xy+c=aby$ sont du second degré. Cette autre équation $2x^3-4=28$ est du troisième degré.

142. Ce sont les équations du premier et du second degré qui ont les applications les plus importantes comme les plus faciles dans l'étude des questions scientifiques de tout genre; ce sont elles aussi qui font l'objet ordinaire des cours d'algèbre. Les degrés supérieurs, surtout à partir du cinquième, offrent des difficultés particulières; nous n'aurons pas à nous en occuper.

143. Solutions des équations. Équations équivalentes. — *Résoudre une équation*, c'est chercher quelles valeurs on doit mettre à la place des inconnues qu'elle renferme, pour que ses deux membres deviennent identiques. Par exemple, si dans l'équation $3x+4=19$, on met le nombre 5 à la place de x, cette équation devient $3\times5+4=19$, ou $19=19$: or, chercher ce nombre 5, qui transforme ainsi l'équation proposée en une identité, c'est ce qu'on appelle résoudre cette équation ; et on dit de ce nombre qu'il *satisfait* à l'équation, ou qu'il la *vérifie*, ou encore, en d'autres termes, qu'il en est une *solution*. Les deux valeurs $x=18$, $y=10$ sont de même une solution de l'équation à deux inconnues $x+y=28$, qui en a une infinité d'autres, telles que $x=17$ et $y=11$, $x=16$ et $y=12$. L'équation du second degré $x^2+12=7x$ a deux solutions. $x=3$ et $x=4$. Notre première équation ci-dessus $3x+4=19$, n'est satisfaite que par une seule valeur de x.

C'est dans le chapitre suivant que nous commencerons à établir les règles pour trouver les solutions des équations.

144. On dit de deux équations qu'elles sont *équivalentes* ou qu'elles *rentrent l'une dans l'autre*, lorsqu'elles admettent les mêmes solutions : par exemple, $3x+4=19$ et $6x+8=38$, qui ont toutes deux pour solution unique $x=5$, sont deux équations équivalentes.

145*. La théorie des équations est la partie brillante de l'algèbre, et tout ce que nous avons dit des quatre premières opérations n'était que pour y préparer. Ce qui en fait l'importance, c'est, comme on le verra bientôt, que l'énoncé de tout problème sur les nombres peut se représenter ou en quelque sorte *se traduire* en une ou plusieurs équations qui expriment les conditions à remplir par les inconnues ; cette traduction étant effectuée, des transformations parfaitement prévues et réglées conduisent infailliblement aux valeurs cherchées, en isolant l'inconnue dans un membre et présentant la quantité numérique ou littérale qui lui est égale dans un autre. Là réside tout le secret de la puissance que nous avons dès le commencement de ce cours attribuée à l'algèbre. Aussi, cette science a-t-elle été définie quelquefois l'Art de l'équation. Il faut donc qu'au moment de recueillir le fruit attaché à l'étude des préliminaires indispensables qui nous ont occupés jusqu'à présent, l'ardeur des jeunes élèves s'anime dans l'espoir de jouir sans plus de retard des avantages que nous leur avons promis. Au reste, ce que nous devons leur expliquer maintenant n'est pas moins facile que ce qu'ils ont étudié dans les chapitres précédents ; une seule différence à l'avantage de ce qui va suivre, c'est que le but des opérations devient à chaque instant plus saisissable et moins caché ; l'intérêt, par conséquent, est plus marqué et va toujours croissant.

146. Principe fondamental pour la résolution des équations. — Toute la science des équations repose, pour le premier et le second degré, sur un seul principe qui éclaire les diverses transformations par lesquelles les équations sont amenées à exprimer d'elles-mêmes la valeur de leurs inconnues. C'est ce principe que nous avons à énoncer en ce moment :

On peut soumettre les deux membres d'une équation aux mêmes opérations, sans que cette équation soit troublée.

Il est clair, en effet, et c'est en des termes différents le même principe, que *deux quantités égales, modifiées de la même manière, demeurent égales* (*).

147. Multiplication ou division de tous les termes d'une équation par une même quantité. Cas où l'équation n'est pas troublée. — On conclut particulièrement du principe précédent, qu'*on peut, en général, multiplier ou diviser tous les termes d'une équation par une même*

(*) On peut comparer les deux membres d'une équation aux deux bassins bien équilibrés d'une balance : l'équilibre existera toujours si l'on fait les mêmes changements sur les deux bassins. On pourrait presque dire que cette notion si simple est le résumé de toute l'algèbre élémentaire.

quantité, sans que cette équation soit troublée; par exemple, l'équation $3x+4=19$, qui est vérifiée par la valeur $x=5$, peut, sans altération de l'égalité qui unit ses deux membres pour le cas de $x=5$, se transformer en plusieurs autres équations telles que celles-ci $(3x+4)\times 6=19\times 6$, $\frac{3x+4}{6}=\frac{19}{6}$, qui résultent de la multiplication ou de la division de cette équation par 6. Chaque fois qu'on multipliera ou qu'on divisera tous les termes d'une équation par une quantité *connue*, les nouvelles équations qu'on obtiendra seront comme dans l'exemple que nous venons de voir, équivalentes à l'équation primitive.

148. Cas où l'équation est troublée par la multiplication ou la division de tous ses termes par une même quantité. — Si l'on multiplie ou si l'on divise tous les termes d'une équation par une quantité renfermant l'inconnue, il pourra arriver que l'équation transformée admette plus ou moins de solutions qu'avant sa transformation. Ainsi en multipliant l'équation $3x+4=19$, dont la solution est 5, par $x-2$, on aura une seconde équation $(3x+4)(x-2)=19(x-2)$, ou, en effectuant les calculs, $3x^2-2x-8=19x-38$, laquelle est satisfaite non-seulement par $x=5$, mais aussi par $x=2$. Réciproquement, si la seconde équation était divisée par $x-2$ et redevenait $3x+4=19$, elle perdrait la solution nouvellement acquise $x=2$. Nous ne devons pas chercher à expliquer pourquoi, dans ce cas particulier, qui d'ailleurs se présente rarement, la multiplication et la division altèrent les solutions des équations. Il suffit d'avoir signalé ici l'inconvénient qui pourrait résulter quelquefois d'une application arbitraire du principe fondamental du n° 146. Nous ajouterons seulement, pour compléter notre observation à cet égard et pour la rendre plus pratique, que l'opération du n° 151 pourra quelquefois donner lieu à la multiplication de tous les termes d'une équation par un dénominateur renfermant l'inconnue; on prendra alors la précaution de vérifier, après avoir effectué la résolution de l'équation proposée, si les solutions trouvées satisfont bien à cette équation (*).

149. Simplification d'une équation par la division de tous ses termes.—En divisant, s'il est possible, tous les termes d'une équation par une même quantité qui ne contient pas l'inconnue, on simplifie cette équation, sans la détruire. C'est ainsi qu'à la place de l'équation $2x+8=38$, dont les trois termes sont divisibles par 2, on peut écrire celle-ci $x+4=19$; de même, l'équation $2(x-4)+8=18$ peut se changer en cette autre $(x-4)+4=9$. (On remarquera, dans ce second exemple, qu'on a divisé par 2 l'un des facteurs seulement du produit $2(x-4)$, *Voy.* n° 109.)

150. Évanouissement des dénominateurs. — Une équation renferme souvent des termes fractionnaires dont il est essentiel de *chasser* ou de faire *évanouir* les dénominateurs, sans pour cela troubler l'équation. Voici comment on atteint ce but important.

151. Règle. — *Pour faire évanouir ou pour chasser les dénominateurs d'une équation, on multiplie chaque terme entier par le produit de tous les dénominateurs de l'équation, et on multiplie le numérateur de chaque terme fractionnaire par le produit des dénominateurs des autres termes.*

Autrement dit, *on multiplie tous les termes de l'équation par tous les dénominateurs, en observant que pour multiplier un terme par son dénominateur propre, il suffit d'effacer ce dénominateur.*

152. Exemples.— (Les quantités placées à droite entre parenthèses sont les solutions des équations.)

1° *Équation :* $\frac{x}{3}+\frac{2x}{8}=65-\frac{x}{2}$. $(x=60)$

Opérations à faire : $x.8.2+2x.3.2=65.3.8.2-x.3.8$;

Résultat : $16x+12x=3120-24x$.

(*) Il ne faudrait pas non plus qu'on multipliât ou qu'on divisât les deux membres d'une équation par une quantité nulle ou infinie. Mais ce détail n'a pas d'importance pour nos lecteurs.

2° *Équation :* $x - \frac{x}{2} = 4x - 21.$ $(x = 6)$

Opérations : $x.2 - x = 4x.2 - 21.2\,;$
Résultat : $2x - x = 8x - 42.$

3° *Équation :* $\frac{x}{2,5} - 4 = \frac{0,6x}{0,5} - 20.$ $(x = 20)$

Opér. : $x \times 0,5 - 4 \times 2,5 \times 0,5 = 0,6x \times 2,5 - 20 \times 2,5 \times 0,5\,;$
Résultat : $0,5x - 5 = 1,5x - 25.$

4° *Équation :* $\frac{5}{6}x - 3 + \frac{1}{4}x - \frac{1}{8}x - 20 = 0.$ $(x = 24)$

Opér. : $5x.4.8 - 3.6.4.8 + 1x.6.8 - 1x.6.4 - 20.6.4.8 = 0\,;$
Résultat : $160x - 576 + 48x - 24x - 3840 = 0.$

5° *Équation :* $\frac{2x + 25}{5} = \frac{3x}{4} - 2.$ $(x = 20)$

Opérations : $(2x + 25).4 = 3x.5 - 2.5.4\,;$
Résultat : $8x + 100 = 15x - 40.$

6° *Équat.* : $3x + \frac{x}{4} - \frac{x - 60}{2} + \frac{10x - 300}{2} = 500.$ $(x = 80)$

Op. $3x.4.2.2 + x.2.2 - (x - 60).4.2 + (10x - 300).4.2 = 500.4.2.2$
Rés. : $48x + 4x - (8x - 480) + (80x - 2400) = 8000.$

Il faut remarquer dans cet exemple la soustraction et l'addition indiquées au troisième et au quatrième terme du résultat. Dans l'équation proposée, l'indication des mêmes opérations n'exigeait pas comme ici l'emploi des parenthèses, parce que les signes + et — portaient alors sur des fractions dont les parties étaient suffisamment liées entre elles par le signe de la division ; mais après l'évanouissement des dénominateurs le même lien n'existe plus et les parenthèses deviennent nécessaires. Il y a pourtant une différence entre le quatrième et le troisième terme : c'est que, l'addition ne changeant pas les signes de la quantité additionnée, les dernières parenthèses pourraient être supprimées sans que la valeur du membre de l'équation auquel elles appartiennent en fût altérée, et par conséquent sans que l'équation fût troublée ; mais si l'on voulait supprimer aussi les premières, il faudrait effectuer la soustraction indiquée en changeant les signes du produit $8x-480$ qui y est renfermé.

7° *Équation* : $\frac{x+11}{x-1}=2.$ $(x=13)$

Opérations : $x+11=2.(x-1);$
Résultat : $x+11=2x-2.$

8° *Équation* : $ax-\frac{c}{d}=\frac{x}{a}+b.$ $\left(x=\frac{abd+ac}{a^2d-d}\right)$

Opérations : $ax.d.a-c.a=x.d+b.a.d;$
Résultat : $a^2dx-ac=dx+abd.$

9° *Équation* : $\frac{x-a}{b}=\frac{x+a}{d}.$ $\left(x=\frac{ab+ad}{d-b}\right)$

Opérations : $(x-a).d=(x+a).b;$
Résultat : $dx-ad=bx+ab.$

10° *Équation* : $\frac{x}{a+b}=\frac{x-c}{b}.$ $\left(x=\frac{ac+bc}{a}\right)$

Opérations : $x.b=(x-c).(a+b);$
Résultat : $bx=ax+bx-ac-bc.$

153. Démonstration. — Il est facile de démontrer qu'en effectuant d'après la règle précédente (1er énoncé) l'évanouissement des dénominateurs d'une équation, on ne fait que multiplier tous les termes de cette équation par une même quantité, ce qui, d'après le principe du n° 146, ne peut troubler en rien l'égalité des deux membres. Suivons en particulier l'application de la règle sur l'équation $\frac{x}{3}+\frac{2x}{8}=65-\frac{x}{2}$, qui est devenue, par l'évanouissement des dénominateurs (*Voy.* 1° ci-dessus), $16x+12x=3120-24x$. En effaçant d'abord le dénominateur 3 du premier terme $\frac{x}{3}$ on multiplie ce terme par 3, car $\frac{x}{3}\times 3=\frac{x\times 3}{3}=x$; ce terme est ensuite multiplié directement par 8 et par 2 : c'est ainsi qu'on obtient $16x$. Le dénominateur 8 du second terme étant aussi effacé, ce terme se trouve multiplié par 8, on le multiplie ensuite directement par 3 et par 2; on trouve au produit 12 x. Le troisième terme, 65, est aussi multiplié successivement par les trois mêmes nombres 3, 8 et 2; le produit est 3120. Enfin, en effaçant le dénominateur du quatrième terme, on multiplie ce terme par 2, on le multiplie ensuite par 3 et par 8, ce qui donne 24 x. On voit donc que tous les termes qui composent les deux membres de l'équation proposée se trouvent multipliés par le produit des dénominateurs 3, 8 et 2. L'équation n'est donc pas troublée.

154. Remarque I. — Il résulte de cette démonstration que le second énoncé de la règle du n° 146 est contenu dans le premier et *vice versa*. Ce second énoncé, une fois expliqué par la démonstration, se retient d'ailleurs très-facilement et nous conseillons aux élèves de s'y attacher de préférence.

155. Remarque II. — Dans la pratique, on n'a jamais à chasser les dénominateurs dans des cas plus difficiles que ceux des exemples précédents; car, si une équation renfermait des termes de nature à compliquer notablement l'opération, on pourrait toujours la remplacer par une autre plus commode ainsi qu'on le verra au chapitre suivant.

156. Transposition des termes. — Règle. — *Pour transposer un terme d'un membre dans un autre sans troubler l'équation, on efface ce terme dans le membre où il est et on l'écrit dans l'autre membre en lui donnant un signe contraire à celui qu'il avait* (le signe + au lieu du signe — et *vice versa*).

157. Exemples. — 1° Si l'on transpose le terme +4 dans l'équation $3x+4=19,$

on obtient $3x=19-4;$

2° De même en transposant le terme — 5, dans l'équation $6x-5=37,$

on a $6x=37+5;$

3° Si dans la même équation on transposait 37, on aurait

$$6x-5-37=0.$$

158. Démonstration. — D'après le principe du n° 146, une équation n'est pas troublée si l'on augmente ou si l'on diminue d'une même quantité ses deux membres à la fois : or, lorsque, dans l'équation $3x+4=19$ (premier exemple), on transpose le terme $+4$, on diminue le premier membre de 4 unités en effaçant $+4$ dans ce membre, et on diminue en même temps le second membre de 4 unités en y écrivant -4 ; l'égalité des deux membres de l'équation n'est donc pas détruite. De même, en effaçant le terme -5 dans le premier membre de l'équation $6x-5=37$ (deuxième exemple), on augmente ce membre de 5 unités, mais on augmente aussi le second membre de 5 unités en y écrivant $+5$; l'équation subsiste donc toujours. Le cas du troisième exemple est semblable à celui du premier et reçoit la même explication; on remarque seulement dans cet exemple que le second membre de l'équation se trouve réduit à 0.

159. Transposition des deux membres d'une équation. — Il est évident que *les deux membres d'une équation peuvent prendre la place l'un de l'autre, sans qu'on y change les signes.* Tout le monde voit très-bien, par exemple, qu'il est indifférent d'écrire $3x+4=19$ ou $19=3x+4$.

160. Changement des signes de tous les termes d'une équation. — *On peut changer les signes de tous les termes d'une équation en des signes contraires* ($+$ en $-$ et $-$ en $+$), *sans que l'équation soit troublée.*

161. Exemples. — Au lieu de $2x=10$, on peut écrire $-2x=-10$. De même, l'équation $6x-5=37$ équivaut à $-6x+5=-37$.

162. Démonstration. — 1° Ce changement revient à transposer tous les termes de l'équation d'après la règle du n° 156, en changeant ensuite de place les deux membres d'après l'observation du n° 159; 2° il est d'ailleurs évident, pour le premier exemple, que si, d'après le sens de l'équation, prendre 2 fois x équivaut à prendre 10 unités, soustraire 2 fois x équivaudra de même à soustraire 10 unités. Quant au deuxième exemple, on observera que si l'on donnait à x sa valeur numérique qui est 7 et qu'on réduisît les deux termes du premier membre en un seul, le changement des signes de ces deux termes ne ferait que changer le signe du résultat de la réduction, de sorte qu'après avoir eu d'abord 37 pour $6x-5$ on aurait ensuite -37 pour $-6x+5$. On raisonnerait de même sur tout autre exemple.

163. Remarque. — Dans le cas où une équation présente des termes composés, il faut bien remarquer qu'on ne peut pas, en général, changer à la fois et le signe qui précède chacun de ces termes et les signes des différentes parties de ces mêmes termes. Par exemple, au lieu de l'équation $x(a-b)=c-d$, on peut bien écrire équivalemment $-x(a-b)=-c+d$, mais non $-x(-a+b)=-c+d$.

164. Termes qui se détruisent. — *Deux termes égaux et de même signe dans les deux membres d'une équation se détruisent et peuvent être effacés.*

Par exemple, l'équation $3x+4+5-x=19+5-x$ équivaut à $3x+4=19$.

165. Démonstration. — Il est évident qu'en effaçant deux termes égaux et de même signe dans les deux membres d'une équation, on diminue ou on augmente les deux membres d'une même quantité, selon que les termes effacés sont positifs ou négatifs. Ainsi, dans l'équation $3x+4+5-x=19+5-x$, chaque membre, par la suppression du terme $+5$, est diminué de 5 unités, et, par la suppression du terme $-x$, est augmenté de la valeur de x. D'après le principe du n° 146, l'équation n'est donc pas troublée.

RÉSUMÉ DU CHAPITRE III.

On sait ce qu'on entend par une *égalité* (chap. I). Nous ajouterons ici qu'il peut se présenter des égalités dont les deux membres soient des quantités négatives ; par exemple : $-a-b=-bd-c$. (137)

Une égalité dont les deux membres sont les mêmes prend le nom d'*identité*. (138).

On appelle *équation* une égalité qui renferme une ou plusieurs inconnues qu'elle sert à déterminer. Exemple : $3x+4=19$. (139).

Les équations sont dites *numériques* ou *littérales*, suivant que les inconnues seules ou d'autres quantités que les inconnues y sont représentées par des lettres. Ex. : $3x+4=19$, équation numérique ; $ax+c=bx$, équation littérale. (140).

Il y a des équations de différents *degrés*. Le degré d'une équation, ramenée à n'avoir que des termes simples et entiers, s'estime par la somme la plus élevée qu'on peut obtenir en additionnant les exposants des inconnues dans un seul terme. Ex. : $3x+4=19$, équation du premier degré ; $x^2-7x=12$, $xy+c=aby$, équations du deuxième degré. (141).

Résoudre une équation, c'est chercher les nombres qui, étant mis à la place des inconnues, rendent les deux membres de l'équation *identiques*. On dit alors que ces nombres *satisfont* à l'équation, qu'ils la *vérifient* ou qu'ils en sont les *solutions*. Par exemple, l'équation $3x+4=19$ est satisfite par la valeur $x=5$; car en remplaçant x par 5 dans cette équation, on trouve $3\times5+4=19$, ou $19=19$. (143).

Deux équations sont dites *équivalentes* lorsqu'elles ont les mêmes solutions. (144).

Principe fondamental pour la résolution des équations. — On peut soumettre les deux membres d'une équation aux mêmes opérations, sans que cette équation soit troublée. — Ce principe évident sert de base à la démonstration des différentes règles qui vont suivre. (146).

Une des conséquences les plus importantes de ce principe, c'est qu'*on peut multiplier ou diviser tous les termes d'une équation par une même quantité, sans troubler cette équation*. Par exemple, de l'équation $3x+4=19$, on peut déduire cette autre $(3x+4)6=19\times6$, qui a la même solution $x=5$. (147).

Il faut remarquer, toutefois, que si l'on multipliait ou l'on divisait une équation par une quantité renfermant l'inconnue, la nouvelle équation pourrait n'être pas équivalente à l'équation primitive. (148).

La division de tous les termes d'une équation par une quantité connue est un moyen de la simplifier. Ex. : au lieu de $2x + 8 = 38$, on peut écrire $x + 4 = 19$. (149).

Évanouissement des dénominateurs. — *Règle.* — Pour *chasser* ou faire *évanouir* les dénominateurs d'une équation, on multiplie tous les termes de l'équation par tous les dénominateurs, en observant que, pour multiplier un terme par son dénominateur propre, il suffit d'effacer ce dénominateur. *Voyez* particulièrement les exemples 1er, 4e, 6e, 7e et 10e du n° 152. (151-155).

Transposition des termes. — *Règle.* — Pour transposer un terme d'un membre dans un autre, on l'efface dans le membre où il est, et on l'écrit dans l'autre membre avec un signe contraire à celui qu'il avait. Ex. : l'équation $3x + 4 = 19$ se change en $3x = 19 - 4$. (156-158).

Les deux membres d'une équation peuvent prendre la place l'un de l'autre sans qu'on y change les signes. (159).

On peut changer tous les signes d'une équation en des signes contraires. (160-163).

Deux termes égaux et de même signe dans les deux membres d'une équation se détruisent. (164, 165).

EXERCICES

sur les transformations des équations.

(Nous plaçons à droite, entre parenthèses, les solutions des équations).

Simplifier les équations suivantes par la division de tous leurs termes par un même nombre. (N° 149).

1. $6x + 14 = 26$; $8x - 18 = 4x - 2$. (2, 4)
2. $6x - 26 = (x - 5)4 + 20$; $(6x - 4)2 - 70 = (2x - 4)3$. (13, 11)
3. $\dfrac{3x + 12}{5} = \dfrac{3x + 6}{9} + \dfrac{3x}{8}$; $\dfrac{(x - 9)5}{3} = (x - 4)10 - 175$. (16, 24)

Évanouissement des dénominateurs. (Nos 151, 152).

4. $\frac{x}{5} - 2 = \frac{x}{15}$; $\frac{8x}{7} = \frac{2x}{3} + 10$. [1er ex.] (15, 21)

5. $x + \frac{x}{2} + \frac{x}{3} = \frac{5x}{3} + 10$; $x + \frac{x}{2} + \frac{x}{3} = 66$. (60, 36)

6. $\frac{4x}{5} = 15 - \frac{x}{5}$; $7x - \frac{x}{2} = \frac{18x}{5} + 174$. (15, 60)

7. $3x - \frac{3x}{2} = 2x - 51$; $\frac{5x}{2} + 26 = 3x - 16$.

[2e ex.] (102, 84)

8. $6,2x - \frac{x}{2} = \frac{2,5x}{0,5} + 28$; $\frac{0,25x}{3} + \frac{x}{0,5} - 12 = 0,5x + \frac{2}{3}$.

[3e ex.] (40, 8)

9. $\frac{1}{2}x + \frac{1}{3}x + \frac{1}{4}x - 13 = 0$; $\frac{1}{8}x + \frac{1}{5}x - \frac{6}{5} - \frac{1}{4}x = 0$.

[4e ex.] (12, 16)

10. $\frac{2x+18}{4} = \frac{x}{3} + \frac{11}{2}$; $\frac{x}{3} - 2 = \frac{x-1}{5} + 1$. [5e ex.] (6, 21)

11. $\frac{x}{3} + \frac{2x+4}{4} = 6$; $\frac{x+18}{3} - \frac{x-1}{2} = 5$. [6e ex.] (6, 9)

12. $\frac{28}{x-8} = \frac{80}{x+5}$; $\frac{72}{x-10} = \frac{36}{x-14}$. [7e ex.] (15, 18)

13. $\frac{x}{a} - \frac{x}{b} = c$; $\frac{ax}{b} - c = \frac{x}{c}$. [8e ex.] $\left(x = \frac{abc}{b-a};\ x = \frac{bc^2}{ac-b}\right)$

14. $\frac{ax-ab}{c} = \frac{dx-cd}{a}$; $x - \frac{x-a}{b} = c$. [9e et 6e ex.]

$$\left(x = \frac{a^2b - c^2d}{a^2 - cd};\ x = \frac{bc-a}{b-1}\right).$$

15. $\frac{x}{a+b} = \frac{a}{b+c}$; $\frac{a+b}{c+d} = \frac{x-a}{c}$. [10e ex.] $\left(x = \frac{a^2+ab}{b+c};\right.$

$$\left. x = \frac{2ac + bc + ad}{c+d}\right).$$

Transposition des termes (nos 156, 157). — Transposer les termes qui renferment x du second membre dans le premier, et les termes qui ne renferment pas x du premier membre dans le second, dans les équations suivantes :

16. $x + 3x + 2 = x + 12 + x$; $60 + x - 4 = 141 - 2x - 4$. (5, 27)

17. $10x - 100 = 104 - x - x$; $4x - x + 7 = x + 25$. (17,9).

18, 19. Effacer les termes qui se détruisent, dans les mêmes équations. (N° 164).

CHAPITRE IV.

Résolution des équations numériques et littérales du premier degré à une inconnue.

166*. Nous savons ce qu'on entend par résoudre une équation (n° 139) : c'est chercher le nombre pour lequel l'égalité des membres se vérifie ou, en d'autres termes, pour rappeler un des exemples du numéro cité tout à l'heure, résoudre l'équation $3x+4=19$, c'est chercher quel nombre il faudrait mettre à la place de x dans cette équation, pour rendre identiques les deux membres $3x+4$ et 19 ; nous avons déjà dit que 5 est ce nombre. Si toutes les équations étaient aussi simples que la précédente, on n'aurait pas besoin de règle spéciale pour y découvrir les valeurs des inconnues, mais cette simplicité ne se présente que rarement, et il arrive souvent, au contraire, que les inconnues sont engagées dans plusieurs termes entiers ou fractionnaires assez nombreux ou assez compliqués, de sorte qu'il faudrait, pour les trouver à l'aide du raisonnement et des procédés ordinaires de l'arithmétique, des tâtonnements longs et fastidieux. Si, par exemple, on avait à résoudre sans aucun secours particulier la plupart des équations que nous expliquerons dans ce chapitre (*Voy.* surtout à partir de l'exemple XII), on serait découragé par la seule pensée des essais presque interminables auxquels on devrait se livrer. Mais la règle suivante fait éviter ces inconvénients et mène à la solution cherchée d'une manière sûre et rapide.

167. Règle pour résoudre une équation du premier degré à une inconnue. — *Pour résoudre une équation du premier degré à une inconnue, il faut, s'il y a lieu :*

1° *Effectuer les additions, soustractions, multiplications et divisions indiquées par les signes, d'après les règles du chapitre II, de manière à faire disparaître les parenthèses, à rendre, en général, plus simples les termes de l'équation et à préparer ainsi l'évanouissement des dénominateurs; dans le même but, si quelque terme renferme un nombre entier joint à une fraction* (nos 19, 128), *réduire le tout en une seule fraction;*

2° *Faire évanouir les dénominateurs* (n° 151);

3° *Si, après l'évanouissement des dénominateurs, les signes indiquent de nouveau une ou plusieurs additions ou soustractions de quantités renfermées entre parenthèses, effectuer ces opérations;*

4° *Faire passer dans un même membre* (habituellement le premier à gauche) *tous les termes qui renferment l'inconnue, et dans l'autre membre* (celui de droite) *tous les termes entièrement connus* (n° 156);

5° *Effectuer, dans chaque membre, la réduction des termes semblables* (n° 85);

6° *Si le membre renfermant l'inconnue est formé d'un ou de plusieurs termes ayant tous le signe —, changer les signes de tous les termes de l'équation* (n° 160); *faire le même changement si, le nombre qui renferme l'inconnue étant composé de termes de différents signes, l'autre membre est formé de termes ayant tous le signe —;*

7° *Mettre l'inconnue en facteur commun* (n° 107) (ceci ne se fait que dans le cas des équations littérales lorsque l'inconnue est engagée dans plusieurs termes non semblables);

8° *Diviser les deux membres par le coefficient de l'inconnue, ou, en d'autres termes et d'une manière plus générale, diviser les deux membres par la quantité qui multiplie l'inconnue dans le premier.*

168. Remarque. — Dans la résolution d'une équation, il est utile, en général, d'effectuer à mesure que l'occasion s'en présente, toutes les simplifications qui peuvent être justifiées par le principe du n° 146, ou, généralement, par ceux énoncés dans les chapitres précédents. Ainsi, on efface les termes qui se détruisent, on fait de suite quelques réductions faciles de termes semblables, surtout des réductions de nombres, on réduit de même des parties de termes, on simplifie les fractions, on divise par un même nombre tous les termes de l'équation ; on peut aussi quelquefois remplacer des fractions ordinaires par des fractions décimales. Ces sortes de simplifications ne sont pas nécessaires, mais dans les cas où elles seront possibles, on ne devra pas les négliger; c'est surtout dans la résolution des équations à plusieurs inconnues qu'on évitera par leur moyen des calculs parfois pénibles. — Lorsque, en outre, on a acquis un peu d'habitude de la résolution des équations, on exécute souvent d'une seule fois plusieurs des opérations partielles prescrites par la règle précédente, ainsi qu'on le verra dans quelques-uns de nos exemples (nº 171); nous ferons pourtant remarquer que, pour abréger, nous avons parfois réuni les résultats d'opérations effectuées séparément.

169. Vérification d'une équation, ou preuve. — Pour s'assurer qu'on a bien opéré en résolvant une équation et qu'on a, par conséquent, trouvé la vraie valeur de l'inconnue, on porte cette valeur à la place de l'inconnue dans l'équation et on fait les calculs indiqués par les signes; si alors les deux membres deviennent identiques, l'équation a été bien résolue (nº 143).

170. Quand l'équation résolue est une équation littérale, il est souvent assez difficile d'en opérer directement la vérification ; on peut alors remplacer toutes les lettres de l'équation et de la solution par des nombres pris arbitrairement; on retombe ainsi dans le cas des équations numériques, ainsi que nous l'expliquerons particulièrement sur plusieurs exemples du numéro suivant.

171. Exemples de résolution des équations du premier degré à une inconnue avec vérification. — (Nous renverrons par des numéros mis entre parenthèses aux différentes parties de la règle du nº 167. Nous proposons, d'ailleurs, aux élèves, comme exercice, d'exécuter eux-mêmes les calculs dont nous ne ferons qu'indiquer les résultats).

EXEMPLE I. *Équation à résoudre :* $3x + 4 = 19$ (premier exemple du nº 139).

Vu la grande simplicité de cette équation, on ne peut lui appliquer que les numéros 4°, 5° et 8° de la règle ; on aura successivement :

(4°) Transposition des termes : $3x = 19 - 4$;
(5°) Réduction des termes semblables : $3x = 15$;
(8°) Division par le coefficient de x : $x = \frac{15}{3} = 5$.

Vérification :

$$3 \times 5 + 4 = 19,$$
$$15 + 4 = 19,$$
$$19 = 19.$$

EXEMPLE II. *Équation :* $5x - (x + 15) = 2x + (x - 6)$.
(1°) Soustract. et addit. : $5x - x - 15 = 2x + x - 6$,
(4°) Transposition : $5x - x - 2x - x = 15 - 6$,
(5°) Réduction : $x = 9$.

Vérification :

$$5 \times 9 - (9 + 15) = 2 \times 9 + (9 - 6),$$
$$45 - 24 = 18 + 3,$$
$$21 = 21.$$

EXEMPLE III. *Équation :* $(x - 3)4 - 6 = 2(x + 1)$.
(1°) Multiplication : $4x - 12 - 6 = 2x + 2$;
(4°) Transposition : $4x - 2x = 2 + 12 + 6$;
(5°) Réduction : $2x = 20$;
(8°) Division : $x = 10$.

Vérification :

$$(10 - 3)4 - 6 = 2(10 + 1),$$
$$7 \times 4 - 6 = 2 \times 11,$$
$$28 - 6 = 22,$$
$$22 = 22.$$

EXEMPLE IV. *Équation littérale :* $4abx - (b + c) = c$.
(1°) Soustraction : $4abx - b - c = c$;
(4°) Transposition : $4abx = c + b + c$;
(5°) Réduction : $4abx = b + 2c$;
(8°) Divis. par le coef. de x : $x = \frac{b + 2c}{4ab}$.

Vérification : En portant la valeur de x dans l'équation, on a d'abord $4\,ab\,\frac{b+2\,c}{4\,ab}-(b+c)=c$; puis, en faisant les opérations indiquées et en simplifiant, on obtient successivement : (multiplication) $\frac{4\,ab^2+8\,abc}{4\,ab}-b-c=c$;

(Division) $b+2\,c-b-c=c$;

(Réduction) $c=c$.

On peut aussi *vérifier*, d'après l'observation du n° 170, ainsi qu'il suit :

On suppose, par exemple, $a=5$, $b=6$, $c=10$; la solution $x=\frac{b+2\,c}{4\,ab}$ donne alors $x=\frac{6+2\times10}{4\times5\times6}=\frac{26}{120}=\frac{13}{60}$; on met cette valeur de x, avec celles des autres lettres a, b, c, dans l'équation, qui devient ainsi $4\times5\times6\times\frac{13}{60}-(6+10)=10$;

puis on a, en effectuant les opérations, $\frac{1560}{60}-16=10$,

$$26-16=10,$$
$$10=10.$$

EXEMPLE V. *Équat.* : $\frac{x}{3}+\frac{2\,x}{8}=65-\frac{x}{2}$ (1er ex. du n° 152).

(2°) Ev[t] des dénominateurs : $16\,x+12\,x=3120-24\,x$;

(4°) Transposition : $16\,x+12\,x+24\,x=3120$;

(5°) Réduction : $52\,x=3120$;

(8°) Divis. par le coeff. de x : $x=\frac{3120}{52}=60$.

Vérification : $\frac{60}{3}+\frac{2\times60}{8}=65-\frac{60}{2}$,

$$20+15=65-30,$$
$$35=35.$$

EXEMPLE VI. *Équation :* $x-\frac{1}{2}\,x=4\,x-21$.

(1°) Ev[t] des dénominateurs : $2\,x-x=8\,x-42$;

(4°) Transposition : $2\,x-x-8\,x=-42$;

(5°) Réduction : $-7\,x=-42$;

(6°) Changement des signes : $7\,x=42$;

(8°) Division : $x = 6$.

Vérification : On trouve que pour $x = 6$ l'équation résolue devient $3 = 3$.

Ex. VII. *Éq.* : $\frac{x}{2,5} - 4 = \frac{0,6\,x}{0,5} - 20$. (3ᵉ ex. du n° 152).

(2°) $0,5\,x - 5 = 1,5\,x - 25$;

(4°) $0,5\,x - 1,5\,x = -25 + 5$;

(5°) $-x = -20$;

(6°) $x = 20$.

Vérification : On trouve $4 = 4$.

Exemple VIII. *Équat.* : $x - \frac{c}{d} = \frac{x}{a} + b$.

(2°) $adx - ac = dx + abd$;

(4°) $adx - dx = abd + ac$;

(7°) x en fact. commun : $(ad - d)\,x = abd + ac$;

(8°) Div. par le coef. de x : $x = \frac{abd + ac}{ad - d}$.

Vérification : En supposant, arbitrairement,

$$a = 4,\ b = 3,\ c = 6,\ d = 1,$$

la valeur précédente de x devient $x = \frac{4.3.1 + 4.6}{4.1 - 1} = 12$;
on porte ces valeurs de a, b, c, d, x dans l'équation; on a ainsi

$$12 - \frac{6}{1} = \frac{12}{4} + 3,$$

ou

$$6 = 6.$$

Si on voulait vérifier directement en portant la valeur générale de x dans l'équation, on trouverait, après plusieurs transformations,

$$\frac{abd + c}{ad - d} = \frac{abd + c}{ad - d}.$$

Exemple IX. *Éq.* : $3\,x - \left(\frac{2}{3}x + 56\right) + \left(45 - \frac{1}{2}x\right) = 0$.

(1°) $3\,x - \frac{2}{3}\,x - 56 + 45 - \frac{1}{2}\,x = 0$;

(2°) $$18x - 4x - 336 + 270 - 3x = 0;$$
(4°) $$18x - 4x - 3x = 336 - 270;$$
(5°) $$11x = 66;$$
(8°) $$x = 6.$$

Après avoir fait l'addition et la soustraction indiquées (1°), on aurait pu (n° 168) simplifier le premier membre de l'équation en réduisant immédiatement $-56 + 45$, ce qui, en donnant un seul terme -11 à la place de deux termes, aurait rendu ensuite plus rapides l'évanouissement des dénominateurs et la transposition des termes.

Vérification : $$3.6 - \left(\frac{2}{3}.6 + 56\right) + \left(45 - \frac{1}{2}.6\right) = 0,$$
$$18 - 60 + 42 = 0,$$
$$0 = 0.$$

Exemple X. *Équation :* $$\frac{x+13}{7} + 4 = \frac{(x-3).2}{3}.$$

(1°) $$\frac{x+13}{7} + 4 = \frac{2x-6}{3};$$
(2°) $$3x + 39 + 84 = 14x - 42;$$
(4°) $$3x - 14x = -42 - 39 - 84;$$
(5°) $$-11x = -165;$$
(6°, 8°) $$x = 15.$$

Vérification : $$8 = 8.$$

Exemple XI. *Équation :* $$\frac{x+11}{x-1} = 2$$ (7me ex. du n° 152).

(2°) $$x + 11 = 2x - 2;$$
(4°) $$x - 2x = -2 - 11;$$
(5°) $$-x = -13;$$
(6°) $$x = 13.$$

Vérification : $$2 = 2.$$

Ex. XII. *Éq. :* $$(x-10)12 + \frac{9}{2}x - (x-11)3 = \frac{9}{4}x + 6(x+3).$$

(1°) $$12x - 120 + \frac{9}{2}x - 3x + 33 = \frac{9}{4}x + 6x + 18;$$
(2°) $$96x - 960 + 36x - 24x + 264 = 18x + 48x + 144;$$

(4°, 5°) $42x = 840;$

(8°) $x = 20.$

On aurait pu, comme moyen de simplification (n° 168), diviser, en commençant, tous les termes de l'équation par 3.

Vérification : $183 = 183.$

EXEMPLE XIII. *Éq.* : $3\frac{1}{2}x = \frac{8x}{5}\cdot\frac{1}{2} - 2(x-3) + 17\frac{1}{2}.$

(1°) $\frac{7x}{2} = \frac{8x}{10} - 2x + 6 + \frac{35}{2};$

(2°) $140x = 32x - 80x + 240 + 700;$

(4°, 5°, 8°) $x = 5.$

En remplaçant les fractions ordinaires par des fractions décimales (n° 168), on aurait eu :

Équation : $3{,}5x = 1{,}6x \times 0{,}5 - 2(x-3) + 17.5;$

(1°) $3{,}5x = 0{,}8x - 2x + 6 + 17{,}5;$

(4°, 5°, 8°) $x = 5.$

Vérification : $17\frac{1}{2} = 17\frac{1}{2}.$

EXEMPLE XIV. *Éq.* : $x + \frac{3(x+6)}{5} = 11 - \frac{x-2}{2}.$

(1°) $x + \frac{3x+18}{5} = 11 - \frac{x-2}{2};$

(2°) $10x + (6x+36) = 110 - (5x - 10);$

(3°) $10x + 6x + 36 = 110 - 5x + 10;$

(4°, 5°, 8°) $x = 4.$

Vérification : $10 = 10$

EXEMPLE XV. *Éq.* : $\frac{a}{b} - 3b(x-c) - \frac{cx}{d}\cdot\frac{1}{2} = 0.$

(1°) $\frac{a}{b} - 3bx + 3bc - \frac{cx}{2d} = 0;$

(2°) $2ad - 6b^2dx + 6b^2cd - bcx = 0;$

(4°) $-6b^2dx - bcx = -6b^2cd - 2ad;$

(6°) $6b^2dx + bcx = 6b^2cd + 2ad;$

(7°) $(6b^2d + bc)x = 6b^2cd + 2ad;$

(8°) $x = \frac{6b^2cd + 2ad}{6b^2d + bc}.$

Vérification : soient, arbitrairement,

$$a=36, b=3, c=2, d=1;$$

on a alors

$$x=\frac{6.3.3.2.1+2.36.1}{6.3.3.1+3.2}=3;$$

puis, en substituant ces cinq valeurs aux lettres a, b, c, d, x, dans l'équation, il vient

$$12-9-3=0, \quad \text{ou} \quad 0=0.$$

EXEMPLE XVI. *Équation :* $\quad ba+\frac{a-2b}{c+d}=bc,$

à résoudre par rapport à a, c'est-à-dire que l'inconnue est représentée par la lettre a, et qu'il faut chercher la valeur de cette lettre en fonction des trois autres b, c, d.

(2°) $\quad bac+bad+a-2b=bc^2+bcd;$

(4°) $\quad bac+bad+a=bc^2+bcd+2b;$

(7°) $\quad (bc+bd+1)a=bc^2+bcd+2b;$

(8°) $\quad a=\frac{bc^2+bcd+2b}{bc+bd+1}.$

Vérification : en supposant $b=1$, $c=2$, $d=3$, on a

$$a=2,$$

et ces valeurs étant mises à la place de a, b, c, d dans l'équation, on trouve

$$4+6+2-2=4+6, \quad \text{ou} \quad 10=10.$$

EXEMPLE XVII. *Équation :* $\frac{8ac}{b}-\frac{(2c-1)5}{b}+\frac{1}{a}=0,$

à résoudre par rapport à c.

(1°) $\quad \frac{8ac}{b}-\frac{10c-5}{b}+\frac{1}{a}=0;$

(2°, 3°) $\quad 8a^2bc-10abc+5ab+b^2=0;$

(4°) $\quad 8a^2bc-10abc=-5ab-b^2;$

(6°) $\quad 10abc-8a^2bc=5ab+b^2;$

(7°) $\quad (10ab-8a^2b)c=5ab+b^2;$

(8°) $\quad c=\frac{5ab+b^2}{10ab-8a^2b},$

ou, en simplifiant la fraction d'après la règle du n° 123,

$$c = \frac{5a + b}{10a - 8a^2}.$$

Vérification : soient $a = 0,5,\ b = 2$;

on a alors $c = 1,5$;

puis, pour ces valeurs de a, b, c, l'équation devient

$$3 - 5 + 2 = 0, \quad \text{ou} \quad 0 = 0.$$

NOTA.—Nous ne donnerons pas d'autres exemples d'équations littérales à une seule inconnue : on a suffisamment compris par ceux qui précèdent que ces sortes d'équations se résolvent, sauf l'inconnue à mettre en facteur commun, et le changement de signes de l'équation précédente, comme des équations numériques semblables.

Ex. XVIII. *Éq.* : $\frac{7x}{2} + \frac{7}{2}(3x - 4) = 5x - \frac{x-1}{3} . 2 + 24.$

(1°) $\frac{7x}{2} + \frac{21x - 28}{2} = 5x - \frac{2x-2}{3} + 24;$

(2°) $42x + (126x - 168) = 60x - (8x - 8) + 288;$

(3°) $42x + 126x - 168 = 60x - 8x + 8 + 288;$

(4°, 5°, 8°) $x = 4.$

Vérification : $42 = 42.$

EXEMPLE XIX. *Éq.* : $\frac{5x + 16}{3} . \frac{1}{2} = \frac{x + 4}{7} . 5\frac{1}{2}.$

(1°) $\frac{5x + 16}{6} = \frac{11x + 44}{14};$

(2°) $70x + 224 = 66x + 264;$

(4°, 5°, 8°) $x = 10.$

Vérification : $11 = 11.$

Ex. XX. $\left(\frac{5x}{2} - 1\right)\frac{5}{7} + \left(\frac{10x}{3} + \frac{11x}{2}\right)4\frac{3}{10} = 237,9.$

(1°) Mult. : $\left(\frac{25x}{14} - \frac{5}{7}\right) + \left(\frac{430x}{30} + \frac{473x}{20}\right) = 237,9;$

Addit. : $\frac{25x}{14} - \frac{5}{7} + \frac{430x}{30} + \frac{473x}{20} = 237,9;$

(2°, 4°, 5°, 8°) $x = 6.$

Vérification : $237,9 = 237,9.$

EXEMPLE XXI. *Éq.* : $18x - \big((2x+4)2-5\big)3 = 51.$

(1°) Multiplications : $18x - (4x+8-5)3 = 51,$

$18x - (12x+24-15) = 51;$

Soustraction : $18x - 12x - 24 + 15 = 51;$

(4°, 5°, 8°) $x = 10.$

Vérification : $51 = 51.$

EXEMPLE XXII. *Éq.* : $\dfrac{\frac{x}{2}+4}{7} \cdot 3 + 8 = \dfrac{\left(\frac{x}{2}+9\right)5}{2} - 19.$

(1°) Multiplicat. : $\dfrac{\frac{3x}{2}+12}{7} + 8 = \dfrac{\frac{5x}{2}+45}{2} - 19;$

Divis. : $\dfrac{3x}{14} + \dfrac{12}{7} + 8 = \dfrac{5x}{4} + \dfrac{45}{2} - 19,$

ou bien, par une méthode différente,

$$\frac{3x+24}{14} + 8 = \frac{5x+90}{4} - 19;$$

(2°, 4°, 5°, 6°, 8°) $x = 6.$

Vérification : $11 = 11.$

EXEMPLE XXIII. *Éq.* : $\dfrac{8\frac{3}{4}x}{x+\frac{1}{2}} = 8\,\dfrac{8}{25}.$

(1°) $\dfrac{70x}{8x+4} = \dfrac{208}{25};$

(2°) $1750x = 1664x + 832;$

(4°, 5°, 8°) $x = 9\,\dfrac{29}{43}.$

En réduisant en fractions décimales les fractions $\frac{3}{4}$, $\frac{1}{2}$, $\frac{8}{25}$ de l'équation proposée (n° 168), les calculs se seraient simplifiés; on aurait eu :

Équation : $\dfrac{8,75x}{x+0,5} = 8,32;$

(2°) $8{,}75x = 8{,}32x + 4{,}16;$

(4°, 5°, 8°) $x = 9\frac{29}{43},$

ou, approximativement, $x = 9{,}67.$

Vérification : $8\frac{8}{25} = 8\frac{8}{25}.$

Exemple XXIV. *Éq.* : $\frac{7\frac{1}{2}x + \frac{1}{4}}{5x + \frac{1}{2}} \cdot 5 = \frac{170}{23}.$

(1°) Division : $\frac{120x + 4}{80x + 8} \cdot 5 = \frac{170}{23};$

Multiplication : $\frac{600x + 20}{80x + 8} = \frac{170}{23};$

(2°, 4°, 5°, 8°) $x = 4\frac{1}{2}.$

En employant les fractions décimales à la place des fractions ordinaires, on aurait eu, plus simplement,

Équation : $\frac{7{,}5x + 0{,}25}{5x + 0{,}5} \cdot 5 = \frac{170}{23};$

(1°) Multipl. : $\frac{37{,}5x + 1{,}25}{5x + 0{,}5} = \frac{170}{23};$

(2°, 4°, 5°, 8°) $x = 4{,}5.$

Vérification : $\frac{170}{23} = \frac{170}{23}.$

172*. Nous n'avons pas voulu nous arrêter à exprimer, dans le cours de nos exemples, la satisfaction qu'on ressent à la découverte de la solution, soit particulière à certains nombres, soit générale, qui vérifie d'une manière si exacte et comme inattendue la relation quelquefois très-compliquée que représente une équation. Cette possession entière et certaine de la vérité mathématique qui se fait en quelque sorte jour à elle-même, malgré tant d'obstacles apparents, dans les transformations si simples de l'équation qui la renferme, a un charme qui ne laisse jamais insensible celui qui, après des recherches que l'inexpérience rend parfois laborieuses, est parvenu à trouver une solution désirée. Le calculateur heureux oublie aussitôt sa fatigue, et plus le résultat s'est quelquefois fait attendre, plus il admire l'artifice ingénieux qui a enfin écarté le triple voile qui couvrait les inconnues.

173. Nature des résultats fournis par les équations littérales, leur utilité. — On a vu par plusieurs des exemples expliqués dans ce chapitre, que la résolution des équations littérales amène pour résultats des expressions déjà connues en général sous le nom de *formules* et que nous avons appris d'avance à interpréter (chap. Ier) : ces résultats sont de simples indications des opérations à effectuer pour avoir les nombres inconnus qui satisferaient aux équations dans différentes circonstances et pour des valeurs particulières attribuées aux lettres employées dans le calcul. Les vérifications que nous avons faites, et qu'on pourrait répéter en posant d'autres nombres pour valeurs des lettres, montrent bien, indépendamment des principes sur lesquels repose toute cette théorie, qu'une formule tirée d'une équation littérale répond à tous les cas que cette équation peut présenter, c'est-à-dire à toutes les équations numériques qui pourront lui ressembler par la composition de leurs termes. Nous allons donner à ce fait intéressant une nouvelle évidence.

174. Soient trois équations numériques :

$$x - \frac{34}{40} = \frac{x}{80} + 11, \qquad [1]$$

$$x - \frac{25}{4} = \frac{x}{5} + 9{,}75, \qquad [2]$$

$$x - \frac{126}{75} = \frac{x}{25} + 6, \qquad [3]$$

semblables à l'équation littérale de l'exemple huitième ci-dessus :

$$x - \frac{c}{d} = \frac{x}{a} + b,$$

dont elles sont des cas particuliers. Comparons ces équations à celle qui est leur type commun.

Nous voyons que dans la première 34 tient la place de c,

40 la place de d, 80 la place de a, et 11 la place de b. D'après cela, la formule

$$x = \frac{abd + ac}{ad - d} \quad (Voy. \text{ page } 83.)$$

donne pour valeur de x dans l'équation [1]

$$x = \frac{80.11.40 + 80.34}{80.40 - 40} = 12.$$

Dans l'équation [2], les nombres 25, 4, 5 et 9,75 sont respectivement les valeurs des lettres c, d, a, b ; d'où il suit, d'après la formule, qu'on a

$$x = \frac{5.9{,}75.4 + 5.25}{5.4 - 4} = 20.$$

Enfin on a, pour l'équation [3], $c = 126$, $d = 75$, $a = 25$, $b = 6$, et par conséquent

$$x = \frac{25.6.75 + 25.126}{25.75 - 75} = 8.$$

Or, on peut s'assurer, en portant ces trois valeurs de x, 12, 20, 8, à la place de x, dans les équations [1], [2], [3], que ces valeurs satisfont respectivement aux équations. Le lecteur pourrait lui-même, comme sujet d'exercice, multiplier les exemples.

175. Nous savons déjà, au reste, par les exemples du chapitre Ier, qu'une formule une fois trouvée, répond directement et sans aucun besoin de l'équation d'où elle a été tirée, à toutes les questions de même espèce qui en dépendent (*Voy.* la fin du chap. Ier).

176. Plusieurs formules tirées d'une seule équation. — Dans une équation littérale, chaque lettre peut devenir une inconnue dont on ait à chercher la valeur en fonction des autres lettres représentant alors des quantités supposées connues. Ainsi, dans l'équation de l'exemple 16me, de même qu'on a obtenu la valeur de a en fonction de b, c, d, on aurait très-bien pu calculer de la même manière b en fonction de a, c, d, ou c en fonction de a, b, d, ou d en fonction de a, b, c. En général une équation littérale peut donner autant de formules différentes que cette équation renferme de différentes lettres.

177. Remarque. — Habituellement, dans les équations littérales proposées en exercices de calcul, on met comme inconnue la lettre x, ou quelque autre des dernières lettres de l'alphabet. Mais, dans les questions relatives aux divers points des sciences, toutes les quantités connues et inconnues sont ordinairement représentées par des initiales qui se trouvent rarement être x, y, z. On calcule au moyen de la même équation toutes ces quantités devenues tour à tour des inconnues, suivant que les circonstances font un besoin de connaître la valeur d'une d'entre elles ou la valeur d'une autre.

178. Les formules traitées comme des équations.— Les formules étant de véritables égalités, comme les équations dont elles dérivent, peuvent évidemment être soumises comme celles-ci aux diverses transformations que nous avons étudiées dans ce chapitre, c'est-à-dire qu'on peut tirer d'une formule, comme d'une équation, la valeur d'une des lettres qu'elle renferme, en fonction des autres lettres.

179). Soit, par exemple, la formule des intérêts simples,

$$i = \frac{ctn}{100}, \qquad [1]$$

expliquée au chapitre Ier (n° 79) : si l'on suppose que c y devienne une inconnue qu'il faille calculer au moyen de i, de t et de n, cette formule sera une équation qu'on devra résoudre par rapport à l'inconnue c, d'après la règle du n° 167; on aura :

$$Éq. : i = \frac{ctn}{100};$$

(2°) $$100i = ctn,$$

ou (n° 159) $$ctn = 100i;$$

(8°) $$c = \frac{100i}{tn}. \qquad [2]$$

On obtiendra de même $t = \frac{100 i}{c n}$. [3]

$n = \frac{100 i}{c t}$. [4]

180. Remarque I.— Ce sont là les quatre formules déjà données dans les exemples et les exercices du chapitre Ier. Ce que nous tenons à faire remarquer ici, c'est que, puisqu'elles se déduisent les unes des autres par un simple mécanisme de calcul, elles peuvent être considérées comme n'en faisant qu'une seule. La règle arithmétique des intérêts avec ses quatre différents cas, est donc tout entière renfermée dans cette seule égalité algébrique $i = \frac{c t n}{100}$; la mémoire retiendra sans aucune peine cette expression de quatre lettres, dans laquelle l'intelligence verra toujours la réponse à quatre problèmes distincts.

181. Remarque II.— Les formules des autres exercices de notre premier chapitre se prêteraient facilement à des transformations semblables à celles que nous venons d'exécuter sur l'expression générale des intérêts. Mais comme plusieurs d'entre elles contiennent des facteurs du second degré, c'est plus loin seulement qu'on sera en état d'étudier les relations mutuelles qui les unissent. Nous laisserons d'ailleurs aux élèves le soin de poursuivre eux-mêmes l'examen de ces détails.

RÉSUMÉ DU CHAPITRE IV.

Règle pour résoudre une équation du premier degré à une inconnue. — Il faut, s'il y a lieu :

1° Faire disparaître les parenthèses, et, en général, effectuer les opérations indiquées par les signes; de plus, si quelque terme renferme un nombre entier joint à une fraction, réduire le tout en une seule fraction;

2° Faire évanouir les dénominateurs;

3° Débarrasser l'équation des parenthèses qui la compliqueraient de nouveau;

4° Mettre dans un seul membre tous les termes renfermant l'inconnue, et dans l'autre membre tous les autres termes ;

5° Effectuer dans chaque membre la réduction des termes semblables ;

6° Faire en sorte, en changeant au besoin les signes de tous les termes, qu'aucun des deux membres ne soit formé de termes ayant tous les signes —;

7° Mettre l'inconnue en facteur commun ;

8° Diviser les deux membres par le coefficient de l'inconnue (167).

Dans la résolution d'une équation, il est utile, en outre, d'exécuter, à mesure que l'occasion s'en présente, toutes les simplifications qui peuvent être justifiées par les principes connus d'arithmétique ou d'algèbre. (168)

Vérification. — 1° On *vérifie* si la solution trouvée est exacte, en portant cette solution à la place de l'inconnue dans l'équation ; les deux membres doivent prendre alors la même valeur ou devenir *identiques*. 2° Lorsqu'on a opéré sur une équation littérale, on peut aussi, comme moyen de vérification, remplacer les différentes lettres qui représentent des quantités connues dans l'équation et dans la solution, par des nombres pris arbitrairement; on retombe ainsi dans le cas des équations numériques. (169, 170)

Pour l'intelligence de ces règles, on pourra consulter particulièrement les exemples III, IV, VI, VIII, IX, XIV, XV, XVII, XXI, XXII du numéro 171.

La solution d'une équation littérale est une formule qui répond à tous les cas compris dans l'équation ; de sorte qu'en mettant dans cette solution des nombres à la place des lettres, on a immédiatement la solution d'une équation numérique semblable à l'équation littérale. Cela explique le mode particulier de *vérification* que nous avons indiqué pour les équations littérales. (173-175)

Si dans une équation littérale on suppose que les différentes lettres deviennent tour à tour l'inconnue, cette équation pourra fournir, en se transformant d'après les règles ordinaires, autant de formules qu'elle renferme de lettres. (176, 177)

Les formules mêmes peuvent, en se transformant comme les équations dont elles dérivent, fournir plusieurs autres formules. C'est ainsi que la formule des intérêts simples,

$$i = \frac{ctn}{100},$$

dans laquelle i représente l'intérêt d'un capital c, placé au taux t pendant un nombre n d'années, donne trois formules nouvelles :

$$c = \frac{100\,i}{tn}, \quad t = \frac{100\,i}{cn}, \quad n = \frac{100\,i}{ct}. \quad (178\text{-}181)$$

EXERCICES

sur la résolution des équations du premier degré à une inconnue.

(On pourra reprendre et résoudre entièrement les équations qui font le sujet des exercices du chapitre III, pages 75 à 77; nous renverrons à ces exercices en suivant l'ordre des différents cas présentés dans les exemples du présent chapitre.)

Calculer la valeur de x dans les équations suivantes :

1-3. Ex. 1, 16, 17 du ch. III, p. 75, 77. [*Voy.* 1er ex. du n° 171]
4. $7x + 7 = 42$; $4x = x + 9$.
5. $x + 20 = 26 - x$; $15 - 3x = 26 - 14x$.
6. $3x - (2x - 2) = 9$; $5x + (x - 3) = 71 - (x + 4)$. [2]
7. Exercice 2e du chap. III, p. 75. [3]
8. $7(x - 4) + 4 = 3(x + 8)$; $10x - (2x - 5) = (x + 10)5$.
9. $ax - b = c$; $5ax + 3b = bc$. [4]
10. $5x + b - a = 2x$; $6x = 3ab - 2b - x$.
11. $ab + abx = d$; $4bcdx + bc - 3a = d$.
12. $a - (b - ax) = ac$; $abc + (x - a) = d$.
13. $a(c - b) = ab(c - 4x) - b$; $ab(x + d) = b(a - c) + c$.
14-16. Exercices 4, 5, 6 du chap. III, p. 76. [5]
17. $3x + \frac{x}{2} = x + 45$; $x - 4 = \frac{x}{7} + 8$.
18. $x + \frac{x}{2} + \frac{x}{11} = 35$; $x + \frac{x}{2} + \frac{x}{3} + \frac{x}{4} = 75$.
19. $10x - \frac{9x}{5} - 192 = 3x - \frac{2x}{7}$; $x - 11 = \frac{2x}{25} + \frac{x}{10} + \frac{3x}{5}$.
20. $\frac{x}{3} - \frac{x}{5} = 323 - x$; $7x - \frac{2x}{3} - 500 = x + \frac{x}{8}$.

21. $\frac{5x}{2} - 24 = x + \frac{3x}{4}$; $2x + \frac{x}{23} + \frac{x}{46} = \frac{x}{2} + 72.$

22. $x - 40 = 200 - \frac{x}{3} - 116$; $\frac{3x}{5} + \frac{x}{2} = x + 10.$

23. $\frac{5x}{12} + \frac{x}{2} + \frac{2x}{3} + \frac{x}{6} - 4 = 80$; $\frac{5x}{3} + \frac{2x}{5} + \frac{x}{4} - 560 = 5x - \frac{91x}{20}$

24. $\frac{1}{2}x = 3x - \frac{2}{3}x - 187$; $x + 56 = 2x - \frac{1}{3}x.$ [6]

25. $39 - \frac{1}{4}x = 30 - \frac{1}{13}x$; $\frac{1}{3}x + 66 = \frac{1}{2}x + \frac{3}{4}x.$

26, 27. Exercices 7e et 8e du chap. III, p. 76. [7]

28. $\frac{2,5x}{5} + \frac{x}{0,8} = 59,5$; $\frac{1,2x}{9} - 1,9 = \frac{0,3x}{3} - 1.$

29. $1,5x + 20 = \frac{2x}{3} + 2,5x$; $\frac{5,4x}{6,4} = x - 31,25.$

30. Exercice 13e du chap. III. [8]

31. $\frac{x}{a} + \frac{x}{b} = c$; $\frac{4ax}{c} - \frac{bx}{d} = b - c.$

32. $b - \frac{c}{x} = d$; $a = \frac{b+c}{x} - c.$

33. $bx + \frac{c}{d} = a - ax$; $ax - \frac{cx}{2} = a.$

34. $a + \frac{3ax}{2d} = 2,5bc + bx$; $a + ax = 0,3b - \frac{bx}{c}.$

35. Exercice 9e du chap. III. [9]

36. $3x + \left(x - \frac{x}{2}\right) - 28 = 0$; $5x - \left(2x - \frac{3x}{2}\right) - 54 = 0.$

37, 38. Exercices 3e et 10e du chap. III. [10]

39. $\frac{(x-5)\,10}{3} = \frac{5x}{12} + \frac{125}{3}$; $\frac{20x}{25} = \frac{5(2x-2)}{3} - 98.$

40. Exercice 12e du chap. III. [11]

41. $\frac{66}{x+3} = \frac{84}{x+6}$; $\frac{74}{3x+1} = \frac{104}{5x-8}.$

42. $7x + (3x+4)\,5 - 3\,(x-2) = \frac{x}{2} + 174$;

$\frac{25x}{2} - \frac{3x}{4} - (3x-5)\,2 = 67,5.$ [12]

43. $3x - \frac{10x}{3} = \frac{x}{3} - 2(x-4)$; $5(x+4) - 2(x+3) = \frac{3x}{2} + 17$.

44. $2\frac{1}{2}x - 1\frac{1}{4}x = 45$; $3\frac{1}{5}x + 4\frac{3}{4}x + \frac{1}{8}x = 484\frac{1}{2}$. [13]

45. $3\frac{1}{3}x + \frac{x}{2} \cdot 5 = 35$; $2\frac{1}{2}x - \frac{3x}{2} \cdot 3 = -8$.

46. $\frac{x}{2} \cdot \frac{1}{6} + 3\frac{2}{3} + (x-20) = 4\frac{1}{4}$; $\frac{4}{5}x - \frac{3x}{4} \cdot \frac{2}{5} + (x-25) = 5$.

47. $3\frac{1}{5}x = 50 - (x-55)$; $2\frac{1}{2}x - \frac{3x}{5} \cdot 2 = \frac{1}{2}x - (x-36)$.

48. Exercice 11 du chap. III. [14]

49. $3x - \frac{x-3}{2} = 14$; $5x - \frac{8x+56}{3} = 0$.

50. $x + \frac{(x+6)3}{4} = 64$; $x - \frac{(x+6)3}{5} = 14$.

51. $\frac{x}{2} + \frac{3(x-46)}{8} = 58$; $\frac{x}{4} - \frac{2(x-60)}{5} = \frac{x}{5} - 4$.

Résoudre les équations suivantes par rapport à a :

52. $ac - d = bd$; $b - ba = c$. [4, 8, 15, 16]

53. $\frac{a}{b} - \frac{a}{d} = cd$; $ac - \frac{a}{c} = \frac{d}{b}$.

54. $ad - \frac{a}{b} + c = d$; $\frac{3a}{b} - \frac{2a}{c} = d$.

55. $\frac{a}{b} = \frac{c}{d} - d$; $\frac{ab}{c} - \frac{3ab}{d} = cd$.

56-59. Résoudre les équations des quatre exercices précédents, par rapport à b.

60,61. Ex. 14 et 15 du chap. III (à résoudre par rapport à x).

62. $\frac{x}{d} \cdot \frac{2}{3} -$ [illegible] $(b - 3x)$; $4\frac{2}{3}ab - 2ab(x-2a) = \frac{a}{b}$.

Résoudre les équations suivantes par rapport à a :

63. $acd +$ [illegible] $- \frac{3c(a-b)}{d} = dc$.

64. $\frac{3b}{c} +$ [illegible] $+ \frac{c-a}{4d} \cdot 3 + \frac{1}{5} = 0$. [17]

65. Résoudre les équations de l'exercice précédent par rapport à b.

66. $x+\frac{x-6}{3}.2=\frac{x}{3}+64$; $2x-\frac{5}{11}(x-16)=\frac{4}{3}x+13$. [18]

67. $x+(2x-50)\,1\frac{2}{3}=246$; $\frac{9x}{2}-(x-18)\,3\frac{1}{4}=156$. [19]

68. $\left(\frac{x-12}{4}\right)\frac{1}{5}=\frac{x}{24}$; $\frac{3}{5}.\frac{3x-8}{2}=30$.

69. $\frac{x+5}{11}.4\frac{2}{3}=\frac{x}{2}$; $\frac{x-8}{5}.1\frac{1}{2}=\frac{x-2}{4}$.

70. $\left(x+\frac{x}{4}\right)\frac{3}{5}=x-4$; $\left(\frac{3x}{4}+\frac{5x}{2}\right)\frac{4}{5}=52$. [20]

71. $x+\left(2x-(x+2)\right)4=32$; $15x-\left((x-3)7+6\right)2=40$. [21]

72. $\frac{\left(2x+\frac{2x}{5}\right)5}{4}=30$; $\frac{\left(3x+\frac{x}{2}\right)3}{5}=42$. [22]

73. $\frac{\frac{3x}{4}+5}{7}.6=12$; $\frac{\frac{x}{3}+2}{2}.8=32$.

74. $\frac{5\frac{1}{4}x}{2\frac{3}{4}x-6}=\frac{21}{10}$; $\frac{\frac{2x}{7}+6}{\frac{1}{2}x}=\frac{23}{35}$. [23]

75. $\frac{\left(\frac{x}{2}+2\frac{6}{7}\right)7}{3\frac{1}{2}x+\frac{x}{4}}=1\frac{1}{5}$; $\frac{\frac{1}{2}x+\frac{1}{3}x}{\frac{1}{7}x-\frac{2}{7}}.2=12\frac{1}{2}$. [24]

76. $x+\frac{a}{b}(x-d)=\frac{c}{d}x$; $\frac{x-a}{b}.\frac{c}{d}=\frac{x}{c}-a$. [18, 19]

77. $\left(x+\frac{x}{a}\right)\frac{c}{d}=x+a$; $\frac{\left(\frac{a}{b}+\frac{c}{d}\right)x}{b}=a-b$. [20, 22]

78. $\frac{\frac{ax}{b}+c}{\frac{2}{3}ab}=a$; $\frac{x+\frac{a}{b}}{\frac{1}{2}ax+\frac{1}{2}b}=\frac{c}{d}$. [23, 24

CHAPITRE V.

Résolution des problèmes du premier degré à une inconnue.

182. Ce qu'on entend par mettre un problème en équation. — Dans la résolution de tout problème sur les nombres, on se propose de chercher un ou plusieurs nombres qui remplissent certaines conditions indiquées dans la question; or, on verra qu'habituellement ces conditions peuvent être exprimées au moyen des signes algébriques et fournir ainsi une ou plusieurs équations qui soient la traduction exacte de l'énoncé du problème. Trouver ces équations, c'est ce qu'on appelle *mettre* le problème *en équation*. — Lorsque le problème est à une seule inconnue, il donne ordinairement lieu à une seule équation.

183. Importance des équations dans la résolution des problèmes. — Supposez que l'on soit parvenu à écrire l'énoncé d'un problème à une inconnue sous la forme d'une équation qui renferme l'inconnue et les quantités connues combinées d'une manière convenable, il ne restera plus ensuite pour résoudre le problème, qu'à effectuer sur l'équation les calculs que nous avons étudiés jusqu'à présent, calculs toujours les mêmes et pour lesquels on ne sera jamais embarrassé. Plusieurs équations réduisent également les problèmes qui présentent plusieurs inconnues, ainsi qu'on le verra dans un autre chapitre, à un simple détail d'opérations toutes prévues et toutes très-faciles à exécuter. Aussi considère-t-on en général un problème mis en équation comme étant par cela seul *un problème résolu*. Il est donc très-important d'apprendre maintenant à écrire algébriquement les énoncés des problèmes et à former ainsi des équations. C'est par là qu'on saura appliquer le calcul algébrique à toutes les questions qui pourront avoir pour objet ou les choses ordinaires de la vie, ou un point quelconque des sciences mathématiques et physiques (*).

184. Observation préliminaire sur la manière de mettre un problème en équation. — Il n'existe pas et il ne saurait exister de règle précise pour mettre un problème en équation, car les conditions marquées dans les énoncés d'une infinité de questions soumises à l'algèbre sont de nature trop diverse pour qu'il soit possible de ramener à un procédé uniforme, à un mécanisme rigoureux, les moyens à prendre pour les exprimer avec les signes. Cependant, s'il n'y a point de règle mathématique proprement dite qui puisse ici prévoir et résumer tous les cas, on donne du moins un précepte général qui indique la marche à suivre pour tendre au but, en faisant de la recherche des équations une simple question de vérification arithmétique. C'est ce que nous expliquerons au long dans ce chapitre. Mais avant tout, pour que rien ne manque, s'il se peut, au succès pratique de cette étude intéressante, nous recommanderons aux jeunes élèves, dans les essais qu'ils feront pour résoudre nos problèmes ou d'autres du même genre, de s'attacher de préférence aux

(*) Dans les ouvrages scientifiques où l'on fait usage de l'algèbre, les équations relatives aux divers objets qui y sont traités sont habituellement posées et expliquées par les auteurs eux-mêmes. Il suffit donc généralement, pour pouvoir lire ces ouvrages avec fruit, d'être en état de comprendre comment une équation donnée exprime la relation qui existe entre les quantités dont il s'agit dans chaque question. Or, après avoir étudié les nombreux exemples de ce chapitre et des suivants, les élèves auront certainement ce premier degré de la science des applications algébriques. Avec un peu d'exercice, ils ne manqueront pas, en outre, d'apprendre à appliquer eux-mêmes l'algèbre aux problèmes de tout genre qu'il serait difficile ou impossible de traiter par l'arithmétique.

considérations les plus simples, et aux réflexions qui se présenteront le plus naturellement à leur esprit, d'éviter surtout dans leur travail cette contention inquiète et fatigante qui trouble les idées et annule pour un moment l'intelligence; en d'autres termes, nous leur dirons de ne pas chercher à lutter contre des difficultés imaginaires par des efforts violents qui iraient invariablement se perdre loin de l'inconnue ou qui ne l'atteindraient que par hasard.

185. Utilité de la résolution des problèmes d'algèbre. — En dehors des avantages propres de la science, la résolution des problèmes d'algèbre offre à l'esprit un exercice précieux dont nos jeunes lecteurs voudront profiter. Déjà, par les combinaisons variées de ses signes et par les opérations dont ils sont l'objet, l'algèbre appelle et fortifie à un haut degré l'attention; mais, par la recherche des équations, qui, sans être difficile au moins dans les cas ordinaires, ne dépend plus cependant, comme le calcul, de règles absolues et précises, elle stimule une certaine sagacité dont tout le monde sent l'utilité et l'importance dans les divers genres de travaux intellectuels auxquels on peut avoir à s'appliquer; elle apprend en outre par là à abréger les idées et à les considérer dans un tel ordre qu'encore que l'esprit ait peu d'étendue il devient capable de découvrir des vérités composées et qui paraissaient d'abord incompréhensibles. De là en général une certaine pénétration qui tient moins à la force naturelle de l'intelligence qu'à la méthode parfaite à laquelle on s'est accoutumé. Nous reviendrons au reste sur cette considération d'un ordre philosophique dans un chapitre spécial.

186. Méthode générale pour mettre un problème en équation. — (Il s'agit d'abord, dans ce chapitre, des problèmes à une seule équation et à une seule inconnue, mais on verra plus tard que la méthode est la même pour des problèmes quelconques). — *Lisez avec attention le problème proposé, afin de le comprendre parfaitement dans toutes* *ses parties et dans son ensemble, laissant de côté toutes les circonstances qui, de leur nature, ne peuvent avoir aucune influence sur la solution. Puis, supposez que le problème est déjà résolu et que vous avez trouvé pour valeur de l'inconnue un nombre quelconque, par exemple* 10, *et voyez quelles opérations vous feriez pour vérifier si ce nombre satisfait au problème, c'est-à-dire s'il remplit bien la condition exprimée dans l'énoncé. Indiquez ces opérations en vous servant des signes de l'algèbre, sans en effectuer aucune qui puisse faire disparaître le nombre supposé arbitrairement. Ensuite, au lieu de vous demander si la condition à laquelle doit satisfaire ce nombre est bien exactement remplie, marquez qu'elle l'est en effet, en unissant par le signe = deux quantités qui résultent des indications que vous venez d'écrire algébriquement, quantités qui d'après l'énoncé de la question doivent être égales. Enfin, remplacez partout, par la lettre* x, *ou par une autre lettre, le nombre qui représentait provisoirement l'inconnue; cela fait, l'équation et posée.*

187. On peut résumer cette règle importante ainsi qu'il suit, d'après Bezout :

« Représentez la quantité cherchée par une lettre; et, ayant examiné avec attention l'état de la question, faites, à l'aide des signes algébriques, sur cette quantité et sur les quantités connues, les mêmes opérations et les mêmes raisonnements que vous feriez si, connaissant la valeur de l'inconnue, vous vouliez la vérifier. »

188. Remarque I. — D'après ce double exposé de la méthode à suivre pour la résolution des questions d'algèbre, on peut dire que savoir mettre un problème en équation, ou savoir le résoudre, c'est savoir prouver qu'un nombre imaginé arbitrairement convient ou ne convient pas à l'énoncé de ce problème; on peut dire encore, selon ce que nous avons annoncé en commençant ce chapitre, que savoir résoudre un problème, c'est tout simplement savoir écrire algébriquement son énoncé.

189. Remarque II. — Il est utile dans les commencements, afin de fixer davantage ses idées, de désigner d'abord l'inconnue, ainsi que nous l'avons enseigné dans la règle précédente, par un nombre déterminé qu'on remplace plus tard par la lettre x. Mais quand on aura acquis un peu d'habitude, on fera bien, au moins dans les cas les plus faciles, d'écrire de suite la lettre qui devra représenter l'inconnue.

190. Exemples de résolution des problèmes du premier degré à une inconnue. — EXEMPLE I. — *Problème.* — Trouver le nombre qui étant divisé par 4 donne 3 au quotient.

Solution. — Supposons au hasard que le nombre cherché soit 10, et voyons ce que nous devons faire pour vérifier si ce nombre 10 satisfait au problème. Il est évident qu'il nous faut pour cela *diviser* 10 *par* 4 et voir ensuite *si le quotient est* 3. Eh bien, indiquons algébriquement la *division de* 10 *par* 4 en écrivant $\frac{10}{4}$; puis au lieu de nous demander si le quotient $\frac{10}{4}$ égale bien 3 comme le veut la question, écrivons qu'il l'égale en effet, en nous servant du signe $=$, et nous aurons $\frac{10}{4} = 3$: cette égalité est fausse sans doute, mais en remplaçant le nombre 10 par x, elle devient l'équation

$$\frac{x}{4} = 3,$$

qui sera satisfaite par une certaine valeur de x.

En résolvant cette équation on trouve $x = 12$; et en effet le nombre 12 divisé par 4 donne bien 3.

NOTA. — Ce problème, que nous venons de traiter par l'algèbre, appartient, on s'en est aperçu de suite, aux plus simples éléments d'arithmétique. Le besoin de procéder simplement et d'arriver insensiblement et par degrés à des questions qui appartiennent véritablement à l'algèbre, nous fera choisir encore plusieurs exemples très-peu embarrassants.

EXEMPLE II. — *Problème.* — Trouver un nombre dont le double plus 8 égale 30.

Solution.— Imaginons que ce nombre soit 20 et vérifions. Pour savoir si le double de 20, augmenté de 8, égale 30, nous devons évidemment multiplier 20 par 2, ajouter 8 au produit, et voir si la somme $20 \times 2 + 8$ égale bien 30. Écrivons plutôt qu'en effet cette somme égale bien 30, de cette manière $20 \times 2 + 8 = 30$, puis en remplaçant 20 par x, nous aurons l'équation

$$x \times 2 + 8 = 30.$$

Cette équation étant résolue donne $x = 11$.

EXEMPLE III. — *Problème.* — Trouver un nombre dont le quart diminué de 3 égale 6.

Solution.— Supposez que ce nombre soit 60, puis vérifiez. Pour cela, vous prenez le quart de 60 et vous retranchez 3, vous avez ainsi $\frac{60}{4} - 3$; mais au lieu d'examiner si ce résultat égale bien 6 comme le veut la question, vous exprimez algébriquement qu'il l'égale en effet, en écrivant $\frac{60}{4} - 3 = 6$; en remplaçant aussitôt 60 par x, vous avez

$$\frac{x}{4} - 3 = 6.$$

De cette équation on tire $x = 36$.

EXEMPLE IV. — *Problème.* — J'ai pensé un nombre, je l'ai multiplié par 3, j'ai divisé le produit par 4 et j'ai obtenu 30 au quotient : Quel nombre ai-je pensé ?

Solution.— Dites au hasard que j'ai pensé 15, puis vérifiez, en faisant les opérations indiquées par l'énoncé du problème ; c'est-à-dire, multipliez 15 par 3, divisez le produit par 4, en écrivant $\frac{15 \times 3}{4}$; puis, exprimez que le quotient $\frac{15 \times 3}{4} = 30$; remplacez ensuite 15 par x et vous aurez

$$\frac{x \times 3}{4} = 30 \text{ ou } \frac{3x}{4} = 30.$$

Cette équation vous donnera $x = 40$.

EXEMPLE V. — *Problème.* — Trouver un nombre tel, qu'en le multipliant par 13, retranchant 6 du produit, et prenant 3 fois la moitié du reste, on obtienne pour résultat le quintuple du même nombre, plus 49.

Solution.—Désignons de suite par x le nombre inconnu. En multipliant ce nombre par 13, retranchant 6 du produit et prenant 3 fois la moitié du reste, nous aurons

$$\frac{13x-6}{2}\times 3\,;$$

puis, comme ce résultat doit égaler le quintuple de x, plus 49, nous poserons

$$\frac{13x-6}{2}\times 3 = 5x+49.$$

Cette équation étant résolue donne $x = 4$.

EXEMPLE VI. — *Problème.* — Un marchand fait plusieurs ventes dans un jour : sur la première il gagne le $\frac{1}{10}$ de la valeur totale des objets mis en vente; sur la deuxième, il gagne le $\frac{1}{8}$; sur la troisième, le $\frac{1}{15}$; mais sur la quatrième il perd le $\frac{1}{6}$: son compte fait, il trouve qu'il a gagné 7 fr. 50 c. Quelle était la valeur totale des objets mis en vente?

Solution. — Soit x la valeur totale des objets mis en vente. Pour vérifier, du gain total qui résulte des trois premières ventes nous retrancherons la perte que le marchand a faite à la quatrième; la différence devra être 7 fr. 50 c.; il faudra donc écrire

$$\frac{x}{10}+\frac{x}{8}+\frac{x}{15}-\frac{x}{6}=7{,}50.$$

En résolvant cette équation, nous aurons $x = 60$.

EXEMPLE VII. — *Problème.* — Trouver un nombre tel que, si après l'avoir divisé successivement par 3 et par 4 on ajoute les deux quotients, la somme soit égale à 28.

Solution. — Appelons x ce nombre; le quotient de x divisé par 3 sera $\frac{x}{3}$; le quotient du même nombre x divisé par 4 sera $\frac{x}{4}$; la somme des deux quotients devant égaler 28, on aura l'équation

$$\frac{x}{3}+\frac{x}{4}=28.$$

D'où l'on tire $x=48.$

Exemple VIII. — *Problème.* — Trouver un nombre tel que, si après l'avoir divisé successivement par m et par n, on ajoute les deux quotients, la somme soit égale à a.

En d'autres termes, on demande de trouver une *règle générale* ou *formule* d'après laquelle, connaissant une somme représentée par a, on puisse calculer le nombre inconnu x qu'il faudrait diviser successivement par deux nombres connus m et n pour avoir cette somme a.

Solution. — Cette question est celle de l'exemple précédent *généralisée*. Dans l'exemple précédent il s'agissait de trouver un nombre particulier qui satisfît à cette condition, que la somme formée par l'addition de son tiers et de son quart égalât 28. Dans celui-ci, les diviseurs du nombre cherché que nous appellerons toujours x, au lieu d'être des nombres déterminés comme 3 et 4, sont représentés par des lettres m et n; la somme des quotients, au lieu d'être 28 est en général une quantité désignée par a, et nous avons à chercher une formule qui exprime la valeur de l'inconnue x en fonction de m, n et a, et qui par là indique le moyen de calculer cette inconnue pour chaque valeur particulière que pourront prendre les lettres m, n et a. Or, l'équation littérale qui nous donnera cette formule n'est pas plus difficile à poser que l'équation numérique de l'exemple précédent; elle aura exactement la même forme : tout à l'heure nous avions

$$\frac{x}{3}+\frac{x}{4}=28;$$

maintenant, en remplaçant les diviseurs 3 et 4 par les diviseurs correspondants m et n, et la somme 28 par la somme a, nous aurons

$$\frac{x}{m}+\frac{x}{n}=a.$$

Cette équation donne la formule $x=\frac{mna}{m+n}$.

Remarque. — D'après ce que nous avons déjà dit à la fin du chapitre précédent (nos 173-175), avec cette formule on pourra résoudre tous les problèmes semblables à celui de l'exemple VII, sans résoudre leurs équations, ou même sans écrire pour chacun une nouvelle équation.

Dans le cas du septième exemple lui-même, on aurait l'inconnue en substituant aux lettres de la formule m, n, a leurs valeurs 3, 4, 28; on trouverait

$$x=\frac{3\times4\times28}{3+4}=\frac{336}{7}=48:$$

c'est le résultat déjà obtenu en opérant sur l'équation $\frac{x}{3}+\frac{x}{4}=28$.

En supposant $m=3$, $n=6$, $a=45$, c'est-à-dire le cas d'une nouvelle équation $\frac{x}{3}+\frac{x}{6}=45$, représentant l'énoncé d'un nouveau problème particulier compris dans le même problème général, la formule donnerait

$$x=\frac{3\times6\times45}{9}=90;$$

d'où l'on conclurait que 90 est un nombre tel que, si après l'avoir divisé successivement par 5 et par 6 on ajoute ensemble les deux quotients, la somme est égale à 45.

Exemple IX.— *Problème.*— Deux banquiers font le relevé de leur caisse; l'un d'eux possède le triple de l'autre, et à eux deux ils ont 60000 fr.: Combien chacun a-t-il en caisse?

Solution.—Ce problème est à deux inconnues puisqu'on

demande la caisse de chacun des deux banquiers; mais on voit clairement d'après l'énoncé, que si l'on connaissait la caisse du second banquier, on aurait immédiatement après, en la multipliant par 3, la caisse du premier. Ce problème peut donc être traité comme un problème à une seule inconnue. Si l'on appelle de suite x la caisse du second banquier, la caisse du premier sera le triple de x ou $3x$, et comme les deux banquiers ont ensemble 60000 fr., la somme $x+3x$ égalera 60000 fr. On aura donc l'équation

$$x+3x=60000.$$

D'où $x=15000$ fr.

C'est la caisse du second banquier. La caisse du premier ou $3x$ sera le triple de 15000 fr., ou 45000 fr.

Nota. — Quand nous aurons étudié les problèmes d'algèbre à plusieurs inconnues dans lesquels une inconnue ne peut pas être immédiatement déduite d'une autre par un simple raisonnement arithmétique comme tout à l'heure, peut-être les élèves trouveront-ils plus commode de résoudre au moyen de plusieurs équations, et non plus d'une seule, les problèmes semblables à celui que nous venons d'expliquer. Ils éviteront par là un léger travail de raisonnement, qu'à vrai dire l'algèbre a pour but de leur épargner. Mais lorsque ensuite ils auront acquis un peu plus d'habitude, ils n'hésiteront pas à réduire toujours le plus possible le nombre des inconnues et des équations, d'après le besoin strict de la question qu'ils devront résoudre.

Exemple X. — *Problème.* — Trouver deux nombres dont la somme soit 20 et la différence 6.

Solution. — En désignant par x le plus grand des deux nombres, le plus petit sera $x-6$; la somme des deux nombres étant 20, on aura

$$x+(x-6)=20.$$

D'où $x=13$.

Le plus grand des deux nombres étant 13, le plus petit sera $13-6$, ou 7.

Exemple XI. — *Problème.* — Trouver en général deux

nombres dont on connaît la somme s et la différence d.

Solution. — Ce problème est le précédent généralisé. En appelant comme tout à l'heure x le plus grand des deux nombres, le plus petit sera $x-d$; leur somme étant appelée s, on aura

$$x+(x-d)=s,$$

équation semblable à celle de l'exemple précédent.

Cette équation étant résolue donne la formule $x=\frac{s+d}{2}$, par laquelle on pourra avoir, dans chaque cas particulier, le plus grand des deux nombres dont on connaîtra la somme et la différence; on aura le plus petit en prenant arithmétiquement la différence $x-d$.

Remarque I. — La formule $x=\frac{s+d}{2}$ appliquée au problème X, qui est un cas particulier de celui-ci, donnerait, pour le plus grand des deux nombres demandés,

$$x=\frac{20+6}{2}=13,$$

comme ci-dessus.

Remarque II. — Nous traiterons de nouveau ce problème général au chapitre suivant; nous poserons alors deux équations et nous aurons aussi deux formules : celle qu'on vient de lire pour le plus grand nombre, et une autre pour le plus petit.

Exemple XII. — *Problème.* — Partager 1850 fr. en quatre parts, de manière que la deuxième surpasse la première de 230 fr., que la troisième surpasse la seconde de 110 fr. et la quatrième surpasse la troisième de 140 fr.

Solution. — En appelant x la première part, qui est aussi la plus petite, la seconde sera évidemment $x+230$, la troisième $(x+230)+110$, et la quatrième $(x+230+110)+140$; comme toutes ces parts réunies doivent égaler la somme à partager 1850, on aura l'équation

$$x+(x+230)+(x+230+110)+(x+230+110+140)=1850.$$

Cette équation étant résolue donnera $x=200$ pour la première part. Puis on obtiendra arithmétiquement la seconde en ajoutant à la première 230 fr., la troisième en ajoutant à la seconde 110 fr., la quatrième en ajoutant à la troisième 140 fr.; on aura ainsi, deuxième part 430 fr., troisième part 540 fr., quatrième part 680 fr.

Exemple XIII. — *Problème.* — Partager une somme a en quatre parts, connaissant l'excès b de la deuxième sur la première, l'excès c de la troisième sur la deuxième, l'excès d de la quatrième sur la troisième.

Solution. — Ce problème fournit évidemment l'équation suivante, semblable à celle du problème précédent,

$$x+(x+b)+(x+b+c)+(x+b+c+d)=a.$$

En la résolvant on obtient la formule $x=\dfrac{a-3b-2c-d}{4}$.

Cette formule est une de celles que nous avons prises pour exemple à la fin du chapitre I. Appliquée alors par anticipation à la question particulière de l'exemple XII ci-dessus, elle nous a donné pour la plus petite des quatre parts, comme l'équation posée dans cet exemple, la réponse $x=200$.

Exemple XIV. — *Problème.* — Un chasseur aperçoit 17 hirondelles sur une branche d'arbre; il parie qu'il les abattra toutes d'un seul coup de fusil. Son compagnon lui dit : Essayez, je vous donne 20 fr. pour chacune de celles que vous tuerez, mais vous me donnerez 9 fr. pour chacune de celles que vous ne tuerez pas. Le chasseur tire et malheureusement pour lui il est obligé de donner 8 fr. On demande combien il a tué d'hirondelles.

Solution. — Supposez que le chasseur ait tué 6 hirondelles, et vérifiez si, à ce compte, il est obligé de donner à son compagnon 8 fr. Cette vérification n'est pas difficile : il s'agit simplement d'examiner combien le chasseur reçoit en tout pour les hirondelles qu'il a tuées, combien il doit donner en tout pour celles qu'il n'a pas tuées, de faire la différence des deux sommes et de voir si cette différence est de 8 fr. au désavantage du chasseur.

Le chasseur a tué, on le suppose, 6 hirondelles; il recevra donc 20 fr. $\times$ 6; le nombre des hirondelles manquées étant de $17-6$, il donnera 9 fr. $\times(17-6)$: écrivez, après avoir remplacé 6 par x dans ces deux produits, que l'excès du second sur le premier égale bien 8 comme le veut la question; vous aurez ainsi

$$9\times(17-x)-20\,x=8.$$

De cette équation on tire $x=5$.

Exemple XV. — *Problème.* — Un marchand a gagné dans son commerce 18 pour 100 de son capital, ce qui porte son avoir total à 21350 fr. Quel était son capital?

Solution. — Pour résoudre cette question, il faut d'abord remarquer que 18 pour 100 est la même chose que $\frac{18}{100}$. Il ne sera pas difficile ensuite de voir que la condition à laquelle doit satisfaire le capital inconnu, que nous appellerons x, sera représentée par l'équation

$$x+\frac{18}{100}x=21350.$$

Cette équation donne $x=18093$ fr. 22.

Exemple XVI. — *Problème.* — Un capital placé à 4 pour 100 (intérêt simple) est devenu en 3 ans, capital et intérêts compris, 56000 fr. Quel était ce capital?

Solution. — Soit x le capital inconnu; il faut vérifier si, étant augmenté de ses intérêts, il devient bien 56000 fr. Or les intérêts d'un capital x placé à 4 pour 100 pendant 3 ans (d'après la formule [1] de la page 92) sont $\frac{x\times4\times3}{100}$. On doit donc poser

$$x+\frac{x\times4\times3}{100}=56000.$$

D'où $$x=50000.$$

Exemple XVII. — *Problème.* — On veut mélanger deux vins qui valent, l'un 40 centimes et l'autre 32 centimes le litre. Combien devra-t-on mettre de litres de chaque espèce pour faire un mélange de 200 litres qu'on puisse vendre sans profit ni perte au prix de 35 centimes le litre?

Solution. — En appelant x le nombre de litres à 40 centimes, $200-x$ sera le nombre de litres à 32 centimes; le prix qu'on retirera de la vente des 200 litres du mélange à 35 centimes devra donc égaler le prix qu'on retirerait de la vente de x litres à 40 centimes et de $(200-x)$ litres à 32 centimes; on aura donc l'équation

$$x\times 0{,}40+(200-x)\times 0{,}32=200\times 0{,}35.$$

D'où

$$x=75.$$

D'après cela on mettra, pour faire le mélange demandé, 75 litres de vin à 40 centimes, et $(200-75)$ ou 125 litres à 32 centimes.

Note. — Ce problème, comme ceux des exemples IX, X, XI, pourrait être regardé comme étant un problème à deux inconnues et être par conséquent renvoyé au chapitre suivant.

Exemple XVIII. — *Problème.* — On a 2 kilog. 5 d'or au titre de 0,670, auxquels on veut allier de l'or au titre de 0,900. Combien doit-on mettre d'or du dernier titre pour que le kilogramme d'alliage contienne 0,750 de fin?

Solution. — Disons d'abord, pour expliquer le sens de la question, que de l'or au titre de 0,670, c'est un alliage (or et cuivre) qui contient 670 grammes d'or pur ou de *fin* sur 1 kilogr. ou 1000 grammes d'alliage; de l'or aux titres de 0,750 ou de 0,900 contient de même 750 grammes ou 900 grammes de fin sur 1000 grammes d'alliage.

Ceci compris, appelons x le nombre inconnu de kilogrammes d'or au titre de 0,900. Il est évident que pour savoir si, conformément aux conditions du problème, un kilogramme de l'alliage demandé sera au titre de 0,750 ou contiendra 0,750 d'or pur, il faudra, d'après les principes vulgaires sur l'usage de la division, diviser le nombre total des kilogrammes d'or pur par le nombre total des kilogrammes d'alliage et voir si le quotient égale 0,750. Or, la somme des kilogrammes d'or pur comprend deux parties, $0,670 \times 2,5$ et $0,900 \times x$; la somme des kilogrammes d'alliage comprend aussi deux parties, 2,5 et x. En divisant la première somme par la seconde, on devra trouver, avons-nous dit, 0,750 : c'est ce qu'on exprime par l'équation

$$\frac{0,670 \times 2,5 + 0,900\,x}{x + 2,5} = 0,750.$$

En calculant, il vient $x = 1^k,333$.

On aurait pu aussi mettre le problème en équation en égalant la quantité d'or pur contenue dans les deux alliages proposés à la quantité d'or pur contenue dans l'alliage demandé. On aurait ainsi obtenu l'équation

$$0,670 \times 2,5 + 0,900\,x = 0,750\,(x + 2,5)$$

équivalente à la précédente.

Exemple XIX. — *Problème.* — Un tonneau plein de vin a trois robinets : si le premier robinet était ouvert, le tonneau serait vidé dans 3 heures; il serait vidé dans 4 heures 1/2 si le deuxième robinet était ouvert, et dans 5 heures si c'était le troisième. Combien faudrait-il de temps pour vider le tonneau, si les trois robinets étaient ouverts à la fois?

Solution. — Supposons la réponse connue, par exemple, 4 heures. Pour la vérifier, nous examinerons quelle partie ou quelle fraction du bassin chaque robinet remplirait en 4 heures, nous ferons la somme de ces fractions, et si cette somme est égale au bassin tout entier, c'est-à-dire à l'unité, nous regarderons la réponse comme vraie. D'ailleurs il est clair que pour avoir la partie du bassin remplie par chaque robinet en 4 heures, il faudra multiplier par 4 l'eau versée en 1 heure par chacun d'eux. Or, en 1 heure, le premier robinet verse $\frac{1}{3}$ de l'eau que peut contenir le bassin, le second verse $\frac{1}{4\frac{1}{2}}$ ou $\frac{1}{4,5}$, le troisième $\frac{1}{5}$. En multipliant ces fractions par 4 et additionnant les produits, on aura donc $\frac{1}{3}.4+\frac{1}{4,5}.4+\frac{1}{5}.4$, pour l'eau versée par les trois robinets ; puis, en égalant cette somme à 1 après y avoir remplacé 4 par x on aura l'équation

$$\frac{1}{3}x+\frac{1}{4,5}x+\frac{1}{5}x=1,$$

laquelle étant résolue donne $x=1^h,32$ ou 1^h19^m.

Exemple XX. — *Problème.* — Une locomotive passe à Paris 2 heures après une autre, et la suit avec une vitesse de 60 kilomètres à l'heure : la vitesse de la première locomotive étant de 36 kilomètres seulement, combien faudra-t-il de temps à la seconde pour l'atteindre?

Solution. — Supposons qu'il faille à la seconde locomotive pour atteindre la première un nombre d'heures que nous désignerons de suite par x. Pour vérifier il faut examiner si, après ce nombre d'heures appelé x, les deux locomotives auront fait en tout le même chemin à partir de Paris : cette condition étant remplie, en effet, elles seront au même point de l'espace au même moment, ou en d'autres termes elles se seront rencontrées. Or, la première locomotive, au moment de la rencontre, aura fait autant de fois 36 kilomètres qu'elle aura marché d'heures, et comme elle aura marché alors pendant 2 heures$+x$ heures, elle aura donc parcouru en tout $36^{\text{kilom.}}\times(2+x)$; la seconde locomotive, dont la vitesse est de 60 kilomètres à l'heure, ayant marché pendant x heures seulement, aura parcouru $60^{\text{kilom.}}\times x$. Mais nous avons dit que, d'après la question, les chemins parcourus par les deux locomotives doivent être égaux. Il faut donc écrire

$$36\,(x+2)=60\,x.$$

Cette équation donne $x=3$.

On trouverait une autre équation équivalente à la précédente en considérant que les vitesses des deux locomotives sont en raison inverse des temps employés par elles à franchir une même distance, en d'autres termes que le rapport ou le quotient des temps employés par elles pour franchir cette même distance doit égaler le rapport ou le quotient renversé de leurs vitesses. Les temps employés sont ici $x+2$ et x, et les vitesses correspondantes 36 et 60. On devra donc avoir le rapport $\frac{x+2}{x}$ égal au rapport $\frac{60}{36}$ (on remarquera que nous renversons l'ordre des deux nombres 36 et 60). De là l'équation

$$\frac{x+2}{x}=\frac{60}{36}.$$

Exemple XXI. — *Problème.* — (Le problème précédent généralisé). — Soit h le nombre d'heures d'avance de la première locomotive sur la seconde; soient m la vitesse de la seconde et n la vitesse de la première, en d'autres termes soit $\frac{m}{n}$ le rapport des deux vitesses : trouver le nombre x d'heures qu'il faudra à la seconde locomotive pour atteindre la première.

Solution. — L'équation littérale qui fournira la réponse à cette question générale doit être évidemment semblable à l'équation numérique que nous avons trouvée pour le cas particulier qui précède : ce sera

$$n(x+h)=mx, \text{ ou équivalemment } \frac{x+h}{x}=\frac{m}{n}.$$

On en tirera la formule $x=\frac{nh}{m-n}$.

Exemple XXII. — *Problème.* — Deux locomotives suivent, comme dans les exemples précédents, le même chemin, et à un moment donné la première est en avance sur la seconde de 150 kilomètres; leurs vitesses sont d'ailleurs dans le rapport de 50 à 60 kilomètres, c'est-à-dire que la première parcourt 50 kilomètres à l'heure et la seconde 60.

Combien la seconde devra-t-elle parcourir de kilomètres pour atteindre la première?

Solution. — En appelant x le nombre de kilomètres parcourus par la seconde locomotive à compter du moment précisé dans l'énoncé de la question, on aura $x - 150$ pour le nombre parcouru par la première à compter du même moment. Par conséquent, s'il y a rencontre des deux locomotives après x kilomètres parcourus par la seconde, celle-ci aura dû mettre le même temps à parcourir ce nombre x de kilomètres, que la première, de son côté, aura mis à parcourir $(x - 150)$ kilomètres. Ce temps égale pour la première $\frac{x - 150}{50}$, car on trouve évidemment le temps employé à franchir un espace donné tel que $(x - 150)$ en divisant l'espace par la vitesse; le temps employé par la seconde égale pour la même raison $\frac{x}{60}$; on aura donc l'équation :

$$\frac{x - 150}{50} = \frac{x}{60}.$$

D'où

$$x = 900.$$

On arriverait à une autre équation équivalente en considérant que le point où la rencontre devra s'effectuer doit être déterminé de telle manière que les chemins parcourus par les deux locomotives jusqu'au moment de leur rencontre soient en raison directe de leurs vitesses, ou, en d'autres termes, que le rapport ou le quotient des chemins parcourus égale le rapport ou le quotient des vitesses. Les chemins parcourus étant $x - 150$ et x, et les vitesses correspondantes 50 et 60, il faudra donc écrire l'équation

$$\frac{x - 150}{x} = \frac{50}{60}.$$

Exemple XXIII. — *Problème.*— Si, en généralisant le problème précédent, on suppose k kilomètres d'avance de la première locomotive sur la seconde, n kilomètres de vitesse pour la première locomotive et m kilomètres pour la seconde, exprimer le nombre x de kilomètres que la seconde locomotive parcourra avant d'atteindre la première.

Solution. — On aura, sans renouveler aucun raisonnement, et en ne faisant que remplacer les nombres des deux équations précédentes par des lettres,

$$\frac{x-k}{n}=\frac{x}{m} \text{ ou } \frac{x-k}{x}=\frac{n}{m}.$$

D'où la formule $$x=\frac{km}{m-n}.$$

Exemple XXIV. — *Problème.* — Un lévrier poursuit un lièvre qui a 80 sauts d'avance sur lui; le lévrier en fait 4 pendant que le lièvre en fait 5 ; mais 8 sauts du lévrier en valent 11 du lièvre. Combien le lièvre fera-t-il de sauts avant d'être atteint par le lévrier ?

Solution. — Répondons que le lièvre fera x sauts avant d'être atteint par le lévrier, et vérifions, en prenant, pour plus de commodité, le saut du lièvre comme unité de longueur, au lieu du mètre. Puisque le lièvre a 80 sauts d'avance, le chemin qu'il aura parcouru en tout sera représenté par $80+x$; or, il faut que le lévrier franchisse cet espace pour atteindre le lièvre. Le lévrier, faisant 4 sauts pendant que le lièvre en fait 5, fera donc, pour atteindre le lièvre, un nombre de sauts égal aux $\frac{4}{5}$ du nombre des sauts du lièvre, que nous avons supposé tout à l'heure égal à x, c'est-à-dire qu'il fera $\frac{4}{5}x$ sauts. Mais 8 sauts du lévrier en valent 11 du lièvre, ce qui revient à dire qu'un saut du lévrier vaut $\frac{11}{8}$ d'un saut du lièvre ou de l'unité. On aura donc le chemin parcouru par le lévrier en multipliant $\frac{4}{5}x$ (nombre de sauts qu'il fait) par $\frac{11}{8}$ (valeur de chacun d'eux). De là l'équation

$$80+x=\frac{4}{5}x\times\frac{11}{8}.$$

On en tire $x = 800$.

On peut par d'autres considérations arriver à une équation différente, mais équivalente. En effet, dire que 8 sauts du lévrier en valent 11 du lièvre, c'est dire que le lévrier franchissant un certain espace en 8 sauts, il faudrait au lièvre 11 sauts pour franchir le même espace. D'un autre côté, on sait que si on appelle x le nombre des sauts du lièvre à compter du départ du lévrier, le nombre total des sauts du lièvre sera $x + 80$, et qu'on aura en même temps $\frac{4}{5}x$ pour le nombre des sauts du lévrier. Mais les deux nombres de sauts $\frac{4}{5}x$ et $(80 + x)$, exécutés pour franchir le même espace, devront, évidemment, être en raison directe des nombres 8 et 11 qui correspondent aussi à un même espace franchi. On écrira donc l'équation

$$\frac{\frac{4}{5}x}{80 + x} = \frac{8}{11}.$$

Exemple XXV. — *Problème.* — Si l'on doublait le nombre de mes écus, disait un brave homme, j'en donnerais 3 ; ce qui fut fait. Il dit de même jusqu'à la troisième fois, et il ne lui resta plus rien. Quel était le nombre de ses écus?

Solution. — Appelons x ce nombre. En doublant, et retranchant 3 écus, plusieurs fois de suite comme le veut la question, nous trouverons à la troisième fois une quantité qu'il faudra égaler à 0.

Or, $2x$ est d'abord le double des écus ; en retranchant 3, nous avons pour premier reste $2x - 3$. En doublant ce premier reste, et retranchant de nouveau 3, il vient pour deuxième reste $(2x - 3)2 - 3$, lequel se change en $4x - 9$ si on y fait la multiplication indiquée et la réduction. En doublant ce second reste $4x - 9$, et retranchant encore 3, nous avons pour troisième reste $(4x - 9)2 - 3$: c'est ce reste qu'il faut égaler à 0. Nous écrivons donc l'équation

$$(4x - 9)2 - 3 = 0.$$

Elle donne $x = 2$ écus $\frac{5}{8}$.

Remarque. — Il est utile, lorsqu'on met en équation certains problèmes, d'effectuer de suite quelques-unes des opérations qui se présentent, ainsi que nous l'avons fait tout à l'heure en remplaçant le deuxième reste $(2x - 3)\,2 - 3$ par $4x - 9$: sans cette simplification, nous serions arrivés à une équation trop chargée de parenthèses $[(2x - 3)\,2 - 3]\,2 - 3 = 0$, équivalente sans doute à la précédente, mais moins facile à former et moins facile à résoudre (l'exemple XXI du n° 171, page 88, présente pourtant le cas d'une équation semblable).

Exemple XXVI. — *Problème.* — Un fermier vend à un premier acheteur la moitié de ses moutons, plus 10; il vend à un second acheteur la moitié de son reste, plus 7, après quoi il a encore 8 moutons à vendre : combien le fermier avait-il de moutons?

Soit x le nombre des moutons du fermier. On aura :

Première vente : $\frac{x}{2} + 10$;

Premier reste : $x - \left(\frac{x}{2} + 10\right)$,

ou, en simplifiant, $\frac{x}{2} - 10$;

Deuxième vente : $\frac{1}{2}\left(\frac{x}{2} - 10\right) + 7$, ou $\frac{x}{4} + 2$;

Deuxième reste : $\left(\frac{x}{2} - 10\right) - \left(\frac{x}{4} + 2\right)$, ou $\frac{x}{4} - 12$;

Équation : $\frac{x}{4} - 12 = 8$.

D'où : $x = 80$.

Exemple XXVII. — *Problème.* — Partager un nombre a en trois parties telles, que la première soit à la deuxième comme m est à n, et que la deuxième soit à la troisième comme r est à s; autrement dit, partager le nombre a en trois parties telles, que la première et la deuxième soient dans le rapport $\frac{m}{n}$, et que la deuxième et la troisième soient dans le rapport $\frac{r}{s}$.

Solution. — Si l'on appelle x la troisième partie, la deuxième égalera x multiplié par le rapport $\frac{r}{s}$, c'est-à-dire qu'elle sera

$$\frac{r}{s}x\ (*).$$

De même la première partie égalera la deuxième $\frac{r}{s}x$ multipliée par le rapport $\frac{m}{n}$, c'est-à-dire qu'elle sera $\frac{m}{n}.\frac{r}{s}x$. Mais, puisque, d'après la question, la somme des trois parties doit égaler a, il faudra donc écrire

$$x+\frac{r}{s}x+\frac{m}{n}.\frac{r}{s}x=a.$$

Cette équation donnera pour expression de la troisième partie, la formule

$$x=\frac{ans}{mr+nr+ns}.$$

Nous n'avons pas besoin d'ajouter, après l'explication qui précède, que la troisième partie étant connue, on la mul-

(*) Car en appelant y la deuxième partie, on a, pour la condition qui lie entre elles cette deuxième partie et la troisième, l'égalité des rapports ou l'équation

$$\frac{y}{x}=\frac{r}{s},$$

laquelle, par l'évanouissement du dénominateur x, devient

$$y=\frac{r}{s}x.$$

tipliera par $\frac{r}{s}$ pour avoir la deuxième, et qu'on multipliera celle-ci par $\frac{m}{n}$ pour avoir la première.

Application. — Si, dans un cas particulier, on avait à partager une somme de 60000 fr. en trois parties telles que la première fût la moitié de la deuxième, et la deuxième les deux tiers de la troisième, les rapports $\frac{m}{n}$ et $\frac{r}{s}$ de la question générale vaudraient alors $\frac{1}{2}$ et $\frac{2}{3}$, et l'on aurait :

$$\text{Troisième partie } x = \frac{60000.\,2.\,3}{1.2 + 2.\,2 + 2.\,3} = 30000;$$

$$\text{Deuxième partie} = 30000 \times \frac{2}{3} = 20000;$$

$$\text{Première partie} = 20000 \times \frac{1}{2} = 10000.$$

Nota. — Ce problème, ainsi que plusieurs autres de ce chapitre, sur lesquels nous avons déjà appelé à cet égard l'attention, pourrait être considéré comme étant à plusieurs inconnues, et pourrait, par conséquent, être renvoyé au chapitre suivant. (Se rappeler le Nota de l'exemple IX.)

191*. Les nombreux exemples qui précèdent ont montré comment l'algèbre, en ramenant toutes les questions sur les nombres à des équations, remplace une foule de questions difficiles par d'autres qui ne présentent plus aucun embarras. C'est ainsi qu'aux lenteurs et aux incertitudes du raisonnement qui, sans elle, devrait seul dégager les inconnues, est substitué un simple mécanisme de calcul qui opère ce dégagement avec un succès invariable. On ne saurait trop admirer la simplicité d'une telle méthode et l'unité qu'elle apporte dans une si grande variété d'objets.

Ici cependant on fait à l'algèbre un reproche qu'elle mérite : elle conduit, dit-on, au résultat demandé par une voie où, sans doute, elle ne permet point de s'égarer;

mais on voudrait que tout en gardant dans le cours du calcul l'initiative et l'autorité d'un guide fidèle, elle éclairât davantage l'intelligence et lui fît voir sous un large coup d'œil les rapports compliqués qui lient le principe à la conséquence, le connu à l'inconnu : le raisonnement, employé à la résolution d'une question soit d'arithmétique, soit de géométrie, a une marche plus lumineuse, il montre mieux comment le résultat était renfermé dans les données de la question, comment la conclusion est sortie des prémisses. En revanche pourtant, on ne doit pas oublier que la perfection d'une méthode au point de vue pratique consiste surtout à ce qu'elle soit adaptée au but qu'on se propose et aux propres ressources de celui qui en fait usage. Or, comme instrument facile à manier, qu'il fut donné à l'homme de créer pour la découverte des secrets relatifs aux nombres, l'algèbre ne laisse rien à désirer. On peut malgré cela accuser l'ensemble de ses procédés de constituer un art par trop mécanique, mais il faut en même temps reconnaître que c'est la nature bornée de notre intelligence qui réclame ce mécanisme commode. Nos facultés intellectuelles étant limitées comme nos forces physiques, il faut à l'esprit comme au corps un secours particulier, un instrument, pour vaincre des difficultés d'un certain ordre : cet instrument, pour des effets de mécanique, c'est le levier; pour l'étude des sciences naturelles, c'est le microscope et le scalpel; dans les sciences mathématiques, c'est l'algèbre.

RÉSUMÉ DU CHAPITRE V.

Les conditions que doivent remplir les inconnues d'un problème peuvent être représentées par des équations. Trouver ces équations c'est ce qu'on appelle *mettre* le problème *en équation*.—Un problème à une seule inconnue donne ordinairement lieu à une seule équation (182).

Dès qu'un problème est mis en équation, il n'y a plus, pour en avoir la solution, qu'à exécuter, sur les équations qui sont la traduction exacte de son énoncé, des opérations toujours les mêmes, déterminées par des règles précises et pour lesquelles on ne sera jamais embarrassé. Aussi considère-t-on, en général, un problème mis en équation comme étant *un problème résolu* (183).

Méthode générale pour mettre un problème en équation (on suppose un problème à une seule inconnue). Représentez la quantité cherchée par une lettre; et ayant examiné avec attention l'état de la question, faites à l'aide des signes algébriques, sur cette quantité et sur les quantités connues, les mêmes opérations et les mêmes raisonnements que vous feriez, si, connaissant la valeur de l'inconnue, vous vouliez la vérifier (186-189).

Pour l'intelligence de cette règle, on peut consulter particulièrement les exemples IV, VII, VIII, IX, XIV, XV, XVII, XVIII, XIX, XX, XXI, XXV. (190.)

EXERCICES.

Problèmes du 1er degré à une inconnue.

(Les vingt-sept exemples et les quatre-vingts exercices de ce chapitre peuvent être distribués en plusieurs séries dont les parties se correspondent : 1° Exemples 1-3, exercices 1-10; 2° Exemples 4-8, exercices 11-34; 3° Exemples 9-13, exercices 35-48; 4° Exemples 14-19, exercices 49-69; 5° Exemples 20-27, exercices 70-80. Nous commençons par quelques problèmes très-faciles dont le but évident, comme pour nos exemples, est d'apprendre d'abord à exprimer algébriquement des questions purement arithmétiques.)

1. Quel est le nombre qui, étant augmenté de 10, égale 25?
2. Quel est le nombre qui, étant diminué de 5, égale 24?
3. Quel est le nombre qui, étant multiplié par 7, donne 56?
4. Quel est le nombre dont le triple égale 36?
5. Trouver le nombre dont le double, augmenté de 5, égale 35?

6. Trouver le nombre dont le triple, diminué de 6, fait 57?

7. Trouver le nombre qui, étant divisé par 4, donne au quotient 25?

8. Quel est le nombre dont le tiers égale 27?

9. Trouver le nombre dont le cinquième, augmenté de 5, égale 20?

10. Quel est le nombre dont la moitié, diminuée de 20, égale 5?

11. J'ai pensé un nombre, je l'ai multiplié par 3, j'ai divisé le produit par 2, j'ai retranché 5 du quotient, j'ai obtenu 16 pour reste : quel nombre ai-je pensé?

12. (Le problème précédent généralisé). Si on remplaçait, dans l'énoncé du problème précédent, les nombres 3, 2, 5, 16, respectivement par les lettres a, b, c, d, trouver la formule qui exprimerait alors la valeur générale du nombre pensé en fonction des quantités a, b, c, d. — Appliquer cette formule à la résolution du problème précédent.

13. J'ai pensé un nombre, je l'ai multiplié par 4, j'ai divisé le produit par 3, j'ai retranché du quotient le $\frac{1}{6}$ du nombre pensé, et j'ai trouvé pour reste 35 : quel nombre ai-je pensé?

14. (Le problème précédent généralisé). Si on remplaçait les nombres 4, 3, 6, 35 du problème précédent par les lettres a, b, c, d, trouver la formule qui donnerait alors le nombre pensé, en fonction des lettres a, b, c, d. — Appliquer cette formule à la résolution du problème précédent.

15. On demandait à un berger le nombre de ses moutons; il répondit : si j'avais la moitié de ce que j'ai, plus le tiers, plus 5, j'aurais 80 moutons. Combien le berger avait-il de moutons?

16. Un curieux demandait à quelqu'un son âge. Prenez, lui fut-il répondu, la moitié de mon âge, ajoutez le tiers, plus le quart, de la somme obtenue retranchez 4, le reste sera précisément mon âge. Dire quel était cet âge?

17. On demandait à un élève de mathématiques combien il avait d'argent dans sa bourse. Prenez, répondit-il, le tiers et le sixième de ce que j'ai, retranchez le quart et ajoutez 9, vous aurez pour résultat ce que j'ai dans ma bourse. Combien avait-il?

18. Un voyageur demandait à un autre, peu complaisant ou qui voulait se distraire, la distance entre deux villes. Vous l'aurez, répondit celui-ci, en en prenant la moitié, le quart et le huitième, plus 10. Calculer cette distance. (On la suppose exprimée en kilomètres.)

19. On raconte que Diophante, l'auteur du plus ancien Traité connu sur l'algèbre, passa le sixième du temps qu'il vécut, dans l'enfance, et un douzième dans l'adolescence ; qu'ensuite il se maria et resta alors le septième de sa vie, plus 5 ans, avant d'avoir un fils, auquel il survécut de 4 ans et qui n'atteignit que la moitié de l'âge où son père est parvenu. Quel âge avait Diophante lorsqu'il mourut ?

20. Une armée ayant été défaite, le quart est resté sur le champ de bataille, les trois septièmes ont été faits prisonniers, et 18000 hommes qui restaient ont pris la fuite : on demande de combien d'hommes l'armée était composée avant la bataille.

21. (Le problème précédent généralisé.) Une armée ayant été défaite, une partie représentée par la fraction $\frac{a}{b}$ est restée sur le champ de bataille, une autre partie $\frac{c}{d}$ a été faite prisonnière et le reste e a pris la fuite : on demande de trouver en général de combien d'hommes l'armée était composée avant la bataille, ou, en d'autres termes, on demande de calculer la formule exprimant ce nombre d'hommes en fonction des quantités a, b, c, d, e. — On appliquera cette formule au cas particulier du problème précédent. (Il est facile de voir que dans ce cas les lettres a, b, c, d, e de la formule, représenteront respectivement les nombres 1, 4, 3, 7, 18000.)

22. En prenant le tiers d'un nombre et ajoutant ce nombre augmenté de 10, on trouve 30. Quel est ce nombre ?

23. Si vous prenez le triple d'un nombre et que vous retranchiez ce nombre lui-même augmenté de 15, vous obtenez pour reste 65. Quel est ce nombre ?

24. (Le problème précédent généralisé.) Si vous prenez b fois un nombre et que vous retranchiez du produit ce nombre lui-même augmenté de a, vous obtenez pour reste c. Quel est ce nombre ? — Appliquer la solution de ce problème général au cas particulier du problème précédent.

25. J'ai pensé un nombre, je l'ai multiplié par 10, du produit j'ai retranché le double du même nombre, moins 20, j'ai obtenu pour reste 420. Quel nombre ai-je pensé ?

26. On ajoute à un certain nombre la somme des deux quotients qu'on obtient en le divisant successivement par 4 et par 5, et on trouve 58 pour résultat. Quel est ce nombre ?

27. En retranchant d'un certain nombre la somme des deux quotients obtenus en le divisant successivement par 4 et par 5, on trouve pour reste 33. Quel est ce nombre?

28. On demandait à un marchand d'oranges combien il en avait dans sa corbeille : Prenez, dit-il, la différence entre le tiers et le quart du nombre que j'ai, retranchez-la de ce nombre lui-même et vous trouverez pour reste 275. Combien y avait-il d'oranges dans la corbeille du marchand ?

29. Un marchand paye une dette en trois fois, d'abord le sixième de la dette, ensuite le quart, puis 245 fr. qui restent. Combien devait-il en tout?

30. (Le problème précédent généralisé.) Un marchand paye une dette en trois fois, d'abord une partie $\frac{e}{f}$, puis une autre partie $\frac{g}{h}$, enfin a fr. qui restent. Combien le marchand devait-il en tout?

31. Appliquer la solution générale du problème précédent au cas particulier qui suit : Un marchand paye une dette en trois fois, d'abord les $\frac{2}{5}$ de la dette, puis le $\frac{1}{4}$, puis 700 fr. qui restent. Combien devait-il en tout?

32. Une marchande d'œufs a perdu son porte-monnaie, qu'elle vient réclamer, mais elle ne sait pas au juste ce qu'il contenait : elle se souvient seulement que sa bourse était composée en partie du produit de trois ventes, dont l'une en faisait le quart, la seconde le tiers, la troisième le sixième, et qu'un moment avant de la perdre elle avait payé une dette de 9 fr., précisément égale à ce que le porte-monnaie contenait en dehors du produit des trois ventes. Quel était le contenu du porte-monnaie avant le payement de la dette, et quel est-il actuellement? (On répondra à la seconde question par une simple opération d'arithmétique, après avoir trouvé algébriquement la réponse à la première.)

33. Un voyageur fait le premier jour le sixième du chemin qu'il avait à faire, le second jour le tiers, le troisième jour le cinquième, le quatrième jour les deux septièmes, le cinquième jour il revient sur ses pas d'un dixième, enfin le sixième jour il fait 12 kilomètres et achève ainsi sa route. Combien de chemin avait-il à faire?

34. Un joueur perd une première fois le quart de ce qu'il avait dans sa bourse, il en perd ensuite le tiers; mais à la fin il gagne la moitié de ce qu'il avait d'abord, et il lui reste 27 fr. 50. Combien avait-il en commençant son jeu?

35. Deux bourses contiennent ensemble 150 fr., et dans la pre-

mière il y a 20 fr. de plus que dans la seconde. Combien y a-t-il dans chacune?

36. On veut partager 100 fr. entre deux personnes de manière que l'une ait 30 fr. de plus que l'autre. Combien chacune aura-t-elle?

37. (Le problème précédent généralisé.) On veut partager une somme a entre deux personnes de manière que l'une ait b fr. de plus que l'autre. Combien chacune aura-t-elle?

38. Appliquer la solution du problème précédent au cas particulier qui suit : On veut partager 80 fr. entre deux personnes de manière que l'une ait 15 fr. de plus que l'autre. Combien chacune aura-t-elle?

39. On veut partager 280 fr. entre deux personnes de manière que l'une ait six fois autant que l'autre. Dites la part de chacune?

40. (Le problème précédent généralisé.) Partager une somme a entre deux personnes de manière que l'une ait m fois autant que l'autre.

41. Appliquer la solution du problème précédent au cas particulier où l'on voudrait partager 500 fr. entre deux personnes de manière que l'une eût trois fois autant que l'autre.

42. Dans une armée de 10000 hommes il y a quatre fois autant de fantassins que de cavaliers. Combien de chaque arme?

43. Partager 360 fr. entre deux personnes de manière que l'une ait autant de fois 5 fr. que l'autre aura de fois 1 fr.

44. Partager 1100 fr. entre trois personnes de manière que la première ait 100 fr. de plus que la seconde, et que la seconde ait 50 fr. de plus que la troisième.

45. Partager une somme a entre trois personnes de manière que la première ait b fr. de plus que la seconde, et la seconde c fr. de plus que la troisième.

46. Partager 6500 fr. entre trois personnes, de manière que la première ait deux fois autant que la seconde et la seconde quatre fois autant que la troisième.

47. Partager une somme a entre trois personnes, de manière que la première ait m fois autant que la seconde, et la seconde n fois autant que que la troisième. — Appliquer la solution de ce problème général au cas particulier du problème précédent.

48. Les âges de trois personnes font ensemble 120 ans; la première a le double de l'âge de la seconde, et la seconde le triple de l'âge de la troisième. On demande quel est l'âge de chacune?

49. On a loué un ouvrier paresseux à raison de 2 fr. pour chaque jour qu'il travaillerait, mais à condition qu'on lui retiendrait sur ce qui lui serait dû 50 centimes par jour qu'il ne travaillerait pas; on lui fait son compte au bout de 60 jours, et il se trouve qu'il n'a rien à recevoir. On demande combien de jours il a travaillé?

50. Pour assurer l'exécution d'un ouvrage dans un délai de 50 jours, on convient avec l'ouvrier, qu'on lui donnera 10 fr. pour chaque jour de travail, et de plus autant de fois 25 fr. qu'il gagnera de jours par son activité sur 50 qui lui ont été accordés d'abord; à la fin l'ouvrier reçoit 560 fr. Combien de jours a-t-il travaillé?

51. On emploie trois ouvriers dont le premier fait 6 mètres d'ouvrage par jour, le second 4, et le troisième 2. On demande en combien de temps ces trois ouvriers travaillant ensemble feront 120 mètres d'ouvrage?

52. On emploie trois ouvriers dont le premier fait a mètres d'ouvrage par jour, le second b mètres, le troisième c mètres. On demande en combien de temps ces trois ouvriers travaillant ensemble feront m mètres d'ouvrage? — Appliquer la solution de ce problème général au cas particulier du problème précédent.

53. Un marchand ayant acheté une certaine quantité de marchandise la revend 960 fr., en gagnant 20 p. 0/0 sur le prix d'achat. Combien l'avait-il achetée?

54. Un homme achète un cheval qu'il revend ensuite 200 fr. de plus qu'il ne l'a acheté; à ce marché il se trouve gagner 25 p. 0/0 du prix de la vente. On demande combien il l'a acheté?

55. Un capital augmenté de ses intérêts à 5 p. 0/0 pendant 3 ans (intérêts simples) est devenu, capital et intérêts compris, 51750 fr. A combien se montent les intérêts? (Dans l'équation on exprimera le capital en fonction de x intérêts, du taux et du temps, d'après une des formules du n° 179.)

56. Soient c un capital quelconque, placé à intérêt simple, n le temps pendant lequel il a été placé, t le taux, i l'intérêt, A ce qu'est devenu le capital augmenté de l'intérêt : 1° trouver une formule qui exprime l'intérêt i en fonction des quantités n, t, A; 2° trouver une autre formule qui exprime le capital c en fonction des mêmes quantités n, t, A. (Dans l'équation de la 1re question, au lieu du capital c on mettra sa valeur en fonction de i, t, n; dans l'équation de la 2e question, on écrira la valeur de i en fonction de c, t, n.)

57. Au moyen des deux formules demandées dans le problème

précédent, répondre aux deux questions qui suivent : 1° un capital augmenté de ses intérêts à 4 p. 0/0 pendant 3 ans est devenu 28000 fr. A combien se montent les intérêts? 2° un capital augmenté de ses intérêts à 3 p. 0/0 pendant 5 ans est devenu 69000 fr. Quel était ce capital?

58. On a 150 litres de vin à 40 centimes le litre, auquel on veut mêler d'autre vin à 28 centimes, pour faire un mélange qu'on puisse vendre 35 centimes le litre. Combien faut-il mettre de litres de vin de la seconde espèce?

59. On a 240 litres de vin à 50 centimes le litre, auquel on veut mêler d'autre vin d'un prix inférieur, pour faire un mélange de 600 litres qu'on puisse vendre à 41 centimes le litre. Quel doit être le prix de la seconde espèce de vin?

60. On a 10 kilog. d'argent au titre de 0,800, et on veut faire un alliage au titre de 0,870. Combien faudra-t-il mettre d'argent au titre de 0,920 pour obtenir cet alliage?

61. On a a kilog. d'argent au titre t, et on veut faire un alliage au titre t'. Combien faudra-t-il mettre d'argent au titre t'' pour obtenir cet alliage?

62. Appliquer la solution générale du problème précédent au cas particulier qui suit : On a 25 kilog. d'argent au titre de 0,750, et on veut faire un alliage au titre de 0,830 : combien faudra-t-il mettre d'argent au titre de 0,890 pour obtenir cet alliage?

63. On a 36 kilog. d'eau de mer qui contiennent 1 kilog. de sel. On demande combien il faudrait ajouter d'eau douce pour que sur 36 kilog. du nouveau mélange il n'y eût plus que 75 grammes de sel?

64. On a trois fontaines dont la première remplit un bassin en 6 heures, la seconde en 8 heures et la troisième en 12 heures. On demande en combien de temps les trois fontaines, coulant ensemble, rempliront le même bassin?

65. Si, en généralisant le problème précédent, on suppose trois fontaines coulant séparément et remplissant un bassin en des nombres d'heures a, b, c, exprimer par une formule le temps qu'il faudrait aux trois fontaines, coulant ensemble, pour remplir le bassin?

66. Appliquer la formule du problème précédent au cas de trois fontaines qui, coulant séparément, rempliraient un bassin en 5 heures, 7 heures, 8 heures, et dire en combien de temps le bassin serait rempli par les trois fontaines coulant ensemble?

67. Quatre ouvriers font ensemble un ouvrage, que le premier

ferait seul en 15 jours, le second en 20 jours, le troisième en 18 jours, et le quatrième en 25 jours. Combien mettront-ils de temps pour le faire en travaillant ensemble?

68. Un marchand paye une pièce de drap à raison de 8 fr. le mètre; en la mesurant, il se trouve avoir 10 mètres de plus qu'on ne lui avait compté; mais le drap est de si mauvaise qualité qu'il est obligé de le vendre à 6 fr. le mètre, et qu'il perd $\frac{1}{16}$ du prix d'achat de toute la pièce. Combien de mètres avait la pièce?

69. Je dépense en achat de livres le dixième de mon revenu, et tout le reste pour mes dépenses ordinaires; si mon revenu s'augmentait de 800 fr. je pourrais en prendre le huitième pour mes achats de livres et ajouter encore 600 fr. à mes dépenses ordinaires. Quel est mon revenu?

70. Un courrier parti 3 jours avant un autre fait 150 kilomètres par jour, tandis que l'autre en fait 220. Combien de temps en tout le premier courrier aura-t-il marché avant d'être atteint par le second?

71. Généraliser la solution du problème précédent en appelant v, v' les vitesses des deux courriers, a le nombre de jours dont le premier est en avance, et t le temps pendant lequel il aura marché en tout avant d'être atteint par le second? — Appliquer la solution générale obtenue, au cas particulier du problème précédent.

72. Un courrier a 100 kilomètres d'avance sur un autre; sa vitesse est de 13 kilomètres à l'heure, et la vitesse de l'autre est de 23 kilomètres. Combien de kilomètres le premier courrier parcourra-t-il encore avant d'être atteint par le second?

73. Généraliser la solution du problème précédent en appelant v, v' les vitesses des deux courriers, a le nombre de kilomètres d'avance du premier, et c le chemin inconnu qu'il parcourra avant d'être atteint par le second.

74. Les deux aiguilles d'une montre sont sur midi : à quelle distance de midi se rencontreront-elles de nouveau? (On exprimera la distance cherchée, en prenant pour unité la soixantième partie du cadran, ou l'espace correspondant à une minute; cette distance étant connue, on saura l'heure de la rencontre.)

75. Deux ouvriers sont employés séparément à creuser deux fossés d'égale longueur; l'un a déjà fait 40 mètres de son ouvrage quand l'autre commence le sien, et celui-ci ne travaille que 8 heures par jour, tandis que le premier travaille 10 heures; mais le second fait en 2 heures autant d'ouvrage que le premier en fait en 3 heures, de

sorte que les deux ouvriers achèvent en même temps leur travail. On demande quelle est la longueur de chaque fossé?

76. Un joueur triple son argent au jeu et perd ensuite 5 fr.; il double ce qui lui reste et gagne en plus 4 fr.; il triple alors ce qu'il a et perd 58 fr.; enfin il double de nouveau son reste, perd encore 58 fr., et se trouve avoir tout juste ce qu'il avait en commençant son jeu. Combien avait-il?

77. Un joueur perd une première fois la moitié de ce qu'il a, augmentée de 5 fr.; il perd ensuite la moitié de son reste diminuée de 3 fr.; il lui reste 10 fr. 50. Combien avait-il en commençant son jeu?

78. Un joueur perd une première fois la moitié de ce qu'il a, diminuée de 10 fr.; il perd ensuite la moitié de son reste, diminuée aussi de 10 fr.; enfin, il perd la moitié de son nouveau reste, augmentée de 10 fr., et il lui reste la dixième partie de ce qu'il avait d'abord. Combien avait-il?

79. Partager une somme de 36450 fr. en trois parties telles, que la première soit à la seconde comme 5 est à 4, et que la seconde soit à la troisième comme 3 est à 2. (Application de la formule de l'exemple 27me, p. 120.)

80. Partager un nombre a en quatre parties telles que la première soit à la seconde comme m est à n, que la seconde soit à la troisième comme r est à s, et que la troisième soit à la quatrième comme p est à q.

CHAPITRE VI.

Équations et problèmes du premier degré à plusieurs inconnues.

192* L'algèbre résout avec une égale facilité les problèmes du premier degré à un nombre quelconque d'inconnues, les relations les plus diverses et les plus compliquées entre les quantités connues et les inconnues n'étant jamais un obstacle sérieux à la découverte de celles-ci. Le calcul peut quelquefois devenir long; mais le calculateur, avançant toujours d'un pas assuré, n'a pas à craindre de manquer le but. Il arrive sans tâtonnement, sans incertitude à trouver toutes les inconnues, *les unes après les autres, les unes au moyen des autres.* Les difficultés vaincues, dans cette recherche multiple, étant excessivement grandes, et les moyens employés pour les surmonter étant en même temps excessivement simples, l'esprit, en découvrant avec un succès aussi certain la vérité qui paraissait se cacher dans des profondeurs impénétrables, éprouve, plus encore que dans l'étude des questions précédentes, cette satisfaction qui est une première récompense du travail et qui encourage à de nouvelles recherches.

193. Nous n'étudierons dans ce chapitre que des équations en nombre égal au nombre des inconnues, et nous considérerons séparément trois cas : 1° deux équations à deux inconnues ; 2° trois équations à trois inconnues; 3° en général, un nombre quelconque d'équations présentant un même nombre d'inconnues. Nous réservons pour la suite les circonstances plus rares où le nombre des inconnues n'est pas égal au nombre des équations.

194. Règle pour résoudre deux équations à deux inconnues x et y. Élimination par la méthode dite de substitution.

1° *Dans l'une des équations, habituellement la première, cherchez d'après les règles du chapitre IV la valeur de l'une des inconnues, ordinairement* x, *en fonction de l'autre inconnue* y; *c'est-à-dire que vous devez traiter provisoirement* y *comme une quantité connue, et opérer sur la première équation comme si elle ne renfermait que l'inconnue* x.

2° *Simplifiez, s'il y a lieu, la seconde équation, et portez dans cette équation, à la place de* x, *la valeur obtenue tout à l'heure pour cette lettre : par cette* substitution, *l'inconnue* x *se trouvera* éliminée *ou* chassée *de la seconde équation, et vous aurez maintenant à résoudre une seule équation à une seule inconnue* y.

3° *En résolvant cette équation vous trouverez pour valeur de* y *un nombre connu, si l'équation est numérique; ou bien, si l'équation est littérale, vous aurez pour cette valeur une expression composée des différentes lettres représentant les quantités connues dans les équations proposées.*

4° *Il vous restera à trouver la valeur de* x, *en nombre aussi, ou en fonction de quantités supposées connues. Pour cela, portez la valeur de* y *obtenue tout à l'heure, dans la valeur précédente de* x, *puis faites, dans la quantité maintenant connue qui égale* x, *les calculs indiqués par les signes, et simplifiez s'il y a lieu.*

195. La *vérification* se fait, quel que soit le nombre des inconnues, comme pour les équations à une seule inconnue.

196. Remarque I. — Il est souvent plus commode, dans le cas des équations littérales, pour avoir en dernier lieu la valeur de x, de porter la valeur de y, non pas dans la valeur de x obtenue d'abord, mais dans l'équation qui a fourni cette dernière; on résout ensuite cette équation. Si l'autre équation est plus simple, on s'en servira avec plus d'avantage encore pour avoir la valeur de x.

197. Remarque II. — Avant de faire les *substitutions*, il est très-important de simplifier, ainsi que le demande la règle, les équations dans lesquelles on doit transporter une valeur de x ou de y. Cette simplification consiste à effectuer dans ces équations la plupart des transformations qui sont l'objet de la règle du n° 167 (suppression des parenthèses, évanouissement des dénominateurs, transposition de tous les termes semblables dans un même membre, et réduction de ces termes, etc.).

198. Exemples de résolution de deux équations à deux inconnues par la méthode de substitution.

(Dans les exemples qui suivent, nous indiquons, par des numéros d'ordre placés à gauche de l'opération, les préceptes de la règle précédente, et par d'autres numéros placés à droite, l'équation qui est l'objet de la transformation indiquée à gauche.)

EXEMPLE I. — *Deux équations numériques :*

$$x + y = 16, \qquad [1]$$

$$x - y = 4. \qquad [2]$$

(1°) La valeur de x tirée de la première équation, en fonction de y :

$$x = 16 - y; \qquad [1]$$

(2°) Substitution de cette valeur de x dans la deuxième équation :

$$16 - y - y = 4; \qquad [2]$$

(3°) Résolution de la deuxième équation, laquelle n'a plus que l'inconnue y; valeur de y :

$$-2y = 4 - 16,$$

$$2y = 16 - 4,$$

$$y = 6;$$

(4°) Substitution de la valeur de y dans la valeur précédente de x; valeur de x :

$$x = 16 - 6 = 10. \qquad [1]$$

Vérification :

$$10 + 6 = 16 \text{ ou } 16 = 16, \qquad [1]$$

$$10 - 6 = 4 \text{ ou } 4 = 4. \qquad [2]$$

EXEMPLE II. — *Deux équations littérales :*

$$x + y = s, \qquad [1]$$
$$x - y = d. \qquad [2]$$

(1°) La valeur de x en fonction de y :

$$x = s - y \qquad [1]$$

(2°) Substitution de cette valeur de x :

$$s - y - y = d; \qquad [2]$$

(3°) Calcul de la valeur de y :

$$-2y = d - s,$$
$$y = \frac{s-d}{2};$$

(4°) Substitution de cette valeur dans la valeur précédente de x :

$$x = s - \frac{s-d}{2}; \qquad [1]$$

Simplification (réduction en une seule fraction (n° 126) et réduction de termes); valeur simplifiée de x :

$$x = \frac{2s - (s-d)}{2} = \frac{2s - s + d}{2},$$
$$x = \frac{s+d}{2}.$$

Vérification :

$$\frac{s+d}{2} + \frac{s-d}{2} = s \qquad [1]$$
$$\frac{s+d+s-d}{2} = s$$
$$s = s$$
$$\frac{s+d}{2} - \frac{s-d}{2} = d \qquad [2]$$
$$\frac{s+d-s+d}{2} = d$$
$$d = d$$

Remarque. Dans la résolution des deux équations précédentes, au lieu de substituer la valeur $y = \frac{s-d}{2}$ dans la valeur $x = s - y$, on aurait pu, conformément à la remarque I, relative au précepte 4° de notre règle, porter cette valeur de y dans la première équation : on aurait eu ainsi:

$$x + \frac{s-d}{2} = s, \qquad [1]$$

$$2x + s - d = 2s,$$

$$2x = 2s - s + d,$$

$$x = \frac{s+d}{2}.$$

Exemple III. — *Deux équations numériques :*

$$\frac{3x+y}{2} - x = 10, \qquad [1]$$

$$\frac{x}{2} + \frac{y}{3} = 16 - x. \qquad [2]$$

(1°) Calcul de x en fonction de y :

$$3x + y - 2x = 20, \qquad [1]$$

$$3x - 2x = 20 - y,$$

$$x = 20 - y;$$

(2°) Substitution :

$$\frac{20-y}{2} + \frac{y}{3} = 16 - (20 - y); \qquad [2]$$

(3°) Calcul de la valeur de y :

$$60 - 3y + 2y = 96 - 120 + 6y,$$

$$y = 12;$$

(4°) Substitution; valeur de x :

$$x = 20 - 12 = 8. \qquad [1]$$

Vérification :

$$18 - 8 = 10, \quad \text{ou } 10 = 10, \qquad [1]$$

$$4 + 4 = 16 - 8, \quad \text{ou } 8 = 8. \qquad [2]$$

Exemple IV. — *Deux équations numériques :*

$$3x + 2y = 16, \qquad [1]$$

$$8x - \frac{2y}{5} = 14. \qquad [2]$$

(1°) Calcul de x en fonction de y :

$$3x = 16 - 2y, \qquad [1]$$

$$x = \frac{16 - 2y}{3};$$

(2°) Substitution :

$$8\left(\frac{16 - 2y}{3}\right) - \frac{2y}{5} = 14; \qquad [2]$$

(3°) Calcul de la valeur de y :

$$\frac{128 - 16y}{3} - \frac{2y}{5} = 14,$$

$$640 - 80y - 6y = 210,$$

$$-80y - 6y = 210 - 640,$$

$$y = 5;$$

(4°) Substitution ; valeur de x :

$$x = \frac{16 - 2 \times 5}{3} = \frac{6}{3} = 2. \qquad [1]$$

Vérification :

$$6 + 10 = 16, \quad \text{ou} \quad 16 = 16. \qquad [1]$$

$$16 - 2 = 14, \quad \text{ou} \quad 14 = 14. \qquad [2]$$

EXEMPLE V. — *Deux équations numériques* :

$$2x + \frac{y}{2} = 10, \qquad [1]$$

$$3\left(\frac{y + x}{11}\right) + 4 = 7. \qquad [2]$$

(1°) Calcul de x en fonction de y :

$$4x + y = 20, \qquad [1]$$

$$x = \frac{20 - y}{4};$$

(2°) Simplification de la deuxième équation :

$$3x + 3y + 44 = 77, \qquad [2]$$

$$3x + 3y = 33;$$

$$x + y = 11;$$

Substitution :

$$\frac{20 - y}{4} + y = 11;$$

3° Calcul de la valeur de y :

$$20 - y + 4y = 44,$$
$$y = 8;$$

4° Substitution ; valeur de x :

$$x = \frac{20 - 8}{4} = \frac{12}{4} = 3. \qquad [1]$$

Vérification :

$$6 + 4 = 10, \quad \text{ou} \quad 10 = 10, \qquad [1]$$
$$3 + 4 = 7, \quad \text{ou} \quad 7 = 7 \qquad [2)$$

Exemple VI. — *Deux équations numériques :*

$$\frac{\left(\frac{y}{2} + 5\right)2}{3} - \frac{x}{3} \cdot \frac{1}{2}\,(3x - y)2, \qquad [1]$$

$$\frac{2y + \frac{x}{3}}{4} + y = \frac{7x}{2} + 7. \qquad [2]$$

(1°) Calcul de x en fonction de y :

$$\frac{y + 10}{3} - \frac{x}{6} = 9x - 3y, \qquad [1]$$

$$x = \frac{60y + 60}{165} = \frac{4y + 4}{11};$$

(2°) Simplification de la deuxième équation :

$$\frac{y}{2} + \frac{x}{12} + y = \frac{7x}{2} + 7, \qquad [2]$$
$$24y + 4x + 48y = 168x + 336,$$
$$6y + x + 12y = 42x + 84,$$
$$18y - 41x = 84;$$

Substitution :

$$18y - 41\ \frac{4y + 4}{11} = 84;$$

(3°) Calcul de la valeur de y :

$$198y - 164y - 164 = 924,$$
$$y = 32;$$

(4°) Substitution; valeur de x :

$$x = \frac{128+4}{11} = 12. \qquad [1]$$

Vérification :

$$14-2=12, \quad \text{ou} \quad 12=12, \qquad [1]$$
$$17+32=42+7, \quad \text{ou} \quad 49=49. \qquad [2]$$

Exemple VII. — *Deux équations latérales :*

$$ax+by=c, \qquad [1]$$
$$a'x+b'y=c'. \qquad [2]$$

(1°) Valeur de x en fonction de y :

$$x = \frac{c-by}{a}; \qquad [1]$$

(2°) Substitution : [2]

$$a'\frac{c-by}{a}+b'y=c';$$

(3°) Calcul de la valeur de y :

$$ca'-ba'y+ab'y=ac',$$
$$ab'y-ba'y=ac'-ca',$$
$$y=\frac{ac'-ca'}{ab'-ba'};$$

(4°, n° 196.) Substitution dans la première équation :

$$ax+b\frac{ac'-ca'}{ab'-ba'}=c; \qquad [1]$$

Calcul de la valeur de x :

$$a^2b'x-ba'ax+bac'-bca'=cab'-cba',$$
$$a^2b'x-ba'ax=cab'-cba'-bac'+bca',$$
$$(a^2b'-baa')x=cab'-bac',$$
$$x=\frac{cab'-bac'}{a^2b'-baa'},$$

ou en simplifiant,

$$x=\frac{cb'-bc'}{ab'-ba'}.$$

L'application que nous ferons de ces valeurs de x et de y, au n° 202, tiendra lieu de vérification directe.

199. Méthode d'élimination par comparaison. — Il existe plusieurs méthodes pour l'élimination des inconnues, nous avons expliqué celle qui est la plus habituellement suivie. Mais il en est particulièrement une autre, appelée méthode d'*Élimination par comparaison*, qui est si facile et si ingénieuse à la fois, que nous croyons intéresser et non fatiguer les élèves en la leur faisant connaître. Elle consiste à *chercher les valeurs d'une même inconnue en fonction de l'autre dans les deux équations et à unir par le signe = les deux valeurs ainsi obtenues*; de là, en effet, une nouvelle équation, qui ne contient plus qu'une seule inconnue. Cette inconnue étant trouvée sert, comme dans la méthode précédente, à calculer l'autre.

200. Exemple d'élimination par comparaison. — Soient deux équations déjà résolues plus haut :

$$3x + 2y = 16, \qquad [1]$$

$$8x - \frac{2y}{5} = 14. \qquad [2]$$

On tire de la première :

$$x = \frac{16 - 2y}{3}; \qquad [1]$$

De la seconde :

$$x = \frac{70 + 2y}{40}; \qquad [2]$$

Puis, en égalant ces deux valeurs de x, on a :

$$\frac{16 - 2y}{3} = \frac{70 + 2y}{40}; \qquad [1, 2]$$

D'où :

$$y = 5.$$

On porte cette valeur de y dans l'une des valeurs de x,

dans la première, par exemple, et on trouve, comme ci-dessus :

$$x = 2\ (^*).$$

201*. Lorsque pour la première fois, avant l'invention des méthodes précédentes, on voulut résoudre un système de deux équations à deux inconnues, on fut sans doute arrêté d'abord par la difficulté de passer de la valeur d'une des inconnues en fonction de l'autre, à une valeur entièrement connue. L'obstacle pouvait sembler insurmontable : si on cherchait x, on l'obtenait en fonction de y; si on cherchait y, on l'avait en fonction de x; c'était comme un cercle de solutions inutiles dont il devait paraître impossible de sortir. Ce fut donc une idée tout à fait heureuse de substituer dans la seconde équation la fonction déduite de la première, ou de comparer entre elles deux valeurs d'une même inconnue. Les deux équations se trouvaient ainsi combinées entre elles, de telle manière que la condition exprimée dans l'une était introduite dans l'autre; en même temps cette seconde équation perdait une de ses inconnues, et sa résolution ne dépendait plus que de la règle très-simple des équations à une seule inconnue; une substitution facile à exécuter devait compléter l'opération. Il y a dans tout ceci un art qui n'a point échappé à nos jeunes lecteurs.

(*) Nous ne ferons que signaler ici une troisième méthode élémentaire appelée méthode *par réduction*, et qu'il suffira de savoir distinguer, si on la trouve quelque fois employée dans des applications de l'algèbre. D'après cette méthode, pour éliminer une inconnue entre deux équations ramenées d'avance à la forme la plus simple, on multiplie chacune des deux équations par le coefficient du terme qui contient cette inconnue dans l'autre, puis on additionne les deux équations, membre à membre, ou on soustrait l'une des équations de l'autre, suivant que les deux termes qui contiennent l'inconnue, dans les deux équations, ont des signes contraires ou des signes semblables.

202. Équations générales à deux inconnues. — Application des formules.

Les équations $\begin{cases} ax + by = c, & [1] \\ a'x + b'y = c', & [2] \end{cases}$

résolues précédemment (ex. VII), peuvent être considérées comme représentant d'une manière générale deux équations quelconques à deux inconnues, si on suppose ces dernières équations ramenées à la forme la plus simple par la suppression des parenthèses, l'évanouissement des dénominateurs, une transposition convenable des termes et la réduction des termes semblables. Les valeurs de x et de y, que nous avons tirées de ces équations générales et que nous rappelons ici,

$$x = \frac{cb' - bc'}{ab' - ba'},$$
$$y = \frac{ac' - ca'}{ab' - ba'},$$

pourront donc servir à calculer directement les valeurs particulières des mêmes lettres dans chaque système d'équations à deux inconnues, de la même manière qu'au chapitre IV des formules tirées d'équations à une seule inconnue, nous ont servi à résoudre des équations semblables à celles qui les avaient fournies.

203. — Soient par exemple les équations du 4e exemple ci-dessus, ramenées à cette forme simple :

$$\begin{cases} 4x + y = 20, & [1] \\ 3x + 3y = 33. & [2] \end{cases}$$

En les comparant aux équations générales, il faudra supposer dans celles-ci $a=4$, $a'=3$, $b=1$, $b'=3$, $c=20$, $c'=33$; d'où il suit qu'en appliquant les formules on aura :

$$x = \frac{20.3 - 1.33}{4.3 - 1.3} = \frac{27}{9} = 3,$$
$$y = \frac{4.33 - 20.3}{4.3 - 1.3} = \frac{72}{9} = 8.$$

204. Remarque. — Les équations générales à deux inconnues serviraient également bien à résoudre des équations dont les coefficients et les termes connus seraient *négatifs;* mais ce n'est qu'au chapitre suivant que nous serons en état de faire cette application et de voir ainsi à quel degré de généralité l'algèbre peut atteindre.

205. De l'élégance dans les formules. — Nous ne quitterons pas pour le moment le sujet des généralisations algébriques sans faire remarquer, dans les deux formules dont nous venons de nous occuper, une certaine régularité, une certaine symétrie, unie à la plus grande simplicité qu'il était possible de leur donner. Ces qualités, que les algébristes cherchent habituellement à mettre dans leurs résultats, constituent ce qu'on appelle l'*élégance* des formules. En changeant arbitrairement, dans celles dont nous parlons, l'arrangement des lettres, l'ordre et les signes des termes, de manière toutefois à ne pas altérer la valeur des expressions, on aurait bien des formules équivalentes, et qui rempliraient le même but, mais qui ne présenteraient pas cette simplicité élégante dont le lecteur attentif ne saurait méconnaître l'utilité : elle facilite la lecture, aide la mémoire, et quelquefois n'est pas sans influence sur la rapidité des calculs.

206. Règle pour résoudre trois équations à trois inconnues, x, y, z, par la méthode de substitution.

1° *On calcule dans la première équation la valeur de* x *en fonction de* y *et de* z; *on substitue cette valeur à* x *dans les deux autres équations : on obtient ainsi deux équations à deux inconnues* y, z.

2° *On cherche dans une de ces deux équations la valeur de* y *en fonction de* z, *et on substitue cette valeur à* y *dans la dernière équation; on a ainsi une seule équation à une seule inconnue* z.

3° *On résout cette équation, et elle donne la valeur de* z.

4° *On porte la valeur connue de* z *dans celle trouvée précédemment pour* y, *puis on porte de même les valeurs entière-*

ment connues de y *et de* z *dans la valeur de* x*; on fait dans ces valeurs les opérations indiquées par les signes, et on simplifie s'il y a lieu.*

207. Remarque I.—Il arrive souvent que toutes les inconnues n'entrent pas à la fois dans toutes les équations : dans ce cas, il y a moins de substitutions à faire ; mais cela ne change d'ailleurs rien à la méthode. Voy. le 2e ex., no 212.

208. Remarque II.— Il est très-important, lorsqu'on a à traiter plus de deux équations surtout, de ne pas omettre d'y simplifier chaque membre et chaque terme, à mesure que quelque complication s'y introduit.

209. Règle générale pour résoudre un nombre quelconque d'équations présentant un même nombre d'inconnues. — *Pour résoudre en général plusieurs équations à plusieurs inconnues, on cherche la valeur d'une des inconnues en fonction des autres, dans une des équations; en substituant cette valeur à la place de cette inconnue dans les autres équations, on a une équation et une inconnue de moins. En répétant plusieurs fois la même opération sur les nouvelles équations, les inconnues sont éliminées successivement, et on arrive à n'avoir plus qu'une seule équation à une seule inconnue. La valeur de cette dernière inconnue étant trouvée, fait ensuite connaître celles de toutes les autres, comme dans le cas de trois équations à trois inconnues.*

210. Remarque I. — On voit que, dans la résolution de plusieurs équations à plusieurs inconnues, soit par exemple cinq, tout l'artifice consiste à ramener par voie de substitution le cas de cinq inconnues à celui de quatre, le cas de quatre inconnues à celui de trois, le cas de trois inconnues à celui de deux, enfin le cas de deux inconnues à celui d'une seule. Dix équations à dix inconnues seraient de même réduites successivement à neuf, huit, sept..... équations à neuf, huit, sept..... inconnues. Le calcul serait long, mais non difficile.

211. Remarque II.— Il n'y a rien de particulier à dire

sur la résolution d'un nombre quelconque d'équations littérales présentant un même nombre d'inconnues : les deux règles précédentes s'y appliquent exactement comme à la résolution des équations numériques. Cependant, comme le calcul d'un système de trois ou de quatre de ces sortes d'équations devient pénible sans pouvoir généralement offrir assez d'intérêt, nous ne donnerons qu'un exemple très-simple de trois équations littérales à trois inconnues, nous bornant ensuite, pour un plus grand nombre d'équations, au cas des équations numériques.

212. Exemples d'équations à trois et à quatre inconnues. — Exemple 1.

A résoudre :
$$\left.\begin{cases} 2x+\dfrac{z}{2}=2y, & [1] \\ z-y=x-1, & [2] \\ 5x-y-z=3. & [3] \end{cases}\right\} \text{Trois équations à trois inconnues.}$$

(1°) Calcul de la valeur de x en fonction de y et de z :

$$4x+z=4y, \qquad [1]$$
$$x=\frac{4y-z}{4}.$$

Substitution de cette valeur :

$$\left.\begin{aligned} z-y&=\frac{4y-z}{4}-1, & [2] \\ 5\left(\frac{4y-z}{4}\right)&-y-z=3. & [3] \end{aligned}\right\} \text{Deux équations à deux inconnues.}$$

(2°) Calcul de la valeur de y en fonction de z :

$$4z-4y=4y-z-4, \qquad [2]$$
$$y=\frac{5z+4}{8}.$$

Simplification :

$$20y-5z-4y-4z=12, \qquad [3]$$
$$16y-9z=12.$$

Substitution de la valeur de y :

$$16\left(\frac{5z+4}{8}\right)-9z=12. \Big\} \text{ Une seule équation.}$$

(3°) Valeur de z :

$$z = 4.$$

(4°) Substitution : $\begin{cases} y = \dfrac{6 \times 4 + 4}{8} = 3. & [2] \\ x = \dfrac{4 \times 3 - 4}{4} = 2. & [1] \end{cases}$ Valeurs des trois inconnues.

Vérification :

$$6 = 6\ [1],\quad 1 = 1\ [2],\quad 3 = 3\ [3].$$

EXEMPLE II.

A résoudre : $\begin{cases} x + y = 10, & [1] \\ x + z = 19, & [2] \\ y + z = 23. & [3] \end{cases}$ Trois équations à trois inconnues.

(1°) Valeur de x :

$$x = 10 - y. \qquad [1]$$

Substitution :

$\begin{cases} 10 - y + z = 19, & [2] \\ y + z = 23. & [3] \end{cases}$ Deux équations à deux inconnues.

(2°) Valeur de y :

$$y = z - 9. \qquad [2]$$

Substitution :

$z + z - 9 = 23.$ [3] | Une seule équation.

(3°) Valeur de z :

$$z = 16.$$

(4°) Substitution : $\begin{cases} y = 16 - 9 = 7. & [2] \\ x = 10 - 7 = 3. & [1] \end{cases}$ Valeurs des trois inconnues.

Vérification :

$$10 = 10\ [1],\quad 19 = 19\ [2],\quad 23 = 23\ [3].$$

EXEMPLE III. (Équations littérales semblables aux équations numériques de l'exemple précédent).

A résoudre : $\begin{cases} x + y = a, & [1] \\ x + z = b, & [2[\\ y + z = c. & [3] \end{cases}$ Trois équations à trois inconnues.

(1°) $x = a - y$. [1]

$a - y + z = b$, [2] } Deux équations
$y + z = c$. [3] } à deux inconnues.

(2°) $y = z + a - b$. [2]

$z + a - b + z = c$. [3] | Une seule équation.

(3°) $z = \dfrac{b+c-a}{2}$.

(4°) $y = \dfrac{b+c-a}{2} + a - b = \dfrac{a+c-b}{2}$. [2]

$x = a - \dfrac{a+c-b}{2} = \dfrac{a+b-c}{2}$. [1]

} Valeurs des trois inconnues.

On pourra *vérifier* ces trois valeurs de x, y, z en résolvant par leur moyen les équations de l'exemple II.

EXEMPLE IV.

A résoudre :

$x + y + z + v = 14$, [1]
$2x + y = 2z + v - 2$, [2]
$3x - y + 2z + 2v = 19$, [3]
$\dfrac{x}{3} + \dfrac{y}{4} + \dfrac{z}{5} + \dfrac{v}{2} = 4$. [4]

} Quatre équations à quatre inconnues.

1° Valeur de x en fonction de y, z, v :

$x = 14 - y \quad z - v$. [1]

Substitution et simplification :

$y + 4z + 3v = 30$, [2]
$4y + z + v = 23$, [3]
$5y + 8z - 10v = 40$. [4]

} Trois équations à trois inconnues.

2° Valeur de y en fonction de z, v :

$y = 30 - 4z - 3v$. [2]

Substitution et simplification :

$15z + 11v = 97$, [3]
$12z + 25v = 110$. [4]

} Deux équations à deux inconnues.

3° Valeur de z en fonction de v :

$$z = \frac{97 = 11v}{15}. \qquad [3]$$

Substitution :

$$12\left(\frac{97 - 11v}{15}\right) + 25v = 110. \qquad [4] \Big\}\ \text{Une seule équation.}$$

4° Valeur de v :

$$v = 2.$$

$$\text{Substitution :} \begin{cases} z = \dfrac{97 - 11.2}{15} = 5. & [3] \\ y = 30 - 4.5 - 3.2 = 4. & [2] \\ x = 14 - 4 - 5 - 2 = 3. & [1] \end{cases} \quad \left.\right\} \text{Valeurs des quatre inconnues.}$$

Vérification :

$$14 = 14\,[1],\ 10 = 10\,[2],\ 19 = 19\,[3],\ 4 = 4\,[4].$$

213. Remarque. — Les différentes méthodes d'élimination applicables à un système de deux équations à deux inconnues, le sont aussi à des systèmes d'un nombre quelconque d'équations renfermant un même nombre d'inconnues. Mais, comme la méthode par substitution suffit toujours, et que les problèmes à un grand nombre d'inconnues se présentent beaucoup moins souvent que les problèmes plus simples, il y aurait moins d'intérêt à étudier ici plusieurs méthodes.

214. Résolution des problèmes du 1er degré à plusieurs inconnues. Méthode pour mettre ces problèmes en équation. — Pour mettre en équation un problème à plusieurs inconnues, on suit la même méthode que pour les problèmes à une inconnue. Il faut remarquer seulement que, les inconnues devant remplir ensemble plusieurs conditions, chacune de ces conditions étant exprimée algébriquement fournit une équation.

215. Voici, d'ailleurs, la règle à suivre, d'après Bezout :

« Représentez les quantités cherchées, chacune par une lettre; et ayant examiné avec attention l'état de la question, faites, à l'aide des signes algébriques, sur ces quantités et les quantités connues, les mêmes opérations et les mêmes raisonnements que vous feriez si, connaissant les valeurs des inconnues, vous vouliez les vérifier. »

216. Exemples de problèmes à plusieurs inconnues.

EXEMPLE I. — *Problème.* — Trouver deux nombres tels, que le double du premier plus la moitié du second égalent 10, et que les $\frac{3}{11}$ de la somme des deux nombres, plus 4, égalent 7.

Solution. — D'après l'énoncé, les deux nombres cherchés doivent satisfaire à deux conditions : 1° que le double du premier plus la moitié du second égalent 10; 2° que les $\frac{3}{11}$ de la somme des deux nombres, plus 4, égalent 7; or, en appelant x le premier nombre, y le second, on aura pour ces deux conditions :

$$2x + \frac{y}{2} = 10,$$

$$\frac{3}{11}(x + y) + 4 = 7.$$

Ces deux équations étant résolues donnent la solution :

$$x = 3, \ y = 8.$$

EXEMPLE II. — *Problème.* — Deux banquiers font le relevé de leur caisse : l'un d'eux possède le triple de l'autre, et à eux deux ils ont 60,000 fr. Combien chacun a-t-il en caisse? (Problème déjà traité (chapitre V) comme étant à une seule inconnue. *Voy.* ex. IX, page 107.)

Solution.—Si l'on appelle x l'avoir de l'un des banquiers (du premier), et y l'avoir de l'autre, on écrira algébriquement les deux conditions exprimées dans l'énoncé, de cette manière :

$$x = 3y,$$

$$x + y = 60000.$$

En résolvant, il vient :

$$x = 45000, \ y = 15000.$$

Exemple III. — *Problème.* — Trouver deux nombres dont on connaît la somme s et la différence d. (Problème déjà traité, comme le précédent, au chap. V; voy. ex. XI, p. 108).

Les deux équations :

$$x + y = s,$$
$$x - y = d,$$

répondent à la question; elles ont été résolues précédemment (n° 198, ex. II); on a trouvé :

$$x = \frac{s + d}{2},$$

$$y = \frac{s - d}{2}.$$

Exemple IV. — *Problème.* — Il y a 400 fr. dans ces deux bourses : si vous preniez 50 fr. dans la première pour les mettre dans la seconde, il y aurait la même somme dans les deux. Combien y a-t-il dans chaque bourse?

Solution. — Soient x et y les sommes contenues dans les deux bourses : si l'on tire 50 fr. de la première, elle deviendra $x - 50$; la seconde, augmentée de ces 50 fr., deviendra $y + 50$. De là ces deux équations :

$$x + y = 400,$$
$$x - 50 = y + 50.$$

En résolvant, on trouve :

$$x = 250, \quad y = 150.$$

Exemple V. — *Problème.* — On a trois sacs d'argent : si l'on tire 40 fr. du premier et qu'on les mette dans le second, il y aura dans celui-ci 3 fois $\frac{1}{8}$ autant d'argent qu'il en reste dans le premier; si l'on prend 200 fr. dans le second et qu'on les mette dans le troisième, celui-ci contiendra alors 3 fois $\frac{1}{13}$ autant d'argent qu'il en reste dans le second; mais si l'on prend 40 fr. dans le troisième, et qu'on les mette dans le premier, il restera dans le troisième 2 fois $\frac{1}{3}$ autant d'argent qu'il y en aura alors dans le premier. Combien y a-t-il d'argent dans chaque sac?

Solution.— Soient x, y, z, les trois sacs d'argent, on aura les trois équations :

$$(x-40)\,3\,\frac{1}{8} = y + 40,$$

$$(y-200)\,3\,\frac{1}{13} = z + 200,$$

$$z - 40 = (x+40)\,2\,\frac{1}{3}.$$

D'où l'on tire :

$$x = 200,\ y = 460,\ z = 600.$$

Exemple VI. — *Problème.* — On fait imprimer un livre dont chaque page contient un nombre déterminé de lignes, et chaque ligne un nombre déterminé de lettres : si la page contenait 5 lignes de plus, et chacune des lignes 6 lettres de plus, le nombre des lettres de la page serait augmenté de 434; mais si l'on mettait 3 lignes de moins à la page, et 7 lettres de moins à la ligne, la page aurait 337 lettres de moins. On demande le nombre de lignes de chaque page et le nombre de lettres de chaque ligne?

Solution. — On obtient le nombre des lettres d'une page d'impression en multipliant le nombre des lignes de la page par le nombre des lettres de chaque ligne : par conséquent, si on appelle x et y les deux nombres demandés dans la question (x le nombre de lignes de chaque page et y le nombre de lettres de chaque ligne), le produit xy représentera le nombre actuel des lettres de chaque page; d'un autre côté, $x+5$ étant le nombre des lignes de la page augmenté de 5, et $y+6$ le nombre des lettres de la ligne augmenté de 6, le produit $(x+5)\times(y+6)$ représentera, pour ce cas, le nombre des lettres de toute la page; $x-3$ étant de même le nombre des lignes de la page diminué de 3, et $y-7$ le nombre des lettres de la ligne diminué de 7, le produit $(x-3)\times(y-7)$ sera, pour ce second cas, le nombre des lettres de toute la page. D'après cela, on aura les deux équations suivantes :

$$(x+5)\ (y+6)=xy+434,$$
$$(x-3)\ (y-7)=xy-337.$$

Nous ferons remarquer que ces deux équations présentent au second membre un terme du second degré, xy; mais si l'on effectue les multiplications indiquées dans les deux premiers membres, on aura xy parmi les termes de chaque produit, de sorte que les deux équations présenteront le même terme xy dans chacun de leurs membres; on pourra donc effacer ce terme (nº 164), et les deux équations seront ramenées au premier degré. Elles auront alors cette forme :

$$6x+5y+30=434,$$
$$-7x-3y+21=-337,\quad \text{ou}\quad 7x+3y-21=337.$$

En les résolvant, on trouve :

$$x=34,\ y=40.$$

Exemple VII. — *Problème.* — On raconte que Hiéron, roi de Syracuse, donna à un orfévre 20 livres d'or pour en faire une couronne : l'ouvrage se trouva d'un poids égal à celui de l'or qui avait été fourni, ce qui n'empêcha pas de suspecter la probité de l'ouvrier. Hiéron proposa donc de découvrir, sans endommager la couronne, s'il n'y avait point d'argent allié à l'or, et, supposé qu'il y en eût, quelle était la quantité d'or et d'argent composant la couronne?

Solution. — Ce problème fut résolu par le célèbre Archimède, et la solution qu'il trouva fut confirmée par l'aveu de l'orfévre. Pour le résoudre nous-mêmes, nous ferons usage de ce principe de physique dû au fameux géomètre : *Tout corps plongé dans un liquide perd une partie de son poids égale au poids du liquide qu'il déplace.*

Supposons la couronne pesée d'abord dans l'air, puis dans l'eau. L'or pesant plus que l'argent, si la couronne était d'or pur, elle serait *moins volumineuse* que si elle était d'or et d'argent, et par conséquent, d'après le principe précédent, étant plongée dans l'eau, *elle perdrait moins* de son poids. La diminution du poids de la couronne dans l'eau dépend donc de la nature des métaux employés à la faire; par conséquent, on pourra, connaissant cette diminution, en conclure si la couronne était d'or pur; on pourra même, dans le cas d'alliage d'or et d'argent, calculer, et c'est là l'objet de la question, la quantité d'or et la quantité d'argent. Pour cela, sachant déjà que la couronne de Hiéron pesait 20 livres, il suffira de savoir en outre qu'elle perdait 1 livre $\frac{1}{4}$ dans l'eau, et qu'en général l'or perd dans l'eau $\frac{1}{19}$ de son poids, et l'argent $\frac{1}{10}$; car, d'après ces données, si l'on appelle x la quantité d'or et y la quantité d'argent composant la couronne, $\frac{1}{19}x$ et $\frac{1}{10}y$ seront, en livres, les pertes de poids de ces deux métaux, et on aura les deux équations :

$$x + y = 20,$$
$$\frac{1}{19}x + \frac{1}{10}y = 1\frac{1}{4}.$$

En résolvant, on trouve $x = 15\frac{5}{6}$ et $y = 4\frac{1}{6}$. — Si, au lieu des fractions $\frac{1}{19}$ et $\frac{1}{10}$, on écrivait dans la seconde équation celles-ci plus exactes $\frac{1}{19,26}$ et $\frac{1}{10,47}$, on trouverait $x=15,15$ et $y=4,85$. L'orfévre avait donc remplacé environ 5 livres d'or par autant de livres d'argent.

EXEMPLE VIII. Le problème de l'exemple XXVII du chapitre V considéré comme un problème à trois inconnues.

Solution. — Pour suivre, dans la nouvelle résolution de

ce problème, la même notation qu'au chapitre V, nous appellerons x la 3e partie; nous désignerons en même temps par y la 2e, et par z la 1re. Nous aurons alors ces trois équations :

$$x+y+z=a,$$
$$\frac{z}{y}=\frac{m}{n},$$
$$\frac{y}{x}=\frac{r}{s}.$$

Elles donnent les trois formules :

$$x=\frac{ans}{mr+nr+ns},$$
$$y=\frac{anr}{mr+nr+ns},$$
$$z=\frac{amr}{mr+nr+ns}.$$

Addition au n° 198, p. 136.

EXEMPLE III bis. — *Deux équations numériques.*

$$x-y=5, \quad [1]$$
$$5y-2x=35. \quad [2]$$

(1°) Calcul de x en fonction de y : [1]

$$x=y+5;$$

(2°) Substitution :

$$5y-2(y+5)=35; \quad [2]$$

(3°) Calcul de la valeur de y :

$$5y-2y-10=35,$$
$$y=15;$$

(4°) Substitution; valeur de x : [1]

$$x=15+5=20.$$

Vérification :

$$20-5=15, \text{ ou } 15=15, \quad [1]$$
$$75-40=35. \text{ ou } 35=35. \quad [2]$$

RÉSUMÉ DU CHAPITRE VI.

Règle pour résoudre deux équations à deux inconnues x *et* y ; *élimination par substitution.* — 1° On tire de l'une des équations la valeur de l'inconnue x en fonction de y ; 2° on porte ou on *substitue* cette valeur à la place de x dans la seconde équation, simplifiée s'il y a lieu ; l'inconnue x est ainsi *éliminée* ; 3° on résout cette seconde équation, et on a ainsi la valeur de y ; 4° on substitue cette valeur de y dans la valeur de x obtenue précédemment, et on connaît ainsi la valeur de x. Dans la résolution des équations littérales, il est souvent préférable de substituer en dernier lieu la valeur de y dans l'une des deux équations proposées. (Voyez les exemples I, II, III, V et VII du n° 198). (194-198.)

Il existe plusieurs méthodes pour l'élimination des inconnues. Mais la méthode par substitution est la plus habituellement suivie ; elle suffit pour tous les cas, soit pour deux équations à deux inconnues, soit pour un plus grand nombre d'équations. (199, 200, 213).

Les équations générales $ax+by=c$, $a'x+b'y=c'$, représentent tous les systèmes d'équations à deux inconnues, ramenées à la forme la plus simple qu'il soit possible de leur donner. Les formules qu'on en tire et qu'on lit à la page 140, peuvent donc servir à trouver immédiatement la valeur des inconnues dans un système de deux équations numériques quelconques. Il suffit pour cela de substituer aux lettres a, a', b, b', c, c', dans les formules, les nombres qui tiennent la place de ces lettres dans chaque système d'équations. (202-204.)

Règle pour résoudre trois équations à trois inconnues x, y, z. — 1° On prend dans la première équation la valeur de x en fonction de y et de z ; on la substitue à x dans les deux autres équations ; 2° dans une de ces deux équations on prend la valeur de y en fonction de z, et on la substitue à y dans la troisième équation ; 3° cette équation donne la valeur de z ; 4° on porte la valeur connue de z dans la valeur précédente de y, et on porte de même les valeurs entièrement connues de y et de z dans la valeur précédente de x. (Voir les exemples I et II du n° 212). (206-208).

Règle générale pour résoudre plusieurs équations à plusieurs inconnues. — En général pour résoudre plusieurs équations à plusieurs inconnues, on cherche la valeur d'une des inconnues en fonction des autres, dans une des équations. En substituant cette valeur à la place de cette inconnue dans les autres équations, on a une équation et une inconnue de moins. En répétant la même opération sur les nouvelles équations, les inconnues sont éliminées successivement et on arrive à n'avoir plus qu'une seule équation à une seule inconnue; la valeur de cette dernière inconnue étant trouvée, fait ensuite connaître toutes les autres. (Voyez l'ex. IV du n° 212). (209-212).

Pour *mettre en équation* un problème à plusieurs inconnues, on suit la même règle que pour les problèmes à une seule inconnue : l'énoncé de la question renferme ordinairement autant de conditions que d'inconnues; chacune s'exprime algébriquement par une équation. (Voyez le Ier exemple du n° 216). (214-216.)

EXERCICES

sur les équations et les problèmes à plusieurs inconnues.

I. — ÉQUATIONS A DEUX INCONNUES. (Nos 194-198)

1. $x+5=y+1$; $x+y=12$. [1er Ex.]
2. $3x-y=x$; $y=x+15$.
3. $3,5x+2,3y=209$; $x-y=10$.
4. $4x-3y=105$; $2y=x+30$.
5. $\frac{x}{2,5}+\frac{y}{2,5}=23,2$; $x-\frac{y}{2}=10$.
6. $x+a=y+b$; $x+y=c$. [2]
7. $ax+by=c$; $x-y=d$.
8. $ad-y=x$; $by=x-ab$.
9. $bx=y-a$; $by=x+c$.
10. $x-8=y-2$; $y=28-x$. [3]
11. $x+2y=70$; $y-x=5$.

12. $x - y = 30$; $\frac{x + y}{5} + 50 = 2y + x$.

13. $3y - x = 80$; $2(x - 3) - 18 = 96 - y - x$.

14. $(y - 3)4 = x + 19$; $\frac{2(x + 3)}{6} + x - 2 = \frac{2y}{5} + 7$.

15. $x + 2y = 92$; $6y + 16 - 5x = 20$. [3 *bis*, p. 154]

16. $y - x = 9$; $7x = \frac{3y}{2} + x + 54$.

17. $x - a = y - b$; $y = c - x$. [2-3 *bis*]

18. $x + ay = b$; $y - x = c$.

19. $x + ay = b$; $cx + c = dy$.

20. $y - x = a$; $bx = \frac{cy}{d} + e$.

21. $x - by = c$; $dx - cy = f$.

22. $2x - 3y = 16$; $5x - 3y = 148$. [4]

23. $\frac{x}{2} + \frac{y}{3} = 16$; $2y - 2x = x + 12$.

24. $\frac{y}{5} + \frac{x}{2} - 8 = 10$; $2x - y = 9$.

25. $2(y - x) = \frac{y}{10} + 42{,}2$; $5x - y = 2x + 7$.

26. $3x + 2y = 164$; $\frac{x}{2} + \frac{y}{7} = 14$. [5, 6]

27. $\frac{x}{2} - \frac{y}{3} = 5$; $\frac{x + y}{5} = y - 4$.

28. $4(x - 10) - \frac{y}{3} = 62$; $\frac{3(x - 20)}{8} + y = 33$.

29. $4x + 2y = 128$; $\frac{6(x + y)}{5} - y = 24$.

30. $\frac{(x - y)\frac{3}{4}}{2} + 3x = 78$; $\frac{x + y}{2} \cdot 3 + 2x = 6y + 48$.

31. $\frac{x + y}{2} \cdot \frac{3}{8} + \frac{x}{5} = \frac{y}{3} + 3$; $\frac{2x - 5}{x + \frac{y}{3}} = \frac{5}{4}$.

32. $ax + \frac{y}{b} = c;\quad bx - cy = d.$ [2-7]

33. $ax - y = d;\quad \frac{x}{a} + \frac{x}{b} = y + c.$

34. $\frac{1}{a} + \frac{1}{b} = x - y;\quad cx + dy = a.$

35. $ax + by = c;\quad \frac{(a+b)x}{d} = y - a.$

36. $ag + bh = c;\quad ah = bg.$ (Inconnues : a et b.)

37. $bcg + eh = a;\quad ag - ch = b.$ (Id.)

38, 39. Résoudre les équations des deux exercices précédents en prenant g et h pour inconnues.

II. — ÉQUATIONS A TROIS ET A QUATRE INCONNUES. (Nos 206-212)

40. $x + y + z = 48;\quad 2x - y + z = 50;\quad x - y - z = 8.$ [Ier Ex.]

41. $z - y = x;\quad 2y - 4 = x + z;\quad \frac{y}{2} + x = \frac{z}{2} + 4.$

42. $2x + 3y + 4z = 25;\quad x + y + z = 9;\quad x + z = 2y.$

43. $\frac{x+y+z}{3} = y;\quad \frac{x+y}{3} + 7 = z;\quad x + y - z = \frac{z}{4}.$

44. $2x - y = 4;\quad x - 1 = \frac{z}{2};\quad z + y = 18.$ [2]

45. $2x + 3y = 112;\quad x + 2z = 84;\quad 2y + z = 80.$

46. $x = 2y;\quad z = y - 5;\quad \frac{x}{2} + \frac{y}{2} + z = 70.$

47. $x + z = y;\quad z = \frac{y}{3};\quad x + y + z = 48.$

48. $x + y = a;\quad x + z = b;\quad y + z = c.$ [3]

49. $ax - y = b;\quad x - 1 = \frac{z}{c};\quad z - y = d.$

50. $x + y + v = 22;\quad z - y + v = 16;\quad z - x + v = 18;$
$x + y + z = 20.$ [4]

51. $x + y = z + 1;\quad x + v = z;\quad 2x + v = 4y;$
$x + y + z = 8v - 1.$

III. — PROBLÈMES A PLUSIEURS INCONNUES. (Nos 214-216)

52. On a deux nombres tels que le double du premier plus le second égalent 91, et que le double du second plus le premier égalent 101. Quels sont ces deux nombres?

53. J'ai pensé deux nombres : en ajoutant le second au tiers du premier j'ai obtenu 17; en ajoutant le premier au tiers du second j'ai obtenu 11. Quels nombres ai-je pensés?

54. Trouver deux nombres tels que le premier plus la moitié du second égalent 19, et que le second plus la moitié du premier égalent 23.

55. Trouver deux nombres tels qu'en additionnant le double du premier et le triple du second on ait pour somme 330, et qu'en additionnant le triple du premier et le double du second on ait pour somme 320.

56. J'ai pensé deux nombres : en retranchant du premier la moitié du second j'ai obtenu pour reste 30; j'ai obtenu le même reste en retranchant du second le cinquième du premier. Quels nombres ai-je pensés?

57. Trouver deux nombres tels que le quart du premier plus la moitié du second égalent 13, et que le tiers du premier, plus le cinquième du second égalent 8.

58. On demandait à quelqu'un son âge et celui de son père; l'âge de mon père et le mien réunis, répondit-il, font 72 ans, et la différence de nos deux âges égale le tiers de l'âge de mon père, plus 13. Quel était l'âge de chacun?

59. Deux voyageurs ont parcouru en un jour des chemins différents : si de la moitié du chemin parcouru par le premier, on retranche le cinquième du chemin parcouru par le second, il reste 17 kilomètres, mais, si du triple du premier chemin on retranche le double du second, il reste 90 kilomètres. Dites le chemin parcouru par chacun des deux voyageurs.

60. On demandait à un marchand combien il avait payé une marchandise et combien il l'avait vendue : l'excès du tiers du prix d'achat sur le septième du prix de vente, répondit-il, égale le sixième du prix d'achat; et l'excès du prix d'achat sur la moitié du prix de vente égale 5. Dites le prix d'achat et le prix de vente.

61. En additionnant les deux cinquièmes d'un nombre avec trois fois la moitié d'un autre on trouve pour somme 53, mais

on ne trouve que 37 si on additionne cinq fois le quart du premier nombre avec les six quinzièmes du second. Quels sont ces deux nombres?

62. On demandait à quelqu'un combien il avait d'argent dans sa bourse? Je viens de payer une dette, répondit-il; or, je trouve que la moitié de la différence entre ce que j'avais auparavant et ce que j'ai maintenant est de 15 francs, et que d'un autre côté, si j'additionne la moitié de ce que j'ai avec le cinquième de ce que j'avais, la somme est précisément égale à ce que j'ai. Combien y avait-il d'argent dans la bourse avant et après le payement de la dette?

63. J'ai deux sommes d'argent à distribuer aux pauvres : en retranchant le quart de la seconde de la moitié de la première et triplant la différence, j'ai un produit égal à la première; mais en retranchant de la seconde le tiers de la première et doublant la différence, il s'en faut de 20 francs que le produit égale la première somme. Dites quelles sont les deux sommes d'argent.

64. Deux élèves de mathématiques comparent leurs bourses : ils trouvent que ce qu'il y a dans l'une surpasse de 2 francs la moitié de ce qu'il y a dans l'autre, et qu'en prenant 9 fois le cinquième de l'excès de la seconde bourse sur la première, il s'en faut de 4 fr. 65 c. que le produit égale la seconde bourse. Combien y a-t-il dans les deux bourses?

65. Pierre et Jean ayant ensemble 284 francs, Pierre a dépensé la moitié de ce qu'il avait, et Jean le cinquième, et leur dépense totale a été de 112 francs. On demande combien ils avaient chacun.

66. Trouver deux nombres, sachant que le plus petit est le tiers du plus grand, et que si l'on ôte le plus petit de 16 et le plus grand de 30, les restes sont égaux.

67. On employait à un certain ouvrage des terrassiers et des maçons avec lesquels on était convenu de prix différents : une première semaine, pour récompenser leur travail, on donna, outre les prix convenus, aux terrassiers une gratification d'un tiers et aux maçons une gratification d'un quart, ce qui revint à une gratification totale de 50 fr.; une seconde semaine, on donna aux terrassiers une nouvelle gratification, égale cette fois à la moitié du prix convenu avec eux, mais on fit aux maçons une retenue d'un cinquième, de sorte qu'on n'eut à payer, cette seconde semaine, qu'un excès de 29 fr. sur le total des prix convenus. Quels étaient les prix convenus, pour chaque semaine, avec les terrassiers et avec les maçons?

68. J'ai pensé deux nombres : en prenant le double du premier,

retranchant la moitié du second, et multipliant la différence par 3, j'obtiens 5 fois la moitié du second, plus le quart du premier; en additionnant, d'un autre côté, la seizième partie du premier et la vingt-troisième partie du second, et multipliant la somme par 10, j'obtiens un produit qui surpasse de 33 l'excès de la moitié du second nombre sur la moitié du premier. Quels nombres ai-je pensés?

69. Trouver deux nombres tels que le triple du premier, plus le quadruple du second égalent 251, et que le double du premier, plus le quintuple du second égalent 270.

70. Trouver en général deux nombres tels que le triple du premier, plus le quadruple du second égalent a, et que le double du premier, plus le quintuple du second égalent b. — Appliquer la solution de ce problème général au cas particulier du problème précédent.

71. On a acheté pour 308 fr. 10 hectolitres d'une première espèce de froment et 6 hectolitres d'une deuxième; une autre fois on a donné 250 fr. pour 8 hectolitres de la première espèce et 5 hectolitres de la seconde. Quel était le prix de chaque espèce?

72. Un homme a deux espèces de monnaie : 8 pièces de la première avec 5 pièces de la seconde font 41 fr., et 3 pièces de la première avec 15 pièces de la seconde font 18 fr. On demande combien vaut chaque espèce de monnaie?

73, 74. Appliquer les formules générales des équations à deux inconnues (Voyez n° 202, p. 142) au calcul des inconnues dans les équations des deux problèmes précédents.

75, 76. Appliquer les mêmes formules générales à la résolution de deux autres problèmes semblables, les six nombres exprimés dans chacun des deux énoncés ci-dessus étant respectivement remplacés, pour le premier problème, par 14, 7, 343, 9, 11, 318, et, pour le second, par 18, 6, 192, 25, 15, 280.

77. Deux fontaines ont donné en tout 106 hectolitres d'eau, la première coulant pendant 10 heures et la seconde pendant 8 heures; une autre fois elles ont donné ensemble 43 hectolitres d'eau, en coulant, la première pendant 3 heures, et la seconde pendant 4 heures. On demande combien chaque fontaine fournit d'eau par heure.

78. Appliquer les formules générales à deux inconnues, à résoudre les équations d'un problème semblable, dans lequel on suppose deux fontaines versant une première fois 99 hectolitres d'eau, en coulant l'une pendant 19 heures et l'autre pendant 21 heures, et une seconde fois 73 hectolitres d'eau, en coulant l'une pendant 13 heures, et l'autre pendant 17 heures.

79. Une personne ayant rencontré des pauvres, voulut donner à chacun 40 centimes, mais elle trouva en comptant son argent qu'elle avait 7 fr. de moins qu'il ne fallait; c'est pourquoi elle donna seulement à chaque pauvre 30 centimes, et il lui resta 1 fr. On demande combien la personne avait d'argent et combien il y avait de pauvres.

80. Donner une solution générale du problème précédent en remplaçant les nombres 0,40, 7, 0,30, 1 par les lettres a, b, d, e. — Appliquer cette solution au cas particulier où à la place de ces mêmes nombres on aurait ceux-ci : 0,70, 10, 0,50, 8.

81. On veut composer avec deux espèces de blé, l'une à 22 fr. et l'autre à 23 fr. 50 l'hectolitre, un mélange de 100 hectolitres qu'on puisse vendre sans profit ni perte à 22 fr. 54 l'hectolitre. Combien devra-t-on mettre d'hectolitres de chaque espèce?

82. On veut composer avec deux espèces de blé, l'une à d francs et l'autre à d' l'hectolitre, un mélange de a hectolitres qu'on puisse vendre sans profit ni perte à c francs l'hectolitre : exprimer les nombres b et b' d'hectolitres de chaque espèce qui doivent entrer dans le mélange. — Appliquer la solution générale de ce problème au cas du problème précédent.

83. On a allié certaines quantités d'or et d'argent de manière à avoir un volume de 40 centimètres cubes pesant 684 grammes : on demande de trouver combien de centimètres cubes d'or et d'argent ont été alliés, sachant qu'un centimètre cube d'or pèse $19^{gr},3$ et un centimètre cube d'argent $10^{gr},5$.

84. Donner une solution générale du problème précédent, en appelant P le poids de l'alliage des deux métaux, V son volume, p, p' les poids d'un centimètre cube de chaque métal, et v, v' les volumes de chaque métal. — Appliquer cette solution générale au calcul de v et de v' dans le cas où l'on aurait $P = 1000^{gr.}$, $V = 120^{c.c.}$, $p = 7^{gr},19$, $p' = 8^{gr},85$. (Ces deux derniers nombres se rapportent au cas d'un alliage d'étain et de cuivre.)

85. 11 hectolitres d'un mélange d'eau de pluie et d'eau de mer pèsent $1120^{kg},8$; on sait que l'hectolitre d'eau de pluie pèse 100 kilogr., et l'hectolitre d'eau de mer $102^{kg},6$: on demande la quantité de chacune des deux eaux qui composent le mélange.

86. On cherche deux nombres x et z : on sait qu'ôtant 1 de z et l'ajoutant à x, alors x est double de z, et qu'ôtant 1 de x et l'ajoutant à z, alors x et z sont égaux. Quels sont ces deux nombres?

87. On demande à deux amis, Pierre et André, combien chacun d'eux a d'argent dans sa bourse : Pierre répond : si vous preniez 20 francs dans ma bourse pour les mettre dans celle d'André, nos deux bourses seraient égales; André dit à son tour : si vous preniez 30 francs dans ma bourse pour les mettre dans celle de Pierre, j'aurais alors 6 fois moins d'argent que lui. Combien chacun avait-il dans sa bourse?

88. On demandait à un marchand combien il avait vendu de mètres de drap, et à quel prix le mètre. Si j'en avais vendu, répondit-il, 10 mètres de plus à 4 fr. de moins le mètre, j'aurais retiré de ma vente 60 fr. de moins; mais si j'avais vendu 6 mètres de moins à 2 fr. de plus le mètre, ma vente ne m'aurait produit que 16 fr. de moins. Dites le nombre de mètres de drap vendus et le prix du mètre.

89. Un corps composé de deux métaux pèse dans l'air a kilogrammes; pesé dans l'eau il pèse d kilogrammes de moins : trouver quelles sont les quantités des deux métaux qui sont alliés dans ce corps, sachant en général que ces métaux, pesés séparément dans l'eau, perdent des parties de leurs poids exprimés par m et par n. — Appliquer la solution de ce problème général au cas particulier de la couronne de Hiéron (Exemple VII, p. 152.)

90. Trouver trois nombres tels que la somme des deux premiers égale le troisième, que l'excès du second sur le premier égale le tiers du troisième, et que la somme du premier et du dernier égale 16.

91. J'ai pensé trois nombres : leur somme égale le quadruple du premier, plus 5 ; l'excès du second sur le premier égale le quart du troisième, et l'excès du troisième sur le premier égale les deux tiers du second. Quels sont ces trois nombres?

92. Un professeur de mathématiques demande à trois de ses élèves, Charles, Henri et Alexandre, l'âge de chacun. Charles répond : si j'avais 4 ans de moins et Henri 5 ans de plus, nous aurions tous deux ensemble 30 ans; Henri dit à son tour : si j'avais 4 ans de plus et Alexandre 5 ans de moins, nous aurions aussi ensemble 30 ans; enfin Alexandre dit : si j'avais 3 ans de moins et Charles 1 an de plus, nous aurions ensemble 28 ans. Quel est l'âge de chacun?

93. On occupe à un certain ouvrage des terrassiers, des maçons et des charpentiers avec lesquels on est convenu d'un prix déterminé pour chaque journée de travail : la première semaine on a payé

165 fr. pour 50 journées de terrassier et 40 journées de maçon ; la seconde semaine, 105 pour 30 journées de terrassier et 20 journées de charpentier ; la troisième semaine, 86 fr. 25 pour 25 journées de maçon et 10 journées de charpentier. Quel est le prix de chaque journée des terrassiers, des maçons et des charpentiers ?

94. On a payé trois sommes d'argent avec des monnaies étrangères : la première fois, 113 fr. 50 avec 6 dollars d'or des États-Unis et 7 ducats d'Autriche ; la seconde fois, 72 fr. 70 avec 10 dollars des États-Unis et 4 douros d'Espagne ; la troisième fois enfin, 120 fr. 90 avec 8 ducats d'Autriche et 5 douros d'Espagne. Quelle est la valeur de chacune de ces trois monnaies ?

95. On a acheté trois espèces de blé : une première fois, 50 hectolitres de la première espèce, 30 hectolitres de la seconde et 40 hectolitres de la troisième, pour 2530 fr. ; une autre fois 15 hectolitres de la première espèce, 20 hectolitres de la seconde et 34 hectolitres de la troisième, pour 1430 fr. ; une dernière fois, 25 hectolitres de la première espèce, 100 hectolitres de la seconde et 5 hectolitres de la troisième, pour 2750 fr. Quel était le prix de l'hectolitre de chaque espèce ?

96. Un marchand achète trois chevaux : le prix du premier avec la moitié de celui des deux autres égale 865 fr. ; le prix du second avec le tiers de celui des deux autres égale 650 fr. ; le prix du troisième avec la moitié de celui des deux autres égale 835 fr. Quel est le prix de chaque cheval ?

97. Un homme qui s'est chargé de transporter des vases de porcelaine de trois grandeurs différentes, est convenu de payer pour chaque vase qu'il casserait, autant qu'il recevrait pour chaque vase qu'il rendrait en bon état. On lui donne d'abord 3 petits vases, 2 moyens et 11 grands ; il casse les moyens, rend tous les autres en bon état, et reçoit une somme de 32 fr. — On lui donne ensuite 8 petits vases, 5 moyens et 6 grands ; cette fois, il rend les petits et les moyens, mais il casse les 6 grands, et il ne reçoit rien. — Enfin, on lui remet 12 petits vases, 9 moyens et 15 grands ; il casse tous ces derniers, et se trouve en conséquence obligé de donner 15 fr. On demande le prix du transport d'un vase de chaque grandeur.

98. Trois fontaines coulant ensemble rempliraient un bassin en un certain temps ; la première et la deuxième n'en rempliraient dans le même temps que les deux tiers, la deuxième et la troisième que les cinq neuvièmes. On demande quelle partie du bassin chaque fontaine remplirait en coulant seule pendant le même temps ?

99. Généraliser la solution du problème précédent en remplaçant les fractions $\frac{2}{3}$ et $\frac{5}{9}$ par a et b. — Appliquer la solution générale au calcul des inconnues dans le cas du même problème.

100. On a loué trois ouvriers pour faire un certain ouvrage : le premier et le second, en un certain temps, en feraient à eux seuls les trois quarts; le second et le troisième les cinq huitièmes; le premier et le troisième la moitié. Quelle partie chaque ouvrier ferait-il en travaillant seul pendant le même temps? (On remarquera que nous n'avons pas supposé que les trois ouvriers travaillant ensemble pussent faire l'ouvrage entier dans ce même temps.)

101. Généraliser la solution du problème précédent, en remplaçant les fractions $\frac{3}{4}$, $\frac{5}{8}$, $\frac{1}{2}$ par a, b, c. — Appliquer la solution générale au calcul des inconnues dans le cas du même problème.

CHAPITRE VII.

Examen de diverses solutions auxquelles peuvent donner lieu les problèmes. Calcul des quantités négatives.

217*. Les équations et les problèmes traités dans les chapitres précédents nous ont fourni des résultats positifs faciles à interpréter, mais il n'arrive pas toujours que les solutions soient aussi simples. Quand l'énoncé d'un problème est exact dans toutes ses parties et qu'il renferme les données nécessaires pour guider le calculateur dans la recherche des inconnues, quand, en d'autres termes, la question n'est pas une sorte de piége ou la proposition d'une découverte impossible, l'algèbre répond toujours directement et avec autant de clarté que de précision; mais si l'énoncé est insuffisant ou renferme quelque erreur, le calcul amène alors des solutions de divers genres qui ont besoin d'être expliquées. Ces solutions au reste se réduisent à un petit nombre de formes, et s'interprètent dans chaque cas particulier aussi sûrement que celles qui nous ont occupés jusqu'à présent, soit que de leur nature elles doivent montrer en quoi consiste le défaut de la question en indiquant le moyen de la corriger, soit qu'on doive les considérer comme des réponses directes à une question plus générale que ne le faisait d'abord comprendre l'énoncé entendu dans le sens ordinaire des mots. C'est ce que nous allons étudier dans ce chapitre. Nous aurons à y traiter en même temps du calcul des quantités négatives qui, pour la première fois, vont se présenter à nous non plus seulement comme des symboles de quantités à soustraire (n° 74), mais comme de véritables quantités ayant par elles-mêmes, aussi bien que les quantités positives, et sans qu'on les suppose jointes à celles-ci, un sens déterminé et complet.

218. Solutions négatives. — PROBLÈME. *Un père a 44 ans et son fils 18. Dans combien d'années l'âge du père sera-t-il le triple de l'âge du fils?*

En appelant x le nombre d'années demandé, on a l'équation :

$$44 + x = (18 + x)\,3.$$

D'où :

$$-2x = 54 - 44,$$

$$2x = -10,$$

$$x = -\frac{10}{2} = -5.$$

Si on met cette valeur — 5 dans l'équation à la place de $+x$, l'équation se trouvera vérifiée, car on aura alors :

$$44 - 5 = (18 - 5) \times 3,$$

$$39 = 39.$$

Cependant le nombre 5 ne satisfait pas au problème. En effet, dans 5 ans le père aura 44 ans + 5 ans, ou 49 ans, et le fils 18 ans + 5 ans, ou 23 ans ; or, 49 n'est pas le triple de 23. Mais le problème serait vérifié si l'on prenait le nombre 5 dans le sens de 5 années passées. En effet, il y a 5 ans (temps passé) l'âge du père était de 44 ans *moins* 5 ans, ou de 39 ans, et l'âge du fils était de 18 ans *moins* 5 ans, ou de 13 ans ; or, 39 est bien le triple de 13.

On pourrait donc modifier l'énoncé du problème précédent, ainsi qu'il suit : *Un père a 44 ans, et son fils 18 : à quelle époque l'âge du père a-t-il le triple de l'âge du fils?*

Ce nouveau problème donne lieu à une nouvelle équation :

$$44 - x = (18 - x) \times 3,$$

qui est semblable à la précédente, sauf le signe de x.

On en tire :

$$x = 5.$$

Ce résultat étant positif, répond cette fois dans le sens de la question, de sorte que, x désignant dans la nouvelle équation un nombre d'années passées, la réponse positive $x=5$ désigne de même un temps passé.

219. Interprétation générale des solutions négatives.—En général les solutions négatives sont, comme pour le problème qu'on vient d'expliquer, des solutions vraies, si on les prend dans un sens contraire à celui des solutions positives; par exemple, si on cherche le bénéfice qui résulte d'un négoce, une solution négative représentera une *perte*; si on demande l'*avance* d'une montre, une solution négative représentera un *retard;* s'il est question d'un chemin parcouru *à droite* d'un point, une solution négative signifiera que le chemin a été parcouru à gauche du point : *vice versa*, si, dans certaines questions, on cherche la *perte* subie par un négociant, le *retard* d'une montre, le chemin parcouru *à gauche* d'un point, les solutions négatives représenteront un *bénéfice* du négociant, une *avance* de la montre, un chemin parcouru *à droite* du point.

220. Ce fait général qui se révèle d'abord à nous par l'expérience, pouvait d'ailleurs être prévu *a priori* comme une conséquence naturelle de l'idée de soustraction qui a été attachée dès le principe à toute quantité affectée du signe —. Car, par exemple, une perte d'un négociant et le bénéfice qu'il réalise ensuite sont des quantités opposées l'une à l'autre et qui tendent à se détruire réciproquement, comme sont en général opposées l'une à l'autre et tendent à se détruire deux quantités quelconques dont l'une est à additionner et l'autre à soustraire. Il en est de même d'années à venir et d'années passées, de l'avance et du retard d'une montre, du chemin parcouru à droite ou à gauche d'un point : ce sont là autant de quantités respectivement opposées, qui de leur nature s'additionnent entre elles ou se retranchent, et qui, par conséquent, se trouvent naturellement désignées en algèbre, les unes par le signe +, les autres par le signe —.

221. Double acception des signes + et —. Nature des quantités négatives. — D'après cela on voit que, dans le calcul algébrique, les signes + et —, sans cesser de désigner les opérations de l'addition et de la soustraction, prennent, en vertu même de cette acception première, une nouvelle signification qui pourra accompagner souvent l'acception ancienne et générale dont elle dérive. Dans cette acception nouvelle, ils désignent deux états opposés d'une même quantité ou deux différents aspects sous lesquels on la considère, ou comme capable d'augmenter une quantité ou comme capable de la diminuer. Considérée sous le premier aspect, la quantité a le nom de *quantité positive*; considérée sous le second, elle a celui de *quantité négative* (*).

222. Il est évident, par cette définition et par les observations et les exemples des numéros précédents, que les quantités négatives sont des quantités aussi réelles que les

(*) On appelle *quantité* en général tout ce qui est susceptible d'augmentation ou de diminution. La quantité, ainsi définie, peut n'avoir ni le signe +, ni le signe —, et en effet, elle n'a ni l'un ni l'autre de ces signes dans le calcul arithmétique. Ce n'est pas qu'en arithmétique on ne fasse souvent usage des signes + et — pour indiquer l'addition et la soustraction des nombres, mais on considère alors ces signes comme *précédant* les nombres sur lesquels il faut opérer, et non pas comme formant ou constituant *avec eux* des *quantités* qui puissent être l'objet d'une opération de calcul. Ainsi, en arithmétique, le nombre 4, par exemple, est une quantité, mais + 4 et — 4 (supposez qu'on ait 6 + 4 ou 6 — 4), ne sont que des indications d'addition ou de soustraction de la quantité 4. En algèbre, au contraire, + 4 et — 4 ont bien d'abord simplement le même sens qu'en arithmétique, étant considérés comme des indications d'opérations à faire avec la quantité 4, mais ils peuvent de plus, et c'est la différence qu'il faut ici remarquer entre les deux sciences, être considérés avec l'idée d'addition ou de soustraction, d'augmentation ou de diminution, qu'ils éveillent, comme de véritables quantités qu'il est permis d'additionner et de soustraire, de multiplier et de diviser.

quantités positives. Elles n'en diffèrent qu'en ce qu'elles ont un sens tout contraire dans le calcul (*).

223. Cas où l'inconnue ne peut pas être prise dans deux sens opposés. — Dans certaines questions l'inconnue ne peut pas être prise dans deux sens opposés; d'où il suit que les considérations que nous avons faites sur l'interprétation des solutions négatives ne sont pas entièrement applicables à tous les problèmes qui amènent ces sortes de solutions.

224. Soit, par exemple, un de ceux que nous avons déjà traités au chapitre V (exemple XIV, n° 190, p. 110), et dans l'énoncé duquel nous changerons un nombre :

Un chasseur aperçoit 17 hirondelles sur une branche d'arbre; son compagnon lui dit : je vous donne 20 francs pour chacune de celles que vous tuerez, à condition que vous me donnerez

(*) M. l'abbé Moigno, dans sa savante revue *Les Mondes*, parle ainsi qu'il suit de la *réalité* des quantités négatives : « Les quantités négatives, dit-il, sont aussi réelles que les quantités positives, car il est aussi naturel à une grandeur que l'on compare à une autre de même espèce de l'augmenter que de la diminuer. Ainsi cinq francs que vous devez et qui sont une quantité négative, sont aussi réels que cinq francs qui vous sont dus et qui sont une quantité positive. Le kilomètre que l'on parcourt en revenant sur ses pas et qui est une quantité négative, puisqu'il diminue le chemin déjà parcouru, est tout aussi réel que le kilomètre parcouru en marchant en avant et qui est une quantité positive, puisqu'il augmente la distance au point de départ. » (*Les Mondes, Revue hebdomadaire des sciences et de leurs applications aux arts et à l'industrie*, n° du 4 juin 1863.) — On lit, d'un autre côté, dans le *Cours d'algèbre* de Bezout, cette conclusion, fondée sur la simple notion résumée dans notre numéro 221 : « Les quantités négatives ont donc une existence aussi réelle que les positives, et elles n'en diffèrent qu'en ce qu'elles ont une acception toute contraire, dans le calcul. » Nous n'avons fait dans notre texte que reproduire ces quelques lignes.

Ces notions sur la nature des quantités négatives seront d'ailleurs complétées par ce que nous dirons de l'effet qu'elles ont dans le calcul et lorsque nous les comparerons à zéro. (Voyez n° 226 et suivants.)

9 francs pour chacune de celles que vous ne tuerez pas. Le chasseur tire et il se trouve obligé de donner 211 francs. On demande combien il a tué d'hirondelles.

Équation :

$$9(17 - x) - 20x = 211.$$

D'où :

$$x = -\frac{58}{29} = -2.$$

En portant cette valeur -2 à la place de x dans l'équation, on a

$$9 \times (17 - (-2)) - 20 \times (-2) = 211;$$

puis soustrayant et multipliant -2 comme si ce terme était joint à des termes positifs, d'après les règles du chapitre II, il vient

$$9 \times 19 + 40 = 211,$$

ou

$$211 = 211.$$

On peut donc dire que -2 vérifie l'équation ; mais d'un autre côté il est évident que, comme réponse au problème proposé, cette valeur de x n'a point de sens que nous puissions accepter : des hirondelles tuées dans le sens négatif seraient des hirondelles auxquelles le coup de fusil du chasseur aurait plutôt donné la vie ; or, cette interprétation de la solution, nécessaire et acceptable si on ne considère que les relations purement mathématiques des quantités qui entrent dans la question, est absurde au point de vue de l'effet que peut produire un coup de fusil. On en conclut que le problème proposé n'est pas possible.

225. Dans tous les cas semblables à celui-ci, les solutions négatives sont un signe d'*impossibilité*.

226. Calcul des quantités négatives.—Règle générale. — On soumet les quantités négatives isolées aux même opérations que si elles entraient avec des termes positifs dans une expression composée de plusieurs termes, en appliquant toutes les règles que nous avons données pour les termes précédés du signe —.

227. Exemples des quatre opérations sur les quantités positives et négatives. —

1° *Addition :*

1° $(+a)+(+b)=+a+b$; 2° $(+a)+(-b)=+a-b$; 3° $(-a)+(+b)=-a+b$; 4° $(-a)+(-b)=-a-b$.
1° $(+8)+(+2)=+12$; 2° $(+8)+(-2)=+6$; $(+2)+(-8)=-6$; 3° $(-8)+(+2)=-6$; 4° $(-8)+(-2)=-10$.

2° *Soustraction :*

1° $(+a)-(+b)=+a-b$; 2° $(+a)-(-b)=+a+b$; 3° $(-a)-(+b)=-a-b$; 4° $(-a)-(-b)=-a+b$.
1° $(+8)-(+2)=+6$; 2° $(+8)-(-2)=+10$; 3° $(-8)-(+2)=-10$; $(-2)-(+8)=-10$; 4° $(-8)-(-2)=-6$; $(-2)-(-8)=+6$.

3° *Multiplication :*

1° $(+a)\times(+b)=+ab$; 2° $(-a)\times(+b)=-ab$; 3° $(+a)\times(-b)=-ab$; 4° $(-a)\times(-b)=+ab$.
1° $(+4)\times(+3)=+12$; 2° $(-4)\times(+3)=-12$; 3° $(+4)\times(-3)=-12$; 4° $(-4)\times(-3)=+12$.

4° *Division :*

$$1°\ \frac{+ab}{+b}=+a;\ 2°\ \frac{-ab}{+b}=-a;\ 3°\ \frac{+ab}{-b}=-a;$$

$$4°\ \frac{-ab}{-b}=+a.$$

$$1°\ \frac{+12}{+3}=+4;\ 2°\ \frac{-12}{+3}=-4;\ 3°\ \frac{+12}{-3}=-4;$$

$$4°\ \frac{-12}{-3}=+4.$$

228. Théorie des quantités négatives, fondée sur la nature de ces quantités (*). — Les quantités néga-

(*) Dans notre première rédaction de cette partie du chapitre VII, nous donnions, ainsi que nous le faisons encore, une théorie raisonnée

tives, nous l'avons vu, emportent essentiellement avec elles l'idée de *soustraction* : par exemple, les dettes d'un négociant comparées à son avoir, les pertes d'un joueur comparées à ses gains, le retard d'une montre comparé à son avance, sont des quantités telles que, si on les fait entrer dans le calcul avec les quantités contraires, pour l'estimation de la fortune du négociant, de celle du joueur, et de l'heure marquée par la montre, les nombres exprimés par ces quantités devront être soustraits. De là on conclut directement les règles de calcul que nous leur avons appliquées.

229. 1° Addition. Démonstration. — L'addition ayant pour but de *joindre ensemble* plusieurs quantités pour en faire une seule équivalente, il résulte de là que pour faire l'addition des quantités négatives, il suffit de les écrire à la suite des autres quantités avec leur signe qui est le signe de la soustraction : la diminution qui s'ensuit vient de la nature même de ces quantités qui sont l'opposé des quantités positives.

230. Explication générale de la démonstration. — On éclaircira cette démonstration en raisonnant sur les dettes d'un négociant. Soit, en effet, un négociant qui veut

des quantités négatives traitées comme étant des quantités réelles dont la signification est précise indépendamment de leur union avec d'autres quantités ; mais nous disions de plus, par une sorte de concession faite à l'opinion d'un certain nombre d'auteurs, qu'on pouvait aussi considérer les règles relatives à ces quantités, comme de simples *conventions* justifiées par les avantages qu'elles présentent dans la pratique. Après les articles de M. l'abbé Moigno, qui apportent une si grande lumière dans la question (Voyez *les Mondes*, n^{os} des 4 et 18 juin, 9 juillet et 22 octobre 1863), nous n'avons plus hésité à rejeter cette manière de dispenser les élèves d'aborder une difficulté théorique, difficulté qui, au reste, n'en est une, croyons-nous bien, que si l'on ne veut pas se placer à un point de vue assez simple, assez naturel. On verra que nous n'avons omis, d'ailleurs, aucun développement pour rendre saisissante l'évidence des démonstrations qui vont suivre.

estimer à combien s'élève sa fortune : il devra évidemment faire entrer ses dettes dans le résultat de son estimation, en d'autres termes, il devra les joindre à son compte ou les additionner (le mot *additionner*, de lui-même, signifie *joindre* une quantité à une autre, et c'est avec ce sens simple qu'on le prend toujours en algèbre). Pour tenir ainsi compte de ses dettes, le négociant les écrira avec le mot *moins* à la suite des créances ou des sommes en caisse qui composent son avoir; l'algébriste les écrirait avec le signe —. Or, le mot *moins*, comme le signe qui n'en est que la traduction, exprime une soustraction dont l'effet sera de diminuer les sommes que le négociant a en caisse ou qui lui sont dues. On voit donc que pour additionner les dettes d'un négociant avec d'autres quantités il suffit d'écrire ces dettes exprimées avec le signe —, à la suite des autres quantités. On raisonnerait de même sur tout autre exemple.

231. Explication de quelques résultats. — Nous reprenons particulièrement, pour les expliquer, les exemples numériques d'additions de quantités négatives du n° 227 :

(2°) On a $(+8)+(-2)=+6$: car 8 unités prises positivement sont détruites en partie par 2 unités prises négativement, lesquelles sont jointes ou ajoutées aux premières.

On a en même temps $(+2)+(-8)=-6$: car 2 unités positives sont détruites entièrement par 8 unités négatives additionnées avec elles; il y a même un excès de 6 unités négatives.

(3°) On a, avec le même résultat, $(-8)+(+3)=-6$: car 8 unités négatives ne sont détruites qu'en partie par 2 unités positives.

(4°) Enfin $(-8)+(-2)=-10$: car 8 unités négatives ajoutées à 2 autres unités de même signe font évidemment ensemble 10 unités négatives.

232. 2° Soustraction. Démonstration.— Soit à soustraire $-b$ de a (premier des exemples ci-dessus). On doit avoir pour reste $a+b$. En effet, le monôme a, dont il faut soustraire $-b$, équivaut au polynôme $a+b-b$, car dans ce polynôme les termes $+b$ et $-b$ se détruisent. Par conséquent, avoir à soustraire $-b$ de a, c'est comme si l'on avait à soustraire $-b$ de $a+b-b$. Or, si de cette dernière quantité $a+b-b$ l'on soustrait ou l'on ôte le terme $-b$, *ce qui ne peut mieux se faire qu'en l'effaçant*, il reste évidemment $a+b$. Donc en soustrayant $-b$ de a, il restera aussi $a+b$.

233. Même démonstration sur des nombres. — En raisonnant sur la soustraction de deux nombres, par exemple sur celle-ci $8-(-2)$, on dirait en quelques mots : 8 peut être considéré comme le résultat obtenu en soustrayant 2 de 10, car 8 égale $10-2$; or, si de $10-2$ ou de 8, l'on ôte la partie négative -2 en l'effaçant, il est évident que la quantité $10-2$ ou 8 redevient 10; en d'autres termes, il est évident que $8-(-2)=10$.

234. Remarque sur la démonstration précédente.— La démonstration précédente faite soit sur des nombres, soit sur des lettres, est tellement rigoureuse que malgré ce qu'il y a d'étonnant dans la conclusion, on ne peut se refuser à l'accepter ; mais elle est en même temps si simple et si rapide qu'après l'avoir lue on hésite un instant, comme si l'on craignait un piége, une surprise, et l'esprit retourne sur lui-même comme pour chercher le secret de la force qui l'a convaincu. Il est donc utile de montrer, comme pour l'addition, sur un ou même sur plusieurs exemples ayant un objet vulgaire, que, la notion des quantités négatives une fois admise, la règle à suivre pour les soustraire et les résultats particuliers qu'on obtient dans ce cas suivent naturellement de la définition même de la soustraction, définition reçue en arithmétique comme en algèbre.

235. Explication de la démonstration; interprétation de quelques résultats. — Un commerçant a 10 fr. en caisse, et il doit 2 fr. qu'il vient de perdre dans son commerce; son avoir réel est donc de 8 fr. Mais qu'on lui fasse remise de sa dette, c'est-à-dire que l'on retranche, en l'effaçant, la dette de 2 fr. qui réduit son avoir à 8 fr., on rétablira évidemment son avoir primitif de 10 fr. C'est dire qu'une somme de 8 fr., *dont on ôte une soustraction de* 2 fr., devient 10 fr., ou, avec les signes algébriques, c'est dire que $8-(-2)=10$ (Ex. de soustraction 2°, n° 227) (*).

Ce résultat numérique étant ainsi expliqué, on n'aura pas de peine à admettre ces deux autres que nous avons aussi obtenus au n° 227 :

$$(3°)\quad -2-(+8)=-2-8=-10;$$
$$(4°)\quad -2-(-8)=-2+8=+6.$$

Le premier résultat -10 convient, par exemple, au cas d'une personne qui, son compte fait, se trouve avoir un déficit total de 2 fr. et à qui on ôte ensuite 8 fr., ce qui fait monter son déficit total à 10 fr.

Le second résultat $+6$ se rapporte, par exemple, au cas où l'on se trouverait avoir un déficit de 2 fr. par l'effet d'une dette de 8 fr. qui excède la somme dont on peut disposer pour se libérer (6 fr. seulement). Remise ou soustraction étant faite de cette dette de 8 fr., il s'ensuit un double résultat : 1° le déficit de 2 fr. n'existe plus; une remise de 2 fr. de dette a suffi pour l'abolir; 2° on se trouve posséder réellement la somme dont on pouvait déjà disposer pour se libérer, et qui était de 6 fr.

236. 3° Multiplication. — Nous examinerons l'un après l'autre les quatre cas particuliers résolus dans le tableau du n° 227, en raisonnant de suite sur des nombres.

(1°) Il est d'abord évident que $(+4)\times(+3)$ égale $+12$: en effet, le multiplicateur $+3$, qui est l'unité prise ou

(*) On peut toujours supposer, quand on veut soustraire une quantité négative, qu'une soustraction de quantité positive a été faite antérieurement, et qu'on veut détruire l'effet de cette soustraction sur la quantité dont on soustrait la quantité négative. A ce point de vue on dira qu'ôter ou soustraire une quantité négative, c'est *défaire* une soustraction.

additionnée 3 fois, indique d'après la définition du n° 97, qu'il faut prendre ou additionner le multiplicande 3 fois, et qu'on doit avoir au produit :

$$+4+4+4 \text{ ou } +12.$$

(2°) $(-4) \times (+3)$ égale -12. En effet, le multiplicateur $+3$ étant l'unité prise ou additionnée 3 fois, comme dans le cas précédent, le produit doit être encore le multiplicande pris ou additionné 3 fois ; le multiplicande -4 étant négatif, on aura en le prenant ou l'additionnant 3 fois :

$$-4-4-4 \text{ ou } -12.$$

(3°) $(+4) \times (-3)$ égale -12. En effet, le multiplicateur -3, étant l'unité *soustraite* 3 fois, indique qu'il faut soustraire le multiplicande 3 fois ; or, le multiplicande $+4$, étant positif, on obtient, en le soustrayant 3 fois :

$$-4-4-4 \text{ ou } -12.$$

(4°) Enfin $(-4) \times (-3)$ donne $+12$. En effet, le multiplicateur, qui est le même que tout à l'heure, montre encore qu'il faut soustraire le multiplicande 3 fois ; or, pour soustraire -4 une fois, on doit écrire $+4$ (Se rappeler la règle de la soustraction) ; pour soustraire -4 trois fois, on écrira donc :

$$+4+4+4 \text{ ou } +12.$$

237. Remarque sur la démonstration précédente.— Malgré ces raisonnements et ces preuves, il faut pourtant convenir, ainsi que le fait remarquer l'abbé de la Caille, qu'il est assez étrange pour des oreilles peu faites au langage algébrique d'entendre dire que -4×-3 donne $+12$. L'espèce d'embarras et de doute que ce résultat occasionne au premier abord, semble venir principalement, dit-il, de l'expression même du mot *multiplié*, lequel n'ayant été mis en usage dans l'arithmétique que pour signifier des additions répétées d'une même quantité positive, doit naturellement offrir un sens louche, quand on le fait servir pour marquer une véritable soustraction de quantités négatives.

Or, c'est ce que l'on fait en disant, par exemple, que $-4 \times -3 = +12$ (*). On peut toutefois expliquer ce résultat d'une manière assez simple : il signifie que si, par exemple, on introduisait comme terme dans une expression algébrique le produit $(-4) \times (-3)$, cela équivaudrait à y faire entrer une addition de 12 unités, et ce fait particulier perdra, au moins en partie, ce qu'il peut avoir de mystérieux si on l'énonce de cette manière : ôter, dans une quantité donnée, trois soustractions de 4 unités chacune, revient à y faire trois additions de ce même nombre d'unités.

238. 4° Division. Démonstration. — On peut voir sur les quatre exemples qui représentent ci-dessus (n° 227) les quatre cas de la division des quantités positives et négatives, que la multiplication du diviseur par le quotient ne saurait reproduire le dividende avec son signe propre si l'on n'avait pas observé, en divisant, la règle d'après laquelle des signes semblables donnent + et des signes contraires donnent —. Dans le quatrième cas, par exemple, si on écrivait au quotient -4, on ne reproduirait pas le dividende -12 en multipliant le diviseur par le quotient, car $-3 \times -4 = +12$; mais si, au contraire, on écrit au quotient $+4$ on a bien, en multipliant le diviseur par le quotient, -12, car $-3 \times +4 = -12$.

239. Changement des signes du dividende et du diviseur ; conséquence relative aux fractions. — D'après la démonstration précédente, si l'on change les signes du dividende et du diviseur d'une division, le signe du quotient restera le même ; car + divisé par — donne —, comme — divisé par + ; et — divisé par — donne +, comme + divisé par +. Il suit de là qu'on peut changer les signes du numérateur et du dénominateur d'une fraction sans que par là le signe de la fraction soit changé. On sait d'ailleurs, en appliquant au numérateur et au déno-

(*) L'abbé de la Caille, *Leçons élémentaires de mathématiques.*

minateur séparément ce qui a été dit au n° 162,2°, de chaque membre d'une équation, que si tous les termes de ces deux quantités changent de signe, elles conservent la même valeur sauf le signe : on doit donc dire que si l'on change les signes de tous les termes du numérateur et du dénominateur d'une fraction, non-seulement le signe de la fraction, mais aussi sa valeur ne change pas. — Cette observation trouve quelquefois son application pour donner aux expressions fractionnaires une forme plus simple ou plus symétrique. Si, par exemple, dans le calcul des valeurs générales de x et de y dans un système d'équation à deux inconnues (Voyez n° 198, p. 139), on avait trouvé $x = \frac{b\,c' - c\,b'}{b\,a' - a\,b'}$, après avoir déjà trouvé $y = \frac{a\,c' - c\,a'}{a\,b' - b\,a'}$, on aurait changé les signes du numérateur et du dénominateur de la valeur de x afin que les valeurs des deux inconnues eussent le même dénominateur; la valeur de x fût ainsi devenue $x = \frac{c\,b' - b\,c'}{a\,b' - b\,a'}$. On pourra encore appliquer la même observation lorsque, avec des valeurs particulières attribuées aux lettres qui entrent dans une fraction, le numérateur et le dénominateur seraient négatifs. En changeant alors les signes de tous les termes de ces deux quantités, elles prendraient, avec les mêmes valeurs attribuées aux lettres, des valeurs positives, ce qui est plus commode dans le calcul.

240. Propriétés des quantités négatives. — Les quantités négatives étant de leur nature des quantités à soustraire ou des quantités dont l'effet essentiel et immédiat est de diminuer les autres quantités auxquelles on les joint, on doit dire qu'elles sont *plus petites que zéro*. En effet, on dit, en général, qu'une quantité est plus petite qu'une autre si elle augmente moins que cette autre les quantités auxquelles on la joint. Ainsi parmi les quantités décroissantes par ordre de grandeur $+4$, $+3$, $+2$, $+1$, $+3$ qui est plus petit que $+4$ augmente moins que $+4$,

+2 augmente moins que +3, +1 augmente moins que +2. Zéro n'augmente pas les quantités avec lesquelles on l'additionne; aussi est-il dit plus petit que +1, que +2, etc., et, en général, plus petit que toute quantité positive. Mais s'il n'augmente pas les quantités, zéro n'a pas non plus la propriété de les diminuer. Son effet est absolument nul dans l'addition. Si donc une quantité, au lieu d'augmenter les autres quantités auxquelles on la joint, a la propriété de les diminuer, il faudra évidemment qu'elle soit plus petite que zéro. *Les quantités négatives sont* donc *plus petites que zéro* (*).

241. *Les quantités négatives sont d'autant plus petites que leur valeur absolue est plus grande* (on appelle valeur *absolue* la valeur d'une quantité, abstraction faite du signe), car plus la valeur absolue d'une quantité négative est grande, plus l'effet de diminution de cette quantité est grand; ainsi la quantité négative —1 diminue de 1 unité toute quantité à laquelle on la joint, —2 diminue de 2 unités, —3 diminue de 3 unités, —4 diminue de 4 unités. On peut donc écrire cette série décroissante de quantités positives et négatives : +4, +3, +2, +1, ±0, —1, —2, —3, —4. (Le double signe ± que nous avons mis devant 0 se prononce *plus ou moins*).

242. Exposants négatifs. — On emploie quelquefois, dans le calcul, des exposants négatifs. Ces sortes d'exposants indiquent combien de fois une lettre est diviseur

(*) Un homme qui se propose d'aller en avant regarde *comme quelque chose* les degrés de son progrès; *comme rien* s'il ne s'est donné aucun mouvement, et *comme moins que rien* s'il a reculé. Tous ces états sont très-réels et par conséquent susceptibles d'expression et de calcul. Le *rien* est précisément la limite de *quelque chose* et de *moins que rien*. Il faut des expressions pour ces vues de l'esprit; 0 est l'expression de la première, + l'est de la seconde et — l'est de la troisième. On ne saurait imaginer jusqu'où des expressions si simples ont porté l'esprit humain. (L'abbé de la Chapelle, *Institutions de géométrie.*)

dans la quantité où elle entre comme facteur : par exemple, ab^{-2} signifie $\frac{a}{b^2}$. En général, on dit qu'*une lettre affectée d'un exposant négatif égale l'unité divisée par cette lettre affectée du même exposant devenu positif* : ainsi on a $b^{-2} = \frac{1}{b^2}$, de sorte que ab^{-2} égale $a \times \frac{1}{b^2}$ ou, comme nous l'avons dit tout à l'heure, $\frac{a}{b^2}$.

243. On soumet les exposants négatifs aux mêmes règles de calcul que les exposants positifs. Les résultats qu'on obtient ainsi égalent ceux qu'on obtiendrait en opérant directement sur les fractions que ces exposants servent à exprimer ; il serait facile de s'en assurer en vérifiant sur quelques exemples qui comprendraient les divers cas de la multiplication et de la division.

NOTA. — Nous renvoyons à la fin de ce chapitre quelques applications du calcul des quantités négatives.

244. Solutions absurdes. — PROBLÈME. *Trouver un nombre tel, que le tiers plus le quart de ce nombre, plus 3, égalent les $\frac{7}{12}$ du même nombre, plus 4.*

Équation :

$$\frac{x}{3} + \frac{x}{4} + 3 = \frac{7\,x}{12} + 4.$$

En résolvant il vient d'abord

$$48\,x + 36\,x + 432 = 84\,x + 576,$$

puis

$$84\,x + 432 = 84\,x + 576.$$

Si nous nous arrêtons un instant à ces premières transformations, il est facile de voir que l'égalité $84x + 432 = 84\,x + 576$ ne saurait être vraie. Car ses deux membres $84x + 432$ et $84\,x + 576$ sont composés chacun d'une partie commune $84x$ et de parties inégales 432 et 576. On conclut de là que l'équation fournie pour l'énoncé du problème, et le problème lui-même, dont elle est la traduction, sont impossibles. Et, en effet, en remontant à cet énoncé ou à cette équation, on reconnaît que le premier membre de la condition à laquelle doit satisfaire l'inconnue, est composé de deux fractions, $\frac{1}{3}$ et $\frac{1}{4}$, dont la somme $\frac{7}{12}$ se retrouve au second membre, de sorte que le premier membre ne pourrait égaler le second que si les $\frac{7}{12}$ du nombre cherché, plus 3, égalaient les $\frac{7}{12}$ du même nombre, plus 4, ou en résumé si 4 égalait 3. Il est donc évident que le problème est *impossible* ou *absurde*.

Mais il est utile de savoir quelle valeur nous obtiendrions pour x en poursuivant, d'après les règles ordinaires, la résolution de notre équation. Il viendrait successivement :

$$84x - 84x = 576 - 432,$$
$$0x = 144,$$
$$x = \frac{144}{0}.$$

245. Toutes les équations absurdes amènent des résultats semblables, représentés d'une manière générale par la fraction $\frac{m}{0}$. Tout résultat de cette forme doit donc être considéré en algèbre comme le signe ou le symbole de l'*impossible*. Au reste, à prendre en elle-même la solution précédente $\frac{144}{0}$, il est évident qu'elle exprime bien un nombre impossible; car si l'on voulait diviser 144 par 0, on ne trouverait point de quotient qui, étant multiplié par le diviseur, pût reproduire le dividende. On dit aussi équivalemment d'une fraction de la forme $\frac{m}{0}$, qu'elle est le symbole de l'*infini* : on sait, en effet, que si le dénominateur d'une fraction diminue, le numérateur restant le même, la fraction augmente dans le même rapport; supposez donc le dénominateur d'une fraction diminuant indéfiniment jusqu'à devenir 0, la fraction augmentera indéfiniment jusqu'à devenir l'infini. Pour désigner l'*infini mathématique* ou l'*impossible*, on emploie souvent le signe ∞.

246. Nous ne devons pas omettre de remarquer qu'une fraction de la forme $\frac{m}{0}$, qui de sa nature indique qu'une question est absurde et qu'aucun nombre n'y saurait répondre, peut, dans certaines circonstances, présenter une signification utile et être une véritable solution pratique comme celles du chapitre précédent. Si, par exemple, il s'agit dans une question de géométrie de rechercher le point où deux lignes droites se rencontreront, et qu'on arrive à un résultat tel que $\frac{m}{0}$, on devra en conclure que les droites ne se rencontreront en aucun point, ou qu'elles sont parallèles.

247. Équations et problèmes indéterminés. — 1° Cas d'une équation à une inconnue. — PROBLÈME.— *Trouver un nombre dont le tiers plus le quart égalent les sept douzièmes de ce nombre.*

Équation : $\frac{x}{4}+\frac{x}{3}=\frac{7x}{12}$.

D'où $84x = 84x$.

On remarque de suite que si dans ce résultat de l'évanouissement des dénominateurs on substitue à x un nombre quelconque, le second membre égalera toujours le premier, car des deux côtés le nombre substitué sera pris le même nombre de fois (84 fois). Cette égalité des deux membres pour une valeur quelconque de x était d'ailleurs facile à prévoir par un examen attentif de l'énoncé du problème : en effet, on demande de trouver un nombre dont le tiers plus le quart égalent les sept douzièmes; comme $\frac{1}{3}+\frac{1}{4}=\frac{7}{12}$, on demande donc de trouver un nombre dont les sept douzièmes égalent les sept douzièmes: question que sa simplicité rend superflue; évidemment tous les nombres possibles répondent au problème.

Si nous poursuivons la résolution de notre équation, il viendra :

$$84x - 84x = 0,$$

$$0x = 0,$$

$$x = \frac{0}{0}.$$

248. Ce résultat $\frac{0}{0}$ est en général le symbole de l'*indétermination*; c'est-à-dire que lorsqu'on l'obtient il représente habituellement un nombre quelconque dont rien ne fixe la valeur. Cette interprétation est fondée d'abord sur ce que, dans la résolution des équations indéterminées, l'exécution des opérations ordinaires ne saurait amener, ainsi qu'on vient de le voir, autre chose que $\frac{0}{0}$; elle est fondée aussi sur ce que, à considérer $\frac{0}{0}$ comme l'expression d'une division, il est évident qu'un nombre quelconque, étant multiplié par le diviseur 0, reproduirait le dividende 0.

249. Quelquefois, cependant, pour une raison particulière que nous ne pouvons essayer d'expliquer ici, il arrive que $\frac{0}{0}$ n'est pas un signe d'indétermination. Par conséquent, lorsque le calcul donnera cette solution, il faudra, avant de croire à une indétermination réelle du problème, remonter à l'équation, et vérifier directement sur elle si plusieurs valeurs peuvent être indifféremment attribuées à x; ce n'est qu'après cette vérification qu'on pourra admettre que la valeur de x est vraiment indéterminée. Mais si au contraire cette vérification faisait reconnaître que la valeur de x est déterminée, quoique se présentant sous la forme $\frac{0}{0}$, ce serait un cas assez rare pour que nous n'ayons pas à insister sur le moyen de le résoudre : cela nous entraînerait dans des explications qui dépasseraient l'objet de ce cours élémentaire.

250. 2° Solutions indéterminées dans les équations à plusieurs inconnues.— Une seule équation à plusieurs inconnues, et en général tout système d'équations présentant moins d'équations que d'inconnues, donne lieu aussi à des solutions indéterminées. Par une conséquence évidente, les problèmes dont les énoncés n'expriment pas assez de conditions pour fournir matière à autant d'équations qu'il y a d'inconnues, sont des problèmes indéterminés.

251. 1er Exemple.— Soit l'équation $3x + 2y = 24$. Si on la résout par rapport à x, on trouve $x = \frac{24 - 2y}{3}$; si on veut ensuite la résoudre par rapport à y, on trouve $y = \frac{24 - 3x}{2}$. Ainsi, on obtient d'abord x en fonction de y, puis y en fonction de x, sans avoir rien qui détermine une valeur particulière pour y ou pour x. On peut donc, dans ce cas, donner arbitrairement à l'une ou à l'autre de ces lettres, à y, par exemple, une infinité de valeurs différentes, et alors x, qui est une fonction de y, sera susceptible aussi d'une infinité de valeurs dépendantes de celles de y. Par exemple, si l'on suppose $y = 2$, on aura

$$x = \frac{24 - 2.2}{3} = \frac{20}{3} = 6\,\frac{2}{3};$$

si l'on suppose $y = 3$, on aura

$$x = \frac{24 - 2.3}{3} = \frac{18}{3} = 6.$$

Si c'était à x qu'on donnât d'abord des valeurs arbitraires, on trouverait, pour le cas de $x=2$, cette valeur de y,

$$y=\frac{24-3.2}{2}=9,$$

et pour le cas de $x=3$, cette autre,

$$y=\frac{24-3.3}{2}=7\frac{1}{2}.$$

2e Exemple. — Soient les deux équations suivantes :

$$\begin{cases} 3x+2y=24, \\ 6x+4y=48, \end{cases}$$

lesquelles sont équivalentes, parce que la seconde résulte de la multiplication de tous les termes de la première par 2 : ces équations ne sauraient amener non plus des valeurs déterminées pour x et pour y; car elles n'expriment au fond qu'une seule condition, de sorte qu'on peut appliquer à leur ensemble ce que nous avons dit de l'équation unique $3x+2y=24$. Si l'on cherche, en effet, à les résoudre, on tire de la première $x=\frac{24-2y}{3}$; puis, en substituant dans la seconde, on obtient

$$6\times\frac{24-2y}{3}+4y=48;$$

d'où

$$y=\frac{0}{0}.$$

La valeur de x étant une fonction de celle de y est indéterminée comme celle-ci.

252. Remarque. — Dans les énoncés de certains problèmes à solutions indéterminées, on demande les valeurs positives et entières des inconnues à l'exclusion des autres valeurs. Or, il peut arriver que, par suite de cette restriction, le problème soit déterminé ou qu'au moins il n'admette plus qu'un petit nombre de solutions.

253). Soit, par exemple, la question suivante : *Combien* *faut-il de pièces de 20 fr. et de 40 fr., les unes à la suite des autres, pour former la longueur d'un mètre, les diamètres des pièces de 20 fr. et de 40 fr. étant de 21 et de 26 millimètres?*

L'équation sera $21x + 26y = 1000$, en prenant le millimètre pour unité. Cette équation à deux inconnues admet bien une infinité de valeurs pour x et y; mais comme il s'agit évidemment d'un nombre positif de pièces entières, on ne considérera que les solutions positives et entières de l'équation, et l'on trouvera, par un calcul assez différent de ceux que nous avons expliqués jusqu'à présent, que 8 pièces de 20 fr. et 32 pièces de 40 fr. font 1 mètre, et que 34 pièces de 20 fr. et 11 de 40 fr. font aussi 1 mètre; ainsi deux solutions. Il n'est point nécessaire, pour le but que nous nous proposons, de dire les règles au moyen desquelles on arrive à ces solutions. Il suffit que nous ayons averti les élèves qu'il se présente des cas de cette espèce.

254. Équations incompatibles. — 1er Exemple. — Problème.—*Trouver deux nombres tels, que 2 fois le premier plus 3 fois le second égalent 24, et que 4 fois le premier plus 6 fois le second égalent 50.*

Ce problème donne les deux équations suivantes qui, on va le voir, présentent un cas nouveau :

$$2x + 3y = 24,$$
$$4x + 6y = 50.$$

En résolvant à la manière ordinaire, on tire de la première

$$x = \frac{24 - 3y}{2};$$

et la seconde devient

$$4 \times \frac{24 - 3y}{2} + 6y = 50;$$

d'où

$$0y = 4,$$
$$y = \frac{4}{0} = \infty.$$

Cette valeur de y étant substituée dans la première équation, cette équation devient à son tour

$$2x+3\times\frac{4}{0}=20,$$

ou, en divisant tous les termes par 2,

$$x+3\times\frac{2}{0}=10,$$

d'où

$$0x=-6,$$
$$x=\frac{-6}{0}=-\infty.$$

Ces valeurs infinies de x et de y sont un signe d'*impossibilité;* et pourtant, d'après ce que nous avons dit au n° 250, chacune des deux équations proposées, prise à part, serait vérifiée par une infinité de solutions. L'impossibilité actuelle peut donc seulement venir de ce que les deux équations sont *contradictoires* ou *incompatibles.* Et, en effet, si l'on compare la seconde équation à la première, on s'aperçoit que, des deux premiers membres, l'un est le double de l'autre ($4x+6y$ est le double de $2x+3y$), mais qu'il n'y a pas le même rapport entre les deux seconds membres (50 surpasse le double de 24). Le système des deux équations est donc *impossible;* en d'autres termes, il n'y a pas de valeurs de x et de y qui les vérifient en même temps; d'où il suit que le problème proposé n'a pas de solution. Tel est, en résumé, le sens des deux résultats infinis.

2e Exemple. — Problème. — *Trouver deux nombres tels, que leur somme soit* 14, *leur différence* 2, *et qu'en ajoutant le triple du premier au double du second, on obtienne* 40.

Ce problème fournit trois équations :

$$\begin{cases} x+y=14, \\ x-y=2, \\ 3x+2y=40. \end{cases}$$

Les deux premières, résolues d'après la règle ordinaire, donnent pour x et y les valeurs 8 et 6. Or, ces valeurs ne satisfont pas à la troisième équation. Par conséquent, les trois équations, considérées dans leur ensemble, sont *incompatibles.*

Si la troisième équation devenait $3x + 2y = 36$, elle serait vérifiée, comme les deux premières, par $x = 8$ et $y = 6$, et le problème serait possible.

255. Ce qu'il y a à faire en général lorsque l'énoncé d'un problème donne lieu à plus d'équations qu'il n'y a d'inconnues. — De l'exemple que nous venons d'expliquer, il résulte que si un problème donne lieu à plus d'équations qu'il n'y a d'inconnues, il faut résoudre autant d'équations qu'on a d'inconnues, et examiner ensuite si les solutions trouvées conviennent aux autres équations; si elles ne leur conviennent pas, les équations sont incompatibles, l'énoncé du problème renferme contradiction, il est absurde. Dans le cas contraire, le problème est possible, mais alors son énoncé contient une ou plusieurs circonstances inutiles à la recherche des inconnues.

256. Remarques sur d'autres cas particuliers.—Au surplus, il faut remarquer qu'on rencontre quelquefois, dans les problèmes, des conditions que le langage peut très-bien exprimer, mais qu'une équation ne saurait traduire. Il faut alors calculer indépendamment de ces conditions, puis vérifier après coup si elles sont remplies.

257. Nous rappellerons enfin que si l'on multipliait ou si l'on divisait tous les termes d'une équation par une quantité renfermant l'inconnue, on pourrait trouver des valeurs fausses pour les inconnues, ou ne pas trouver toutes celles qui vérifieraient l'équation.

258. Usage des quantités négatives et des divers symboles algébriques pour exprimer tous les cas d'un problème général. Discussion du problème général des courriers. — *Problème.* — Deux courriers parcourant la même route XY passent en deux villes différentes A, B, dont la distance est représentée par d; l'un passe en A un certain nombre d'heures h avant que l'autre ne passe en B; la vitesse du premier est représentée par v et la vitesse du second par v'. On demande en quel point ces deux courriers se rencontreront.

Solution. — Pour avoir l'équation, nous supposerons que les courriers aillent tous deux dans le sens XABY,

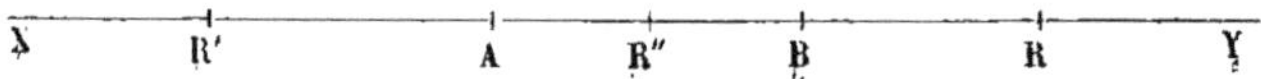

et que la rencontre se fasse en un point tel que R, au delà, ou à droite, du point B, et à une distance x de ce point. Pour vérifier, il faut voir si dans cette hypothèse l'un des courriers se trouve bien en A, h heures avant que l'autre ne soit en B. Or, il est évident que le premier des courriers, celui que nous plaçons d'abord en A, doit franchir, pour arriver en R, une distance égale à AB + BR ou à $d+x$; on trouve le temps qu'il lui faut pour cela en divisant le chemin parcouru par la vitesse : ce temps égale donc $\frac{x+d}{v}$. D'un autre côté, le second courrier, celui que nous supposons en B, franchira la distance x dans le temps $\frac{x}{v'}$. Ces temps seraient égaux si les deux courriers partaient au même moment, l'un de A, l'autre de B. Mais comme le premier courrier est en A, h heures avant que le second ne soit en B, c'est donc que le premier temps surpasse le second de h heures; on doit donc avoir l'équation

$$\frac{x+d}{v} - \frac{x}{v'} = h.$$

De cette équation on tire la formule

$$x = \frac{v'd - vv'h}{v - v'}.$$

ou mieux

$$x = \frac{v'(d - vh)}{v - v'}.$$

En attribuant aux lettres de cette formule, d, h, v, v', des valeurs numériques quelconques, positives, négatives, ou même nulles, on a des cas très-variés pour lesquels les solutions sont toujours d'accord avec les prévisions du raisonnement. Pour abréger, nous étudierons seulement ceux où $h = 0$: ceci a lieu lorsqu'on suppose le premier courrier en A au moment même où l'autre est en B; le terme $-vh$ de la formule devient alors $-v \times 0 = -0$; ce terme s'évanouit donc, et la formule simplifiée s'écrit :

$$x = \frac{v'd}{v - v'}.$$

C'est cette formule que nous allons examiner ou *discuter* :

1° Les lettres v, v', d peuvent avoir des valeurs positives et supérieures à 0 (on pourrait avoir par exemple $v = 6$, $v' = 4$, $d = 24$), et en même temps v peut être $> v'$. Or il est facile de voir que dans ce premier cas on a aussi pour x une valeur positive et supérieure à 0; c'est-à-dire que la rencontre des courriers a lieu alors à droite et à une certaine distance de B. On comprend en effet que si, les deux courriers marchant dans la direction XABY, celui qui est parti du point A va plus vite ($v > v'$) que l'autre qui est parti au même moment du point B, le premier rencontrera le second quelque part à droite des points A et B, en R par exemple, sur la ligne indéfinie XABY. C'est là le cas que nous avons eu spécialement en vue dans la mise en équation du problème.

2° Si, les autres circonstances restant les mêmes, on suppose maintenant $v < v'$ (on peut supposer par exemple $v=4$, $v'=6$, $d=24$), on a pour x une valeur négative, la distance que x exprime alors étant d'ailleurs plus grande que d; ce qui signifie que la rencontre a eu lieu déjà à gauche de B et même de A. Cette solution était encore facile à prévoir ; car le courrier parti de A allant moins vite que celui parti au même moment de B, il est évident que celui-ci ne pourra jamais être atteint par celui-là. Cependant, les deux courriers, venant de X, ont pu se rencontrer avant d'arriver l'un en A, l'autre en B; ainsi, le second (celui que nous supposons au point B à un moment donné) a pu atteindre le premier en R', et, grâce à sa vitesse supérieure, arriver ensuite en B quand l'autre n'est encore qu'en A. C'est ce point R' à gauche de A, dont la position est déterminée ici par la valeur de x.

3° Si, les lettres v, v', d conservant des valeurs positives et supérieures à zéro, les deux vitesses v, v' sont égales (si on suppose par exemple $v=4$, $v'=4$, $d=24$), il vient $x=\frac{v'd}{0}=\infty$. Il est impossible en effet que deux courriers partant au même instant de deux points différents A et B, se rencontrent jamais, s'ils marchent avec la même vitesse et dans la même direction.

4° Si, v et d restant >0, on a $v'=0$, (supposez par exemple $v=4$, $d=24$, en même temps que $v'=0$), on trouve $x=0$: le point de rencontre R est donc alors à une distance nulle du point B, ou en d'autres termes les deux courriers se rencontrent en ce point B. Il est clair, en effet, que si le courrier que nous avons supposé au point B y demeure en repos ($v'=0$), il ne peut être rencontré par l'autre courrier qu'en ce même point B.

5° Si on a $v=0$, et v' et $d>0$, (soient par exemple $v'=4$ et $d=24$ en même temps que $v=0$), il vient $x=-d$; la rencontre a donc eu lieu à gauche du point B et à une certaine distance de ce point égale à d, c'est-à-dire que les deux courriers se sont rencontrés en A, car $BA=d$. Et en effet, on comprend que si le premier courrier ne quitte pas le point A, c'est en ce point seulement qu'il peut être rencontré par le second.

6° Si l'on suppose que l'une ou l'autre des vitesses devienne négative (qu'on ait par exemple $v'=-4$ en même temps que $v=6$ et $d=24$, ou bien $v=-6$ en même temps que $v'=4$ et $d=24$), en d'autres termes, si l'on suppose que l'un des deux courriers aille dans le sens YBAX, on obtiendra x négatif, mais d'une valeur absolue moindre que d, de sorte que les deux courriers se croiseront en un point tel que B″. Cela se comprend encore : 1° si v' est négatif, le second courrier partant de B vers A avec cette vitesse v' au moment où le premier se dirige de A vers B avec la vitesse v, les deux courriers iront à la rencontre l'un de l'autre et ne pourront évidemment se rencontrer qu'entre les deux points de départ A et B ; 2° si v est négatif, le premier courrier partant de A avec cette vitesse v en se dirigeant de A vers X, au moment où le second part de B avec la vitesse v' en se dirigeant de B vers Y, la rencontre a dû se faire évidemment entre A et B.

7° Si la distance d est nulle, en d'autres termes si A et B se confondent, et si en même temps on a $v = v'$ (par exemple $v = 6$ et $v' = 6$ en même temps que $d = 0$), on obtiendra $x = \frac{0}{0}$, c'est-à-dire que dans ce cas la rencontre a lieu partout. Et en effet des courriers qui partent en même temps d'un même point et qui marchent avec la même vitesse dans la même direction sont toujours ensemble.

Pour compléter cette discussion, il y aurait beaucoup d'autres hypothèses à faire, surtout si on voulait examiner les cas de h positif ou négatif au lieu de $h = 0$. Mais ces détails nous entraîneraient trop loin. Ce que nous avons dit suffit pour faire reconnaître une fois de plus au lecteur la perfection des méthodes algébriques, et particulièrement l'importance des quantités négatives pour la généralisation des formules.

259. Applications numériques. — Il nous reste à donner quelques exemples de calculs numériques, qui mettent les élèves en état d'appliquer à des cas particuliers les notions générales qui précèdent. Nous commencerons par écrire le tableau des solutions des sept cas précédents pour les hypothèses particulières que nous avons faites :

1° $$x = \frac{4 \times 24}{6 - 4} = \frac{96}{2} = 48;$$

2° $$x = \frac{6 \times 24}{4-6} = \frac{144}{-2} = -72;$$

3° $$x = \frac{4 \times 24}{4-4} = \frac{96}{0} = \infty;$$

4° $$x = \frac{0 \times 24}{4-0} = \frac{0}{4} = 0;$$

5° $$x = \frac{4 \times 24}{0-4} = \frac{96}{-4} = -24;$$

6° (1°) $$x = \frac{(-4)\times 24}{6-(-4)} = \frac{-96}{10} = -9{,}6;$$

(2°) $$x = \frac{4 \times 24}{-6-4} = \frac{96}{-10} = -9{,}6;$$

7° $$x = \frac{6 \times 0}{6-6} = \frac{0}{0}.$$

260. Une des plus intéressantes applications que nous puissions ajouter, c'est la résolution d'équations quelconques à deux inconnues par les formules générales du n° 202, p. 142. Nous n'avons pu jusqu'à présent appliquer ces formules qu'à certains cas d'équations dont les coefficients étaient tous positifs; il nous est facile désormais de nous en servir pour des équations quelconques à coefficients positifs ou négatifs : nous ne ferons d'ailleurs aucune distinction entre les systèmes d'équations à solutions positives ou négatives, absurdes ou indéterminées; les formules répondent également bien à tous les cas.

1° *Équations* de l'ex. 1er du n° 198, p. 134.

$$x + y = 16,$$
$$x - y = 4.$$

Solution :

$$x = \frac{16 . (-1) - 1 . 4}{1 . (-1) - 1 . 1} = \frac{-16-4}{-1-1} = \frac{-20}{-2} = 10,$$

$$y = \frac{1 . 4 - 16 . 1}{1 . (-1) - 1 . 1} = \frac{4-16}{-1-1} = \frac{-12}{-2} = 6.$$

2° *Équations* de l'ex. 4ᵉ, p. 136, réduites à la forme la plus simple :

$$3x + 2y = 16,$$
$$40x - 2y = 70.$$

Solution :

$$x = \frac{16.(-2) - 2.70}{3.(-2) - 2.40} = \frac{-32 - 140}{-6 - 80} = \frac{-172}{-86} = 2,$$

$$y = \frac{3.70 - 16.40}{3.(-2) - 2.40} = \frac{210 - 640}{-6 - 80} = \frac{-430}{-86} = 5.$$

3° *Équations* du 2ᵉ ex. du nº 251, p. 186 :

$$3x + 2y = 24,$$
$$6x + 4y = 48.$$

Solution :

$$x = \frac{24.4 - 2.48}{3.4 - 2.6} = \frac{96 - 96}{12 - 12} = \frac{0}{0},$$

$$y = \frac{3.48 - 24.6}{3.4 - 2.6} = \frac{144 - 144}{12 - 12} = \frac{0}{0}.$$

4° *Équations* du 1ᵉʳ ex. du nº 254, p. 187 :

$$2x + 3y = 24,$$
$$4x + 6y = 50.$$

Solution :

$$x = \frac{24.6 - 3.50}{2.6 - 3.4} = \frac{144 - 150}{12 - 12} = \frac{-6}{0} = -\infty,$$

$$y = \frac{2.50 - 24.4}{2.6 - 3.4} = \frac{100 - 96}{12 - 12} = \frac{4}{0} = \infty.$$

261*. Après les détails qui composent ce chapitre, il est maintenant inutile d'insister auprès de nos jeunes lecteurs pour leur faire remarquer jusqu'à quel point l'algèbre sait abréger et généraliser l'expression des faits mathématiques. Cette puissance d'abréviation et de généralisation n'a d'autre mesure que les besoins mêmes du calcul. Il ne faut pas oublier toutefois que si elle donne le droit d'admirer encore davantage les méthodes qui ont fait jusqu'à présent l'objet de ce cours, elle n'est pourtant que le résultat d'une sorte de mécanisme qui continue à se substituer aux lumières de la pure intelligence, et qui prouve l'impuissance naturelle de notre esprit en même temps qu'elle y supplée.

RÉSUMÉ DU CHAPITRE VII.

Dans le calcul des équations et des problèmes d'algèbre, on obtient quelquefois des solutions moins simples que celles auxquelles on est toujours arrivé dans les chapitres précédents. L'interprétation de ces solutions est un des objets les plus curieux des cours d'algèbre (217).

Les *solutions négatives* indiquent en général que l'inconnue doit être prise en sens contraire de celui que supposait l'énoncé de la question : si par exemple on cherche un nombre d'années à venir, une solution négative indiquera un nombre d'années passées. Il peut arriver que l'inconnue ne soit susceptible que d'une seule acception : alors une solution négative, quoique vérifiant toujours l'équation, indique que le problème est absurde (218-220, 223-225).

Les solutions négatives amènent à considérer les *quantités négatives* isolées, non plus seulement comme des symboles de quantités à soustraire, mais comme de véritables quantités ayant par elles-mêmes un sens déterminé et complet (217, 220).

Les quantités positives et les quantités négatives expriment deux sens opposés d'une même quantité. Si on considère des années à venir, l'avoir d'un négociant, etc., comme des quantités positives, des années passées, une dette du négociant, etc., seront des quantités négatives, et *vice versa*. D'une manière générale, les quantités positives sont des quantités qui de leur nature tendent à produire une augmentation, et les quantités négatives sont des quantités qui de leur nature tendent à produire une diminution (221, 222).

On soumet les quantités négatives isolées aux mêmes opérations que si elles entraient avec des termes positifs dans des expressions composées de plusieurs termes, et on leur applique les règles que nous avons données pour les termes précédés du signe —. Nous rappellerons particulièrement que, dans la multiplication, des signes semblables donnent + et des signes contraires donnent —, et que la règle est la même pour la division. Ex. : $a+(-b)=a-b$; $a-(-b)=a+b$; $(-a)\times b=-ab$; $\frac{-ab}{-b}=a$ (226, 227).

On démontre le calcul des quantités négatives en considérant la nature même de ces quantités. Si leur *addition* produit une *diminution* dans les expressions auxquelles on les joint, et si leur *soustraction* produit au contraire une *augmentation*, cela tient à ce que ces quantités étant l'opposé des quantités positives, doivent produire des effets opposés aux effets produits par celles-ci, lorsqu'on les introduit dans une expression (addition) ou lorsqu'on les supprime (soustraction). La multiplication de ces quantités consistant à les additionner ou à les retrancher un certain nombre de fois, suit les principes de l'addition et de la soustraction. Quant à la division, elle s'explique comme étant l'opération contraire de la multiplication (228-238).

A cause de la règle des signes de la division, on peut changer les signes du dividende et du diviseur en des signes contraires sans que par là le quotient soit changé. On dira de même que le changement des signes du numérateur et du dénominateur d'une fraction ne change pas la fraction (239).

Il suit de la théorie de l'addition des quantités négatives et de la définition même de ces quantités, qu'elles doivent être regardées comme étant *plus petites que zéro*. Elles sont même d'autant plus petites que leur valeur absolue est plus grande (240, 241).

On emploie quelquefois, dans le calcul, des *exposants négatifs*. En général une lettre affectée d'un exposant négatif égale l'unité divisée par cette lettre affectée du même exposant devenu positif. Par exemple $b^{-2}=\frac{1}{b^2}$. — On suit pour les exposants négatifs les mêmes règles de calcul que pour les exposants positifs (242, 243).

Outre les solutions négatives, les équations offrent d'autres solutions particulières qu'il faut aussi savoir interpréter. Ainsi l'on trouve quelquefois $\frac{1}{0}$, $\frac{2}{0}$ ou en général $\frac{m}{0}$. Un tel résultat est le signe ou le symbole de l'*infini mathématique* ou de l'*impossible* (244-246).

On peut aussi trouver pour valeur d'une inconnue la fraction $\frac{0}{0}$; elle est le symbole de l'*indétermination*, c'est-à-dire que les équations qui y donnent lieu admettent une infinité de valeurs différentes pour les inconnues. Cette règle souffre pourtant exception; par conséquent, lorsqu'un résultat de cette forme se présentera, il faudra s'assurer, par quelques vérifications opérées sur les équations, si elles admettent réellement des solutions quelconques (247-249).

Dans un système d'équations à plusieurs inconnues, les solutions restent indéterminées, quand il y a plus d'inconnues que d'équations, ou bien quand les équations étant en nombre égal à celui des inconnues, plusieurs de ces équations sont équivalentes. On restreint quelquefois le nombre des valeurs des inconnues en mettant la condition que toutes soient positives et entières (250-253).

Si l'on a plus d'équations que d'inconnues, il peut se faire qu'en opérant sur quelques-unes seulement on trouve des solutions qui conviennent aux autres. Il arrive aussi quelquefois que les équations à résoudre ne peuvent être vérifiées ensemble par aucune solution; on dit alors qu'elles sont *contradictoires* ou *incompatibles* (254-255).

Il peut arriver que l'énoncé d'un problème renferme des conditions qu'on ne saurait exprimer dans une équation. Après avoir cherché les valeurs des inconnues indépendamment de ces conditions, on vérifiera si elles conviennent au problème (256).

Nous rappelons enfin que si l'on multipliait ou si l'on divisait tous les termes d'une équation par une quantité renfermant l'inconnue, on pourrait avoir pour cette équation plus ou moins de solutions qu'elle n'en comporte (257).

L'utilité des quantités négatives et des divers symboles algébriques apparaît surtout dans la résolution des problèmes pour représenter les divers cas d'une question générale. Un problème connu sous le nom de *problème des courriers* offre tout particulièrement l'avantage de montrer le parti qu'on peut tirer, dans ce but, des moyens de généralisation qui constituent l'algèbre, moyens qui permettent au calculateur de varier à son gré les circonstances de toute question de mathématiques, d'en étendre la portée et de l'étudier sous ses différents aspects. L'énoncé du problème dont nous parlons, fournit une équation et une formule dans lesquelles on donne aux différentes lettres des valeurs positives ou négatives, relativement plus grandes ou plus petites, ou même des valeurs nulles ; on obtient, dans les cas très-divers qu'on forme ainsi, des résultats clairs, précis et parfaitement conformes aux prévisions du raisonnement et aux simples données du bon sens (258, 259).

On a en outre une application aussi simple qu'intéressante des notions que renferme ce chapitre, dans la résolution des cas quelconques d'un système de deux équations à deux inconnues par les formules générales trouvées au chapitre précédent (260).

EXERCICES

sur l'interprétation de certaines solutions et sur le calcul des quantités négatives.

(On pourra vérifier les valeurs des inconnues dans les équations de ceux des problèmes suivants qui ont des solutions négatives ; ce sera un premier exercice sur le calcul des quantités négatives.)

1. A un moment donné, deux montres dont le mouvement est parfaitement égal, avancent l'une de 12 minutes et l'autre de 16 : de combien de minutes de plus devraient-elles avancer toutes deux ensemble, pour que l'avance de la seconde fût le double de celle de la première ?

2. Un marchand a acheté 40 hectolitres de blé à 20 fr. l'hectolitre, mais il arrive que 8 hectolitres sont avariés et ne pourront être revendus : combien le marchand devra-t-il gagner par hectolitre pour ne perdre que 192 fr. sur le prix total des 40 hectolitres de blé ?

3. Deux courriers partis à des heures différentes et marchant avec la même vitesse, ont parcouru, l'un 70 kilomètres et l'autre 40 : combien devront-ils parcourir encore de kilomètres pour que le premier ait fait en tout 4 fois plus de chemin que le second ?

4. Une armée ayant été défaite, la moitié est restée sur le champ de bataille, les $\frac{5}{7}$ ont été faits prisonniers, et 18,000 hommes qui

restaient ont pris la fuite : on demande de combien d'hommes l'armée était composée avant la bataille.

5. Un marchand avait acheté du drap de deux qualités différentes, 25 mètres de la première et 27 mètres de la seconde, et il avait payé la seconde qualité 2 fr. de moins le mètre que la première ; en revendant ensuite en détail, il gagna 66 fr. sur le prix total de la seconde qualité, tandis qu'il perdit 20 fr. sur le prix total de la première, et il se trouva ainsi retirer des deux ventes la même somme. Combien avait-il payé le mètre de drap de la première qualité?

6. On a loué un ouvrier paresseux à raison de 2 fr pour chaque jour qu'il travaillerait, mais à condition qu'il payerait 1 fr. 50 pour chaque jour qu'il ne travaillerait pas ; on lui fait son compte au bout de 60 jours, et il se trouve que non-seulement on ne lui doit rien, mais qu'au contraire ce serait à lui à payer 104 fr. On demande combien de jours il a travaillé.

7. Une locomotive passe à Paris 2 heures après une autre, et la suit avec une vitesse de 36 kilomètres : la vitesse de la première locomotive étant de 60 kilomètres, après combien de temps les deux locomotives se rencontreront-elles? (Voir l'exemple XX du chapitre V, page 114.)

8. Résoudre le même problème par la formule de l'exemple XXI, page 115. (Formule $x = \frac{nh}{m-n}$, dans laquelle m représente la vitesse de la seconde locomotive, n la vitesse de la première, et h le nombre d'heures d'avance de celle-ci).

9. Deux locomotives suivent le même chemin, et à un moment donné, la première est en avance sur la seconde de 150 kilomètres ; les vitesses des deux locomotives sont d'ailleurs dans le rapport de 60 à 50 kilomètres par heure. Combien la seconde devra-t-elle parcourir de kilomètres pour atteindre la première? (Voyez l'exemple XXII du chap. V, page 115.)

10. Résoudre le même problème par la formule de l'exemple XXIII, page 117. (Formule $x = \frac{mk}{m-n}$, dans laquelle m désigne la vitesse de la seconde locomotive, n la vitesse de la première, et k le nombre de kilomètres d'avance de celle-ci).

11. Trouver un nombre tel, que la moitié plus les trois quarts de ce nombre fassent autant que cinq fois le quart du même nombre, plus 6.

12. Trouver un nombre tel, que la moitié plus les trois quarts de ce nombre égalent exactement cinq fois le quart du même nombre.

13. Un marchand paie une dette en trois fois : d'abord la moitié de la dette, ensuite les trois sixièmes, puis 50 fr. qui restent. Combien devait-il en tout?

14. Un marchand paie une dette en trois fois : d'abord la moitié de la dette, ensuite le tiers, puis le sixième. Combien devait-il en tout?

15. Un marchand paie une dette en trois fois : d'abord la moitié de la dette, ensuite le tiers, puis le quart. Combien devait-il en tout?

16. Distinguer parmi les équations ou les systèmes d'équations qui suivent, celles qui sont indéterminées ou incompatibles :

1° $x + 2y = 4,$

2° $\left\{ \begin{array}{l} 3x + 6 = 21, \\ 5x + 1 = 31. \end{array} \right.$

3° $\left\{ \begin{array}{l} 5x - y = 30, \\ 2x + 3y = 46, \\ x - y = 4. \end{array} \right.$

4° $\left\{ \begin{array}{l} x + 2y = 4, \\ 3x + 6y = 12. \end{array} \right.$

17. Calculer et interpréter la valeur de x pour différents cas du problème général de l'exemple XXI du chap. V, p. 115, $\left(\text{formule } x = \dfrac{nh}{m - n} \right)$, en supposant les données suivantes :

1°	$m = 12,$	$n = 10,$	$h = 4;$
2°	$m = 10,$	$n = 12,$	$h = 4;$
3°	$m = 10,$	$n = 10,$	$h = 4;$
4°	$m = 12,$	$n = -10,$	$h = 4;$
5°	$m = -12,$	$n = 10,$	$h = 4;$
6°	$m = -12,$	$n = -10,$	$h = 4;$
7°	$m = -10,$	$n = -12,$	$h = 4;$
8°	$m = 10,$	$n = 0,$	$h = 4;$
9°	$m = 12,$	$n = 10,$	$h = 0;$
10°	$m = 10,$	$n = 10,$	$h = 0;$
11°	$m = 0,$	$n = 0,$	$h = 4.$

Appliquer les formules générales du n° 202, p. 142, à la résolution des équations suivantes :

(On aura soin de réduire les équations, si elles ne le sont déjà, à la forme $ax + by = c, a'x + b'y = c'$).

18. $4x + 3y = 370; \ 10x + 2y = 540.$

19. $2x - 3y = 5; \ 5x - 2y - 95 = 0.$

20. $-3x + 20y = 44; \ \frac{x}{2} - \frac{y}{2} = 4.$

21. $3x - y = 13; \ x - \frac{3y}{2} = -5.$

22. $10x + 2y = 22; \ 4x - 5y = 32.$

23. $x - y - 1 = 0; \ 3x - 2y + 4 = 0.$

24. $\frac{y}{2} = -x + 1; \ 3y = -8x - 2.$

25. $x - \frac{y}{2} = 0; \ y - \frac{x}{2} = 0.$

26. $x = y; \ x + y = 2x.$

27. $\frac{y}{3} = x - 13; \ 2y = 6x - 78.$

28. $x - y = 4; \ y - x = 4.$

29. $x = \frac{y}{2}; \ 3y - x = 5x + 4.$

CHAPITRE VIII.

Des méthodes suivies dans les sciences : Synthèse et Analyse. L'analyse algébrique présentée comme modèle d'analyse.

262*. Nous voulons ici reprendre toute la théorie de la résolution des problèmes d'algèbre, afin de mieux montrer l'esprit particulier et les caractères essentiels de la méthode que nous avons appris à suivre. On verra par là que cette méthode a des règles qui, si on les considère dans toute leur généralité, conviennent, la plupart, du moins, à tous les genres de questions et non plus seulement aux questions de nombres. Nous désirons que les jeunes gens recueillent de cette nouvelle étude l'art de mettre dans leurs idées, quelle que soit la nature des objets dont ils aient à s'occuper, l'ordre, la clarté et la netteté qui favorisent si bien et qui souvent même rendent infaillible la découverte de la vérité.

Nous emprunterons la matière de ce chapitre à peu près entièrement à un ouvrage ancien, où l'auteur traite des mathématiques comme d'une science qu'on doit faire servir à la formation de l'esprit (*). Les considérations dans lesquelles il entre sont philosophiques, mais d'une philosophie tout à fait à la portée des jeunes intelligences : la simplicité en étant un des principaux mérites, c'est là surtout le motif qui nous a décidé à les donner sans presque y faire de changement.

(*) *Éléments des mathématiques* ou *Traité de la Grandeur en général*, par le P. Lamy, de l'Oratoire. Le P. Lamy, né au Mans en 1645, est l'auteur d'un grand nombre d'ouvrages sur les mathématiques et sur d'autres sujets. Dans son *Traité de la Grandeur*, on admire, dit la *Biographie universelle*, son talent pour rendre facile l'étude de l'algèbre. Ce que nous donnons de cet ouvrage est extrait de la 7e édition publiée en 1765.

263. « On nomme *question* en général la proposition ou la recherche d'une vérité qui est inconnue, mais dont on connaît quelque rapport avec des vérités connues. On ne cherche point ce qu'on connaît, ce serait aussi en vain qu'on chercherait ce qu'on ignore, si on n'en avait quelque connaissance ; aussi dans une question tout n'est pas inconnu. Or, c'est de ce qu'on sait déjà qu'on peut apprendre ce qu'on ne savait point : une première connaissance servant de degré pour en acquérir de nouvelles. Pour cela il faut se servir de l'une ou de l'autre de ces deux méthodes, que l'exemple suivant fera comprendre. Supposons un homme qui veuille connaître les ressorts d'une montre, et qui n'en ait jamais vu d'ouverte ou de démontée. Si cette montre était fermée, et qu'ainsi il ne vît point ce qui la fait marcher, il serait porté à l'ouvrir et à la démonter pour en voir les détails intérieurs. Si, au contraire, cette montre était démontée, et que toutes ses pièces fussent séparées, il souhaiterait de trouver un artisan habile qui pût les assembler, et lui en expliquer l'usage. La première de ces méthodes s'appelle *Analyse* (du grec ἀνάλυσις), c'est-à-dire méthode de résolution; parce qu'on résout en ses parties la chose qu'on veut connaître. La seconde méthode s'appelle *Synthèse* (de σύνθεσις) ou méthode de composition, parce qu'on assemble les parties de la chose qu'on examine. La première défait, la seconde compose. C'est en suivant l'une ou l'autre méthode que l'on peut résoudre une question.

Il ne faut point toutefois s'attacher d'une manière absolue à l'origine ou à l'étymologie des noms, il faut considérer surtout ce qu'ils signifient dans l'usage présent. Par la *synthèse*, en mathématiques, on entend la méthode de traiter une question par les principes de la science que cette question regarde : comme nous avons fait pour les théorèmes et les règles de calcul que nous avons énoncés jusqu'à ce moment, car on a pu voir que nous nous sommes servis de ce que nous avions démontré précédemment, et qu'ainsi nous avons composé comme un corps de doctrine qui comprend toutes les vérités principales que doit renfermer un traité d'algèbre élémentaire. On appelle la synthèse *Méthode de doctrine*, parce qu'elle est propre pour enseigner. Un maître qui sait déjà les choses, ne propose d'abord à son disciple que celles qui sont faciles à comprendre, le menant par degrés de connaissance en connaissance, selon que les vérités qu'il enseigne se suivent, ou que les unes servent à faire comprendre les autres. Il n'en est pas de même de l'*analyse*. On ne l'emploie pas, au moins ordinairement, pour faire connaître ce que l'on sait, mais pour trouver ce qu'on ne savait pas ; c'est pour cela qu'on l'appelle *Méthode d'invention* ; et c'est cette méthode dont on a appris à se servir dans les quatre chapitres précédents et dont nous voulons faire encore mieux comprendre l'esprit et les préceptes dans celui-ci. Or, voici en deux mots en quoi elle consiste :

Un problème étant proposé, lorsqu'on suppose d'abord la chose faite comme elle le doit être, et que de ce qui est connu dans la question, on en tire la connaissance de ce qu'on ne savait pas, c'est ce qu'on appelle *analyse* ou *méthode d'invention* ; parce qu'avec son secours on découvre et on vient à connaître ce qu'on ne connaissait pas auparavant, au lieu que dans la *synthèse* on ne peut enseigner et on n'enseigne effectivement aux autres, que ce qu'on sait déjà.

La notion que nous donnons ainsi de l'analyse, nous apprend que la première chose qu'on doit faire, dans cette méthode, c'est d'exprimer nettement ce qui est proposé, afin de le considérer attentivement, puisque de la seule supposition que la chose dont il s'agit est faite d'une telle manière, on doit déduire tout ce qu'on en veut savoir. Pour être entendu, servons-nous d'un exemple, facile à comprendre après ceux qui ont été expliqués jusqu'ici. On propose de découvrir les âges de trois personnes. *La seconde est*, dit-on, *plus âgée que la première de cinq ans*, *la troi-*

sième a le double des années de la première et de la seconde, et les âges de ces trois personnes font ensemble 75 années. Si je nomme x l'âge de la première, celui de la seconde sera $x + 5$; et puisque l'âge de la troisième est le double de l'âge de la première et de la seconde, donc son âge sera $4x + 10$. Ainsi ces trois âges sont x, $x + 5$, $4x + 10$. Or, ils sont égaux à 75; donc $6x + 15 = 75$. On a ainsi exprimé le problème proposé tel qu'il est. C'est de cette seule supposition qu'il faut déduire la vérité qu'on cherche, c'est-à-dire quel est l'âge de chaque personne.

264. Or, voici, en général, les règles à suivre pour arriver à exprimer un problème de la manière la plus simple :

Première règle. — *La première chose que l'on doit faire, est de concevoir très-distinctement l'état de la question qu'on propose de résoudre; c'est-à-dire de voir ce qu'il faut chercher pour satisfaire à la question.*

En général, une question est en partie résolue quand on sait bien ce qu'il faut chercher.

Seconde règle. — *Pour découvrir quel est l'état de la question, il faut retrancher ce qu'il n'est point nécessaire d'examiner pour arriver à la connaissance de la vérité que l'on cherche, et suppléer les choses qui sont nécessaires.*

Ceux qui proposent des questions y joignent quelquefois des conditions qui semblent nécessaires, quoiqu'elles ne le soient pas. Quelquefois aussi on ne met pas dans une question tout ce qui est nécessaire.

Troisième règle. — *Quand on a retranché d'une question tout ce qui ne servait qu'à la rendre plus embarrassée, et que l'on a suppléé les conditions nécessaires que l'on ne disait pas, et qu'ainsi on voit clairement ce qu'il faut chercher; pour soulager l'esprit dans cette recherche, il faut donner un nom à chaque terme de la question, et l'exprimer par un caractère sur le papier.*

Cela arrête l'imagination, et empêche que l'on ne s'embrouille, et que l'on n'oublie les découvertes que l'on a faites. Ainsi dans la question que l'on a faite ci-dessus, des âges de trois personnes différentes, pour fixer mon esprit, j'appelle x l'âge de la première, y celui de la seconde, et z celui de la troisième. Ces caractères me rendent plus facile l'attention que je dois donner à cette question : et quand j'aurai fait quelque découverte, je la marquerai, pour ne la pas oublier. Par exemple, connaissant par la proposition qui a été faite de la présente question, que l'âge de la première personne, que j'ai nommé x, est moindre de cinq années que l'âge de la seconde qui est marqué par la lettre y, je découvre que x plus 5 années est égal à y, ce que je marque de cette manière $x + 5 = y$. Et ensuite je continue l'examen de cette question, donnant à chaque chose mon esprit tout entier, parce que je ne suis point obligé de conserver dans ma mémoire ma première découverte, l'ayant laissée comme en dépôt sur le papier.

QUATRIÈME RÈGLE. — *En marquant par des signes les grandeurs qui sont le sujet de la question, il faut distinguer par des signes différents celles qui sont connues d'avec celles qui ne le sont pas.*

Si tout était connu dans une question, ce ne serait pas une question, comme on l'a remarqué. Personne ne demandera sérieusement quelle est la grandeur qui est la moitié de 24, et qui est égale à 12. Si tout était connu, ce ne serait pas non plus un sujet de question. Si un homme me proposait simplement de découvrir quel nombre il a pensé, sans me dire autre chose, je lui répondrais que je ne suis pas devin. Dans une question raisonnable, il y a toujours quelque grandeur connue qui se trouve mêlée avec des grandeurs inconnues, il les faut distinguer : ce que nous avons appris à faire, marquant celles qui sont connues avec les premières lettres de l'alphabet a, b, c, d, et nous servant des dernières lettres x, y, z, pour marquer les inconnues. Cela soulage encore l'imagination, et fait apercevoir sensiblement ce qu'il faut chercher dans une question.

C'est toujours la valeur de x, ou de y, ou de z, que l'on cherche.

Quand dans la question proposée on parle de plusieurs grandeurs de différentes espèces, on peut les marquer avec les premières lettres de leur nom. Si l'on parlait, par exemple, de maisons, d'arbres, de pommes, on pourrait appeler les maisons m, les arbres a, les pommes p. Tout cela sert merveilleusement à faciliter la résolution d'une question, aidant l'imagination, sans le secours de laquelle la plupart des hommes ne peuvent rien concevoir; outre que cela abrége fort le discours, sans le rendre néanmoins obscur, parce que ces signes sont simples et faciles à connaître. Je suppose qu'on les réduise à un petit nombre; car autrement, bien loin de rendre le discours clair en l'abrégeant, ils l'obscurciraient, comme l'expérience le fait connaître, en ce qu'ils composeraient un langage tout nouveau auquel on ne serait point accoutumé.

Cinquième règle. — *Quand une question n'est point déterminée par quelque grandeur particulière, et qu'ainsi plusieurs grandeurs peuvent avoir les conditions requises, il faut alors supposer à discrétion quelque grandeur qui ait les conditions proposées et détermine ainsi la question.*

Si on proposait de trouver en général une grandeur qui fût la sixième partie d'une autre grandeur, cette question serait indéterminée; car l'on peut trouver une infinité de différentes grandeurs qui seront la sixième partie d'une autre grandeur. Je prends donc 30 que je divise par 6, le quotient de cette division, qui est 5, est la sixième partie d'une grandeur. Je puis supposer une autre grandeur comme est 24, dont la sixième partie est 4; ainsi ces deux nombres 24 et 4 satisfont à la question, comme font 30 et 5.

Sixième règle. — *Il faut corriger les noms ou les expressions des grandeurs qui font le sujet de la question, et les réduire aux plus simples termes qu'il se pourra faire.*

C'est-à-dire que les expressions dont on se sert doivent

être nettes et abrégées, afin qu'on ait moins de peine à se les représenter, et qu'ainsi on puisse plus aisément achever de résoudre la question; au lieu donc de $x+5+x+x+10$, on doit écrire $3x+15$. De même lorsqu'on a des fractions, il faut les réduire aux plus simples termes; au lieu de $\frac{12}{24}$, écrire $\frac{1}{2}$; et si on a plusieurs fractions, les ajouter en une somme. Par conséquent, si $\frac{1}{2}+\frac{2}{3}$ sont la valeur d'une grandeur donnée, il faut ajouter ces deux fractions, et mettre en leur place leur valeur $\frac{7}{6}$.

Pour épargner la diversité des signes, au lieu de deux grandeurs connues, il en faut mettre une seule qui leur soit égale. Ainsi, au lieu de $ax+dx$, prendre c, qui soit égal à $a+d$, et écrire cx. On pourra aussi, à la place de $ax+dx$, sans changer $a+d$ en c, écrire simplement $(a+d)x$. Ces expressions, plus simples et moins embarrassées, rendent la question plus claire.

Septième règle. — *Connaissant les rapports qui sont entre les termes d'une question, on connait la différence qui est entre ces termes, et ce qui les rend égaux ou inégaux; par ce moyen, on les peut exprimer en deux manières, ce qui s'appelle faire une équation.*

Pour demeurer dans la même question des trois âges qui a été proposée ci-dessus, connaissant que y surpasse x de 5, ou que la différence de x et de y est 5, je sais donc que $y-5=x$, ou que $x+5=y$; et que puisque z est le double de x et de y, il faut que $2x+2y$ soit égal à z. Ainsi, je puis exprimer ces grandeurs de deux manières, nommer $x+5$ la grandeur y, et $2x+2y$ la grandeur z. C'est cette double expression d'une même grandeur qui s'appelle *équation*. Remarquez que j'ai examiné la question comme si elle était déjà résolue. J'ai donné des noms aux choses comme si je les connaissais, après quoi j'ai considéré leurs différences; j'ai, dis-je, parcouru la difficulté, selon l'ordre qui montre le plus naturellement leurs rapports, ce qui m'a fait trouver le moyen d'exprimer une même grandeur en deux façons; et cela, comme nous l'avons dit, s'appelle avoir une *équation*. J'ai trouvé que $x+5=y$, et que $2x+2y=z$.

HUITIÈME RÈGLE. — *Il faut trouver autant d'équations qu'il y a de grandeurs inconnues, et faire en sorte que dans l'expression du problème, il n'y ait qu'une seule grandeur inconnue.*

Il est évident que la fin de tout ce que l'on fait dans l'examen d'une question, c'est, en comparant les grandeurs inconnues avec celles qui sont connues, de connaître, si cela se peut, ce qui les rend inégales, ou ce qu'il faudrait ajouter ou retrancher, plus ou moins, afin qu'elles fussent égales. Ainsi, ayant examiné toutes les conditions d'un problème, il faut trouver autant d'équations qu'il y a de grandeurs inconnues, de sorte qu'il n'en reste qu'une seule inconnue, c'est-à-dire que de toutes les lettres qui marquent les grandeurs inconnues, il ne doit rester qu'une seule lettre qui soit inconnue. Par exemple, dans la question ci-dessus proposée, puisque je sais que $x+5$ est égal à y, qui est le second âge, je n'appelle plus ce second âge y, mais $x+5$; et puisque le troisième âge z est le double de x et de $x+5$, je n'appelle plus z le troisième âge, ni $2x+2y$, mais $2x+2x+10$; laquelle expression $2x+2x+10$, étant simplifiée, se réduit à celle-ci $4x+10$; ainsi les trois grandeurs x, y, z, étant réduites à celles-ci $x, x+5, 4x+10$, n'ont plus qu'une de ces lettres qui marque les inconnues, savoir x. Cela rend la question bien plus simple, la réduisant à la recherche d'une seule grandeur inconnue. Dans l'exemple proposé, il n'est donc plus question que de chercher la valeur de x. Mais puisque la somme des trois âges $x+x+5+4x+10$ est égale à 75, donc, après avoir changé cette expression, et l'avoir réduite à celle-ci $6x+15$, qui est plus simple, j'ai cette équation $6x+15=75$, c'est-à-dire une double expression de la même grandeur, car $6x+15$ et 75 ont une même valeur. C'est cette équation qui fera trouver la valeur de x, ainsi qu'on va le voir.

NEUVIÈME RÈGLE. — *Quand les grandeurs connues ou inconnues se trouvent mêlées ensemble, il faut les séparer, et transporter d'un côté tout ce qui est connu, et de l'autre ce qui est inconnu.*

On sait qu'on appelle *membres* d'une équation ce qui est à droite et à gauche du signe de l'égalité; ainsi $6x+15$ et 75 sont les membres de cette équation $6x+15=75$. Or, quand dans l'un des membres d'une équation la grandeur inconnue se trouve toute seule, et que dans l'autre membre il n'y a que des grandeurs connues, il est évident que cette grandeur n'est plus inconnue. Si on pose $x=10$, je sais que la valeur de x est 10. Pour achever donc de résoudre la question, il faut faire passer dans l'un des membres tout ce qui est connu, et dans l'autre tout ce qui est inconnu, de manière que le rapport de la grandeur inconnue avec les grandeurs inconnues soit net. Ainsi, dans cette équation $6x+15=75$, la grandeur x se trouvant mêlée avec $+15$, je rejette cette grandeur connue 15 de l'autre côté, de cette manière $6x=75-15$, ce que je fais en retranchant de chaque membre cette grandeur 15; et cela ne trouble point l'équation, puisque, de deux choses qui sont égales, si on retranche choses égales, elles demeurent égales.

DIXIÈME RÈGLE. — *Il faut réduire aux plus simples termes ce rapport d'égalité, qui est entre les deux membres de l'équation.*

Ainsi, au lieu de $6x=75-15$, j'écris $6x=60$, car $75-15$, c'est la même chose que 60. Je réduis encore cette équation $6x=60$ à de moindres termes, divisant ces deux termes $6x$ et 60 par 6. Cette division donne x et 10, qui sont encore deux grandeurs égales, puisque divisant deux grandeurs par un même diviseur, elles gardent entre elles le même rapport qu'elles avaient auparavant. Ainsi, $x=10$, après quoi on connaît sensiblement le rapport de l'inconnue x avec ce qui est connu. Toute la question se trouve donc résolue; car puisque x vaut 10, que $x+5=y$, donc

$10+5=y$, donc y vaut 15; et puisque $2x+2y=z$, donc z vaut 50 : par conséquent le premier âge est 10, le second 15, le troisième 50; la somme de ces trois âges est bien 75 années.

Ainsi, lorsqu'on suit la méthode que nous avons prescrite, on trouve enfin la résolution de la question. Ce n'est point par hasard, c'est en suivant une méthode judicieuse et naturelle. Pour marque de cela, c'est que si le problème ne peut pas être résolu, on en découvre l'*impossibilité*.

Un problème est impossible, ou absolument, ou par rapport à nos connaissances. Un problème est absolument impossible lorsqu'il renferme une contradiction, comme celui-ci : *Trouver un nombre qui soit le tiers de* 12, *et qui soit égal à* 5? Cela est impossible, car le tiers de 12 est 4. Ainsi, l'on demande de trouver un nombre égal en même temps à 4 et à 5, ce qui renferme une contradiction. Or, en suivant la méthode prescrite, on reconnaît si un problème est absolument impossible ; car, par exemple, dans celui-ci, ayant supposé que le tiers de 12 se nomme x, j'ai cette équation $3x=12$; et puisque x est égal à 5, il faut que $3x=15$, ce qui est impossible, car $3x=12$. Ainsi je connais que les deux conditions qui sont renfermées dans ce problème se combattent, et que par conséquent ce problème est impossible.

Nous pouvons reconnaître aussi si un problème est impossible par rapport à nos connaissances; car si, par exemple, après avoir suivi les règles précédentes, je n'ai pas pu réduire une équation à des termes plus simples que ceux-ci, $x^2=b^2+ax$, j'aperçois bien que je ne puis pas savoir quelle est la valeur de x, parce que je n'ai point encore de règles pour connaître la valeur d'une grandeur inconnue telle que x quand je sais seulement que son carré qui est x^2 est égal au carré d'une grandeur connue, tel que b^2, plus un produit de l'inconnue x et d'une grandeur connue, tel qu'est le produit ax.

Lorsqu'en parcourant la difficulté de la manière qu'on

vient de le dire, on ne trouve point d'équation qui puisse donner la valeur de x, c'est une marque que la question est indéterminée. Alors, comme on l'a dit (cinquième règle), on suppose à son gré des grandeurs qui puissent satisfaire à la question.

D'après ce qu'on vient de voir, il y a deux parties dans l'analyse; la première est l'art de tirer des conditions d'un problème toutes les équations nécessaires pour le résoudre. L'autre consiste à couper et tailler une équation, de sorte qu'on la réduise à une expression simple, et qu'on délivre la grandeur inconnue de ce qui empêchait qu'on ne vît précisément son rapport avec les grandeurs connues. Comme dans cette équation $5x - 1 = 4x + 6$; en ajoutant 1 de part et d'autre, on a $5x = 4x + 7$; et ôtant $4x$ de part et d'autre, on a $x = 7$, où le même rapport d'égalité subsiste. C'est ce qui a fait donner le nom d'Analyse à la méthode dont nous parlons. C'est un mot grec qui signifie résoudre, couper, délier. Ces réductions se font simplement en ajoutant aux membres d'une équation, ou en en retranchant quelque chose, les multipliant ou les divisant, de manière que l'égalité qui est entre eux ne soit point détruite. On a vu les règles relatives à cet objet expliquées pour les équations du premier degré dans les chapitres qui précèdent celui-ci. Il nous reste à voir celles qui concernent le second degré dans le chapitre suivant. »

265. Nous donnons en finissant, d'après le *Discours sur la Méthode* de Descartes et l'*Art de Penser* de Port-Royal, quatre règles principales non plus seulement pour l'analyse algébrique, mais pour toute analyse en général, quoique à vrai dire, d'après l'observation de l'*Art de penser*, elles soient générales pour toutes sortes de méthodes et non particulières pour la seule analyse. On remarquera qu'il n'est rien dans ces règles à quoi les algébristes ne se conforment rigoureusement.

La première règle est de *ne jamais recevoir aucune chose pour vraie qu'on ne la connaisse évidemment être telle*; c'est-

à-dire d'éviter soigneusement la précipitation et la prévention, et de ne comprendre rien de plus en ses jugements, que ce qui se présente si clairement à l'esprit, qu'on n'ait aucune occasion de le mettre en doute.

La deuxième de *diviser chacune des difficultés qu'on examine, en autant de parcelles qu'il se peut, et qu'il est requis pour les résoudre.*

La troisième de *conduire par ordre ses pensées, en commençant par les objets les plus simples et les plus aisés à connaître, pour monter peu à peu comme par degrés jusqu'à la connaissance des plus composés, et supposant même de l'ordre avec ceux qui ne se précèdent point naturellement les uns les autres.*

La quatrième de *faire partout des dénombrements si entiers et des revues si générales, qu'on se puisse assurer de ne rien omettre.*

« Il est vrai, ajoute l'*Art de penser*, qu'il y a beaucoup de difficulté à observer ces règles, mais il est toujours avantageux de les avoir dans l'esprit, et de les garder autant que l'on peut, lorsqu'on veut trouver la vérité par la voie de la raison et autant que notre esprit est capable de la connaître. »

266*. Au reste, toutes ces précautions et tous ces soins que l'homme est obligé de prendre pour arriver à la découverte de la vérité, soit en mathématiques, soit en général dans l'étude des choses naturelles, montrent à la raison sa propre faiblesse et ses obscurités. Aussi, en cherchant à faire ressortir dans toute la suite de cet ouvrage les beautés de l'algèbre et l'étendue des ressources dont elle dispose, afin de donner à nos jeunes lecteurs une connaissance exacte et une juste estime de cette science, d'animer en même temps et de soutenir leur application, n'avons-nous pas eu la pensée de reconnaître à l'homme le droit de s'enorgueillir pour cette invention due à son génie. Car, outre que le génie de l'homme lui vient de Dieu et que tout ce qui tend à en faire ressortir l'éclat prouve avant tout l'intelligence infinie qui en est la source, nous n'avons pu oublier un instant, et nous l'avons même déjà fait remarquer plusieurs fois, que la nature des moyens employés par l'algèbre pour découvrir les inconnues et établir les formules, accuse l'impuissance et les bornes étroites du génie même; et, dans notre plan, cette réflexion sur la véritable mesure en quelque sorte mathématique de l'intelligence de l'homme devant la vérité inconnue, devait faire pour une large part l'intérêt philosophique que nous avons voulu mettre dans ce traité.

C'était notre vœu aussi que les chers élèves à qui nous destinions notre travail, après s'être accoutumés à suivre dans les questions relatives aux nombres la méthode si sage et si prudente qu'ils viennent d'étudier, se trouvassent préparés, par cet exercice solide de leur intelligence, à comprendre et à appliquer plus tard avec avantage les règles qui doivent guider en général dans la recherche de la vérité. Sans doute, les questions qui n'ont pas pour objet les quantités, ne peuvent se décider par des équations, des chiffres et des formules; mais, au fond, la même logique doit dominer et diriger tous les travaux, toutes les recherches de l'esprit.

CHAPITRE IX.

Équations et Problèmes du second degré.
Cas très-simple du troisième degré.
Notions sur les puissances et les racines de tous les degrés.

267*. Nous nous bornerons, pour cette partie, à expliquer les règles de calcul, sans entrer dans d'autres détails qui seraient pourtant de nature, au moins autant que ce qui précède, à intéresser les élèves; mais nous croyons qu'après avoir étudié avec fruit toutes les questions relatives au premier degré, ils pourront au besoin suppléer eux-mêmes à certains développements que nous croyons devoir maintenant négliger. Ainsi nous n'aurons pas besoin de multiplier les applications des formules du second degré, car tous comprendront sans peine que ces sortes d'applications, sauf une particularité qui sera suffisamment indiquée, se font de la même manière pour les deux degrés. Nous ne discuterons pas non plus la formule générale qui répond à toutes les équations du second degré à une inconnue : nos lecteurs ont un exemple de ces sortes de discussions dans celle de la formule du problème des courriers, et ils devineront assez, du reste, que celle dont nous parlons, étant beaucoup plus compliquée, n'offrirait pas moins de particularités curieuses; nous passerons en outre sous silence certaines applications d'un ordre trop élevé, sans négliger pourtant rien de ce qui pourra nous faire remplir le but que nous nous sommes proposé dans ce cours, et que nous avons indiqué dans nos préliminaires.

268. Équations du second degré. Définition. — On sait déjà ce qu'on entend par une équation du second degré (n° 141). Il nous reste seulement à montrer, pour compléter ce que nous avons dit ailleurs, qu'une équation du second degré peut se présenter d'abord comme étant du premier. Par exemple, l'équation $\frac{x}{x+60} = \frac{7}{3x-5}$, dans laquelle l'inconnue x n'a pas d'autre exposant que 1, est pourtant du second degré, parce que les dénominateurs étant chassés et toutes les réductions effectuées, elle offre un terme qui renferme x affecté de l'exposant 2, car elle prend alors la forme $3x^2 - 12x = 420$. L'équation $\frac{y}{2} + \frac{x}{y} = 4$ est aussi du second degré, parce que l'évanouissement des dénominateurs y fait de même apparaître un terme du second degré, xy.

269. Notions sur les puissances et les racines. — Dans le calcul des équations des degrés supérieurs au premier, on a besoin de quelques notions nouvelles sur les puissances et les racines; c'est par là que nous commencerons.

270. Carré des monômes.—*Règle.*—On fait le carré d'un monôme entier en élevant son coefficient au carré et doublant les exposants; par exemple, le carré de $3a^3b$ est $9a^6b^2$.

On fait le carré d'une fraction en élevant au carré son numérateur et son dénominateur; par exemple, le carré de $\frac{bc^2}{5a}$ est $\frac{b^2c^4}{25a^2}$.

271. Cette règle, soit pour le carré des monômes entiers, soit pour le carré des fractions, n'est qu'une application particulière des règles données au chapitre II pour la multiplication des quantités entières et des fractions.

272. Racine carrée des monômes. — *Règle.* — Réciproquement, on obtient la racine carrée d'un monôme entier, en prenant celle de son coefficient et divisant les exposants par 2; on obtient la racine d'une fraction en prenant celle du numérateur et celle du dénominateur. C'est ainsi qu'on a $\sqrt{9a^6b^2} = 3a^3b$ et $\sqrt{\frac{b^2c^4}{25a^2}} = \frac{bc^2}{5a}$.

273. Double valeur des radicaux du second degré. — La racine carrée d'une quantité a deux valeurs égales et de signes contraires : ainsi, l'on a, par exemple, $\sqrt{16} = \pm 4$ (on a déjà vu que le double signe $\pm$ s'énonce *plus ou moins*); et en effet $(-4) \times (-4)$ égale $+16$, comme $(+4) \times (+4)$ égale aussi $+16$. — Il suit de là que les résultats du numéro précédent doivent s'écrire $\pm 3a^3b$, $\pm \frac{bc^2}{5a}$.

274. On met le double signe $\pm$ devant les radicaux eux-mêmes pour indiquer à la fois les deux valeurs de la racine. Lorsqu'un radical n'est précédé d'aucun signe ou qu'il est précédé du signe $+$, il représente spécialement la valeur positive; quand il est précédé du signe $-$, il représente la valeur négative. D'après cela, pour ne donner lieu à aucune équivoque, on écrira, par exemple, $\pm\sqrt{16} = \pm 4$, $+\sqrt{16}$ ou simplement $\sqrt{16} = +4$, $-\sqrt{16} = -4$.

275. Carrés parfaits. — Toute quantité qui a une racine carrée exacte s'appelle un *carré parfait*. Ainsi, les quantités écrites sous les radicaux dans les exemples précédents sont des carrés parfaits.

276. Décomposition d'un radical du second degré en un produit de plusieurs radicaux. — D'après la règle du n° 272, la racine carrée d'un produit de plusieurs facteurs, par exemple $\sqrt{9a^6b^2}$, équivaut à un produit de plusieurs radicaux du second degré. Car il est évident qu'au lieu d'écrire comme ci-dessus $\sqrt{9a^6b^2} = 3a^3b$, on peut très-bien indiquer la racine de chaque facteur sans l'extraire, de manière à avoir $\sqrt{9a^6b^2} = \sqrt{9}\ \sqrt{a^6}\ \sqrt{b^2}$.

277. Simplification d'un radical carré. — Il arrive souvent qu'il n'est pas possible d'extraire la racine carrée de tous les facteurs d'un produit : par exemple, dans le produit $9b^4c$, on voit un facteur c dont on ne peut avoir la racine carrée. Toutefois, comme le radical $\sqrt{9b^4c}$ peut être décomposé en plusieurs radicaux et qu'il égale $\sqrt{9}\ \sqrt{b^4}\ \sqrt{c}$, il est permis d'écrire $\sqrt{9b^4c} = 3b^2\sqrt{c}$, en extrayant la racine des facteurs carrés 9 et b^4 et laissant le facteur c sous le radical; on fait ainsi *sortir du radical* les facteurs carrés et ce radical est simplifié.—On pourrait, par une opération inverse, *faire entrer* sous le radical les facteurs $3b^2$ et avoir ainsi de nouveau $\sqrt{9b^4c}$.

278. Carré des radicaux du second degré.— *Règle.*— On fait le carré d'un radical du second degré en supprimant le signe $\sqrt{\ }$: par exemple pour le carré de $\sqrt{a^2}$ on écrira a^2. Et en effet le carré de $\sqrt{a^2}$ égale $\sqrt{a^2} \times \sqrt{a^2} = a \times a = a^2$. D'après cela, le carré de $3\sqrt{b^4c}$ sera $9b^4c$; de même on aura $\pi^2 \dfrac{l}{g}$ pour le carré de $\pi\sqrt{\dfrac{l}{g}}$.

279. Carré des polynômes.— On obtient le carré d'un polynôme en le multipliant par lui-même d'après les règles ordinaires. Ex. : $(a+b)^2 = (a+b)\ (a+b) = a^2 + 2ab + b^2$; $(a-b)^2 = (a-b)\ (a-b) = a^2 - 2ab + b^2$.

280. Nous ferons remarquer que les deux carrés que nous donnons ici en exemples, expriment des propriétés importantes. Le premier particulièrement, appliqué en arithmétique dans la démonstration de la règle de l'extraction de la racine carrée d'un nombre composé de dizaines et d'unités, s'énonce alors comme il suit : Le carré d'un nombre composé de dizaines et d'unités égale le carré des dizaines, plus le carré des unités, plus le double du produit des dizaines par les unités.

281. Nous n'avons pas à parler de l'extraction de la racine carrée des quantités qui renferment plus d'un terme.

282. Radicaux semblables. Leur réduction.— On appelle radicaux *semblables* ceux qui ne diffèrent que par les facteurs non placés sous le signe radical : ainsi $3\sqrt{c}$ et $4\sqrt{c}$ sont des radicaux semblables.

283. Pour réduire plusieurs radicaux semblables en un seul, il faut considérer les facteurs placés en dehors du radical comme des coefficients et appliquer la règle ordinaire de la réduction des termes semblables (nº 85). Ainsi, on aura $11\sqrt{c} - 4\sqrt{c} = 7\sqrt{c}$.

284. Si plusieurs termes renferment un même radical comme facteur, on peut mettre ce radical en facteur commun en suivant la règle du nº 107. Par exemple, on aura $a\sqrt{c} + b\sqrt{c} = (a+b)\sqrt{c}$.

285. Puissances et racines des degrés supérieurs au second. — Il existe pour les puissances et les racines des degrés supérieurs au second des règles de calcul semblables à celles qui concernent les carrés et les racines carrées. Ainsi, on obtient en général une puissance ou une racine d'un monôme, en formant la puissance ou extrayant la racine du coefficient, et en multipliant ou divisant les exposants par le degré de la puissance ou de la racine; on peut laisser sous un radical un facteur qui n'a pas de racine exacte, en mettant en dehors du radical les racines des autres facteurs; on élève un radical à une puissance de même degré que lui en effaçant le signe $\sqrt{}$; la réduction des radicaux semblables ou la mise en facteur commun se fait aussi de la même manière pour les radicaux de tous les degrés. Il faut pourtant remarquer que les radicaux de degré impair n'admettent pas le double signe $\pm$.

286. Exposants fractionnaires. — A la place des radicaux on emploie quelquefois des exposants fractionnaires, où le dénominateur tient lieu de l'indice de la racine, le numérateur étant le véritable exposant de la lettre qui précède la fraction. Par exemple, on écrit $a^{\frac{2}{3}}$ pour $\sqrt[3]{a^2}$; de même $a^{\frac{1}{2}}$ pour $\sqrt{a}$. Nous nous bornerons d'ailleurs à ajouter qu'on suit pour les exposants fractionnaires les mêmes règles de calcul que pour les exposants entiers.

On obtient ainsi les mêmes résultats que si on opérait directement sur les radicaux.

287. Deux sortes d'équations du second degré. — Il y a deux sortes d'équations du second degré : les équations *incomplètes* ou *à deux termes*, et les équations *complètes* ou *à trois termes*. On appelle équations *incomplètes* ou *à deux termes* celles qui, étant réduites à la forme la plus simple, n'offrent plus que deux termes : un terme contenant x^2 et un terme connu. Par exemple $3x^2 = 48$ est une équation incomplète. Les équations *complètes* ou *à trois termes* sont celles qui, après toutes les réductions effectuées, renferment un terme en x^2, un terme en x, et une quantité connue; par exemple, l'équation citée plus haut, $3x^2 - 12x = 420$.

288. Résolution des équations incomplètes.—Règle. — *Pour résoudre une équation incomplète du second degré, soit numérique, soit littérale : 1° on traite d'abord cette équation comme une équation du premier degré, faisant les opérations indiquées par les signes, chassant les dénominateurs, mettant dans le premier membre tous les termes qui renferment l'inconnue et dans le second membre tous les termes connus, réduisant les termes semblables, mettant l'inconnue en facteur commun, changeant les signes de l'équation si le terme renfermant l'inconnue a le signe —, divisant enfin les deux membres par le coefficient de l'inconnue; 2° on extrait la racine carrée des deux membres de l'équation.*

289. Remarque. — Si, après les transformations indiquées dans la première partie de la règle, le second membre est une fraction ordinaire dont les termes n'aient pas de racine carrée exacte, on facilitera l'extraction de la racine en réduisant la fraction ordinaire en fraction décimale.

290. Exemples de résolution des équations incomplètes.

EXEMPLE I. *Équation :* $16 - \frac{2x^2}{3} = \frac{x^2}{3}$.

(1°) $$144 - 6x^2 = 3x^2,$$
$$-9x^2 = -144,$$
$$9x^2 = 144,$$
$$x^2 = \frac{144}{9} = 16;$$

(2°) $$x = \pm\sqrt{16} = \pm 4.$$

Vérification : 1° pour $x = 4$:
$$16 - \frac{2.4.4.}{3} = \frac{4.4}{3},$$
$$\frac{16}{3} = \frac{16}{3};$$

2° pour $x = -4$:
$$16 - \frac{2.(-4).(-4)}{3} = \frac{(-4).(-4)}{3},$$
$$\frac{16}{3} = \frac{16}{3}.$$

Ex. II. *Équat.* : $$\frac{6x^2}{4} + 2x^2 = \frac{18}{7}.$$

(1°) $$42x^2 + 56x^2 = 72,$$
$$98x^2 = 72,$$
$$x^2 = \frac{72}{98} = \frac{36}{49};$$

(2°) $$x = \pm\sqrt{\frac{36}{49}} = \pm\frac{6}{7}.$$

Vérification : $$\frac{18}{7} = \frac{18}{7}.$$

Ex. III. *Équat.* : $$4x^2 = x^2 + 32,$$

(1°) $$4x^2 - x^2 = 32,$$
$$x^2 = \frac{32}{3};$$

(2°) $$x = \pm\sqrt{\frac{32}{3}};$$

(N° 289) Réduction en fraction décimale :
$$x = \pm\sqrt{10.6667},$$
$$x = \pm 3{,}26 \text{ (à moins de 0,01 près).}$$

Vérification : Il est évident que la *vérification* ne pourra se faire exactement que si l'on introduit dans l'équation les valeurs exactes $+\sqrt{\frac{32}{3}}$, $-\sqrt{\frac{32}{3}}$, et non les valeurs approchées $+3,26$, $-3,26$.

On trouvera alors $42\frac{2}{3} = 42\frac{2}{3}$.

EXEMPLE IV. *Équation littérale* : $h = \frac{gt^2}{2}$, dans laquelle on suppose que l'inconnue soit t. (Nous rappellerons que cette équation, qui est une des formules étudiées au commencement du cours, représente la relation existant entre l'espace parcouru par un corps qui tombe et la durée de la chute de ce corps; *voy.* à la fin du chap. I, p. 22).

(1°) $$2h = gt^2,$$
$$t^2 = \frac{2h}{g};$$
(2°) $$t = \pm\sqrt{\frac{2h}{g}}.$$

Cette formule a déjà été proposée dans les exercices du chap. I.

Vérification : Il sera facile de s'assurer, en portant une valeur quelconque de t dans la valeur de h, que la formule qui exprime t est bien une conséquence de celle qui exprime h.

Ex. V. *Équat.* : $$\frac{ax^2}{d} - c = x^2.$$

(1°) $$ax^2 - cd = dx^2,$$
$$ax^2 - dx^2 = cd,$$
$$(a-d)x^2 = cd,$$
$$x^2 = \frac{cd}{a-d};$$
(2°) $$x = \pm\sqrt{\frac{cd}{a-d}}.$$

Vérification : En supposant $a = 5$, $c = 36$, $d = 1$, la formule donne $x = \pm 3$, et l'équation devient $9 = 9$.

291. Équations complètes ou à trois termes. Forme générale des équations complètes : $x^2 + px = q$. — Une équation complète du second degré, soit numérique, soit littérale, peut toujours être ramenée à la forme

$$x^2 + px = q;$$

c'est-à-dire qu'elle peut être transformée de manière à renfermer un terme positif en x^2 ayant pour coefficient l'unité, un terme en x ayant un coefficient quelconque entier ou fractionnaire, positif ou négatif, qui est représenté ici par p, enfin un terme tout connu, que nous représentons par q, et qui peut être aussi précédé du signe $+$ ou du signe $-$.

292. — Soit, par exemple, l'équation $3x^2 - 10x = 2x + 420$: si, après l'avoir réduite convenablement, on divise ses termes par le coefficient du premier, elle devient $x^2 - 4x = 140$, équation qui est bien de la forme $x^2 + px = q$, le coefficient négatif -4 étant à la place de p, et le terme connu 140 à la place de q.

Si on avait l'équation $3x^2 - 11 = -422$, le coefficient du second terme ne serait plus exactement divisible par le coefficient du premier, de sorte que la lettre p de l'équation générale représenterait alors le coefficient fractionnaire négatif $-\frac{11}{3}$; le terme q serait aussi négatif et fractionnaire.

L'équation littérale $cx^2 + ax - bx - c^2 = ac$, pourrait de même se réduire à la forme $x^2 + px = q$: pour cela on écrirait $x^2 + \left(\frac{a-b}{c}\right) x = (a + c)$.

293. D'après cela, on voit que l'équation $x^2 + px = q$ représente toutes les équations complètes du second degré à une inconnue. Il résulte de là que si nous apprenons à la résoudre, nous pourrons appliquer la formule qu'elle nous donnera à la résolution de toutes les autres équations du même genre. — On peut même dire que l'équation $x^2+px=q$ représente toutes les équations incomplètes du second degré, car si on y fait $p=0$, elle se réduit alors à la forme $x^2=q$. — La résolution de cette équation comprend donc celle de toutes les équations du second degré.

294. Résolution de l'équation générale $x^2+px=q$. — En ajoutant d'abord aux deux membres de l'équation le terme $\frac{1}{4}p^2$, qui est le carré de $\frac{1}{2}p$, on obtient $x^2+px+\frac{1}{4}p^2=\frac{1}{4}p^2+q$.

Cette addition offre l'avantage de transformer le premier membre en un carré parfait, c'est-à-dire en une quantité dont on peut avoir la racine carrée exacte. En effet, si l'on multiplie la quantité $x+\frac{1}{2}p$ par elle-même, on trouve pour produit ou pour carré le membre $x^2+px+\frac{1}{4}p^2$ de la nouvelle équation; la quantité $x+\frac{1}{2}p$ est donc la racine carrée exacte de ce membre.

$x+\frac{1}{2}p$ étant la racine carrée exacte du premier membre de l'équation, on peut remplacer ce membre par $x+\frac{1}{2}p$, en prenant aussi la racine carrée du second membre ; on a ainsi $x+\frac{1}{2}p=\sqrt{\frac{1}{4}p^2+q}$.

Si maintenant on fait passer $\frac{1}{2}p$ du premier membre dans le second, il vient $x=-\frac{1}{2}p\pm\sqrt{\frac{1}{4}p^2+q}$.

C'est la valeur générale de l'inconnue x dans les équations du deuxième degré, en fonction du coefficient p et du terme connu q.

295. Règle pour résoudre une équation complète quelconque du second degré à une inconnue. — *1° Traitez d'abord l'équation proposée comme une équation du premier degré, faisant les opérations indiquées par les signes, chassant les dénominateurs, mettant dans le premier membre tous les termes qui renferment l'inconnue et dans le second membre tous les termes connus, et réduisant tous les termes semblables; 2° mettez en facteur commun* x^2 *et* x, *s'il y a lieu, puis changez les signes de tous les termes de l'équation si le coefficient de* x^2 *est négatif; 3° divisez tous les termes de l'équation par le coefficient de* x^2*: l'équation est ainsi ramenée à la forme générale* $x^2+px=q$; *4° remplacez, dans la formule générale* $x=-\frac{1}{2}p\pm\sqrt{\frac{1}{4}p^2+q}$, *les lettres* p *et* q *par les valeurs positives ou négatives qu'elles ont dans l'équation, puis faites les opérations indiquées par les signes; ou bien* (ce qui revient à employer la formule, ainsi qu'on le verra tout à l'heure), *prenez la moitié du coefficient du second terme de l'équation avec un signe contraire, plus ou moins la racine carrée de la somme qu'on obtient en ajoutant au carré de cette moitié le terme tout connu de l'équation : vous aurez ainsi la valeur de l'inconnue.*

296. Nota. On n'oubliera pas que nous avons conseillé (n° 289), pour le calcul des racines carrées, de substituer des fractions décimales aux fractions ordinaires.

297. Démonstration. — Les trois premiers articles de cette règle sont démontrés par tout ce que nous avons dit dans les chapitres précédents; nous avons d'ailleurs déjà fait remarquer au n° 293 que la formule tirée de l'équation générale du second degré pouvait servir à la résolution de toutes les équations semblables. Mais nous devons montrer que le précepte par lequel se termine l'article 4° de la règle revient à une simple application de la formule, ou, en d'autres termes, que la formule conduit à ce précepte. En effet, le terme $-\frac{1}{2}p$ de la formule ayant le signe —, tandis que dans l'équation générale le coefficient p est précédé du signe +, il s'ensuit que si l'on applique la formule à un cas particulier, la moitié du coefficient du second terme de l'équation proposée devra être écrite dans la solution avec un signe contraire à celui de ce terme; le terme représenté par $\frac{1}{4}p^2$ sous le radical de la formule devra être le carré de la moitié du coefficient du second terme de l'équation proposée, car $\frac{1}{4}p^2$ est le carré de la moitié de $\frac{1}{2}p$; et ce carré sera toujours positif parce que les quantités négatives, comme les quantités positives, ont leurs carrés positifs (nº 273); enfin le terme représenté par q aura dans la solution le même signe que dans l'équation, parce que le terme q a le même signe dans l'équation et dans la formule.

298. Les deux valeurs de l'inconnue. — A cause du double signe ± qui affecte le radical de la formule générale du second degré, l'inconnue, dans une équation de ce degré, a deux valeurs différentes, que nous désignerons, pour les distinguer, par x', x'', et qu'on appelle les *racines* de l'équation (*) :

$$x' = -\frac{1}{2}p + \sqrt{\frac{1}{4}p^2 + q},$$

$$x'' = -\frac{1}{2}p - \sqrt{\frac{1}{4}p^2 + q}.$$

299. On verra par un des exemples qui suivent (ex. IV) que les deux racines d'une équation du second degré peuvent quelquefois devenir *égales*, et se réduire ainsi à une seule valeur de x.

300. Exemples de résolution des équations complètes :

(*) En général, les *solutions* d'une équation d'un degré quelconque s'appellent aussi les *racines* de cette équation.

Ex. I. *Équat.* : $\frac{x^2}{3} + 6\frac{2}{3} = 3x.$

(1°) $3x^2 + 60 = 27x,$

$3x^2 - 27x = -60;$

(3°) $x^2 - 9x = -20;$

(4° et n° 296) $x = \frac{9}{2} \pm \sqrt{\frac{81}{4} - 20}$, ou $x = 4,5 \pm \sqrt{20,25 - 20}$,

$x = \frac{9}{2} \pm \sqrt{\frac{1}{4}} = \frac{9}{2} \pm \frac{1}{2}$, ou $x = 4,5 \pm \sqrt{0,25} = 4,5 \pm 0,5;$

(N° 298) $x' = \frac{9}{2} + \frac{1}{2} = 5$, ou $x' = 4,5 + 0,5 = 5,$

$x'' = \frac{9}{2} - \frac{1}{2} = 4$, ou $x'' = 4,5 - 0,5 = 4.$

Vérification : 1° pour x' : $\frac{5 \times 5}{3} + 6\frac{2}{3} = 3 \times 5,$

$15 = 15;$

2° pour x'' : $\frac{4 \times 4}{3} + 6\frac{2}{3} = 3 \times 4,$

$12 = 12.$

Explication : Dans la valeur de l'inconnue

$$x = \frac{9}{2} \pm \sqrt{\frac{81}{4} - 20},$$

le terme $\frac{9}{2}$ est la moitié du coefficient du second terme de l'équation $x^2 - 9x = -20$; cette moitié $\frac{9}{2}$ a le signe + dans la valeur de x, parce que le terme $-9x$ de l'équation a le signe —. Le terme $\frac{81}{4}$, sous le radical, est le carré du terme précédent $\frac{9}{2}$. Le terme -20, aussi sous le radical, est le terme connu de l'équation ; ce terme a sous le radical le signe —, parce que dans l'équation il a le signe —. Le radical $\sqrt{\frac{81}{4} - 20}$ pouvait se simplifier; pour cela, on a fait la soustraction indiquée $\frac{81}{4} - 20$, ou $\frac{80}{4} - \frac{80}{4}$: on a trouvé $\frac{1}{4}$ pour résultat de la soustraction, et c'est ainsi que la valeur de x est devenue $x = \frac{9}{2} \pm \sqrt{\frac{1}{4}}$. Enfin, en extrayant la racine carrée de $\frac{1}{4}$ $\left(\text{cette racine est } \frac{1}{2}\right)$, on a obtenu $x = \frac{9}{2} \pm \frac{1}{2}$. — On voit à droite de l'opération le calcul fait aussi avec les fractions décimales.

Ex. II. *Équat.* : $\frac{(x-3)2}{5} + 9 = \frac{x^2}{4} - 5,$

(1°) $$8x - 24 + 180 = 5x^2 - 100,$$
$$-5x^2 + 8x = -256;$$

(2°) $$5x^2 - 8x = 256;$$

(3°) $$x^2 - \frac{8}{5}x = \frac{256}{5};$$

(4°) $$x = \frac{4}{5} \pm \sqrt{\frac{16}{25} + \frac{256}{5}},$$

$$x = 0,8 \pm \sqrt{0,64 + 51,20} = 0,8 \pm \sqrt{51,84},$$
$$x = 0,8 \pm 7,2,$$
$$x' = 0,8 + 7,2 = 8,$$
$$x'' = 0,8 - 7,2 = -6,4.$$

Vérification : 1° pour x' : $\frac{(8-3)2}{5} + 9 = \frac{8.8}{4} - 5,$

$$11 = 11;$$

2° pour x'' : $\frac{(-6,4-3)2}{5} + 9 = \frac{(-6.4) \times (-6,4)}{4} - 5,$

$$5,24 = 5,24.$$

Ex. III. *Equat.* : $\frac{(2x-8)x}{3} + 6x = 20.$

(1°) $2x^2 - 8x + 18x = 60,$

$2x^2 + 10x = 60;$

(3°) $x^2 + 5x = 30;$

(4°) $x = -2,5 \pm \sqrt{6,25+30} = -2,5 \pm \sqrt{36,25},$

$x = -2,5 \pm 6,02$ (val. approchée),

$x' = 3,52, \quad x'' = -8,52.$

La *vérification*, pour les valeurs 3,52 et $-8,52$, n'est qu'approchée : on trouve pour les deux $19,9936 = 20$.

Ex. IV. *Eq.* : $\frac{(x-18)x}{2} + 40\frac{1}{2} = 0.$

(1°) $2x^2 - 36x + 162 = 0,$

$2x^2 - 36x = -162;$

(3°) $x^2 - 18x = -81;$

(4°) $x = 9 \pm \sqrt{81-81},$

$x = 9 \pm 0 = 9,$

$x' = 9, \ x'' = 9,$ (racines égales).

Vérification : $\frac{(9-18)9}{2} + 40\frac{1}{2} = 0,$

$-\frac{81}{2} + 40\frac{1}{2} = 0,$

$0 = 0.$

Ex. V. *Equat.* : $\frac{3x}{x+3} = \frac{x}{3}.$

(1°) $9x = x^2 + 3x,$

$-x^2 + 6x = 0;$

(2°) $x^2 - 6x = -0;$

(4°) $x = 3 \pm \sqrt{9-0},$

$x = 3 \pm 3,$

$x' = 6, \ x'' = 0.$

Vérification : 1° pour x' : $2 = 2;$

2° pour x'' : $0 = 0.$

Ex. VI. *Équat.* : $\dfrac{x^2-6x+8}{x-2}=2x.$

(1°) $$x^2-6x+8=2x^2-4x,$$
$$x^2+2x=8;$$

(2°) $$x=-1\pm\sqrt{9}=-1\pm3,$$
$$x'=2,\ x''=-4.$$

Vérification.—La seconde valeur $x''=-4$ satisfait à l'équation; mais il n'en est pas de même de la première $x=2$, d'où il suit que cette première valeur doit être rejetée. Ce cas a été prévu au chapitre III. (*Voy.* n° 148, p. 67).

Ex. VII. *Equat.* : $x^2+ax=bx-b.$

(1°) $$x^2+ax-bx=-b;$$

(2°) $$x^2+(a-b)x=-b;$$

(3°) $$x=-\frac{a-b}{2}\pm\sqrt{\left(\frac{a-b}{2}\right)^2-b.}$$

Vérification.— Si l'on suppose $a=2$ et $b=8$, la formule donne

$$x=3\pm\sqrt{1},$$

d'où $x'=4$ et $x''=2$;

et l'équation devient

1° pour x' : $24=24$;

2° pour x'' : $8=8$.

Ex. VIII. *Equat.* : $\dfrac{(a-x)x}{b}-\dfrac{x^2}{c}=b-1.$

(1°) $$acx-cx^2-bx^2=b^2c-bc;$$

(2°) $$(-b-c)x^2+acx=b^2c-bc,$$
$$(b+c)x^2-acx=bc-b^2c;$$

(3°) $$x^2-\frac{ac}{b+c}x=\frac{bc-b^2c}{b+c};$$

(3°) $$x=\frac{ac}{2(b+c)}\pm\sqrt{\left(\frac{ac}{2(b+c)}\right)^2+\frac{bc-b^2c}{b+c}}.$$

La *vérification*, dans des cas semblables, devenant un

peu longue, on peut, sauf dans la circonstance particulière prévue au nº 148, se borner à repasser avec soin l'opération.

301. Propriétés des racines de l'équation du second degré. — Soit une équation du second degré ramenée à la forme $x^2+px+q=0$ par la transposition de tous les termes du second membre dans le premier, et soient x', x'' les racines de cette équation. Ces racines ont les propriétés suivantes :

I. Si on multiplie entre eux les deux binômes $x-x'$, $x-x''$, on obtient pour produit le premier membre x^2+px+q. C'est ce qu'il est facile de vérifier sur les exemples précédents. Ainsi, on trouvera que $(x-5)\times(x-4)$ égale $x^2-9x+20$ (1er ex.); que $(x-8)\times(x+6,4)$ égale $x^2-1,6x-51,20$, ce qui revient à $x^2-\frac{8}{5}x-\frac{256}{5}$ (2e ex.); que $(x-3,52)\times(x+8,52)$ égale (approximativement) $x^2+5x-30$ (3e ex.), etc.

II. La somme des racines x', x'', égale le coefficient du second terme pris avec un signe contraire à celui qu'il a dans l'équation : on trouve, par exemple, en vérifiant encore sur les équations ci-dessus, que $5+4=+9$ (1er ex.); que $8+(-6,4)=+1,6$ ou $+\frac{8}{5}$ (2e ex.); que $3,52+(-8,52)=-5$ (3e ex.), etc.

III. Le produit des deux racines égale le terme connu. Ainsi, on remarque que $4\times5=20$ (1er ex.); que $8\times(-6,4)=-51,2=-\frac{256}{5}$ (2e ex.); que $3,52\times(-8,52)=$ approximativement -30 (exactement $-29,9904$) (3e ex.), etc.

302. Manière de former une équation du second degré qui ait des racines déterminées d'avance. — Il suit de la propriété I que, si on veut former une équation dont les racines soient déterminées d'avance, on pourra faire, avec ces racines et avec la lettre x, des binômes tels que $x-x'$, $x-x''$, qu'on multipliera entre eux pour avoir le premier membre de l'équation; en égalant ce membre à 0, l'équation sera formée. Par exemple, si on veut une équation dont les racines soient 10 et 15, on écrira $(x-10) \times (x-15)=0$, ou, en effectuant le produit indiqué dans le premier membre, $x^2-25x+150=0$; si les racines devaient être $+10$ et -15, on ferait le produit $(x-10)\times(x+15)$ et on écrirait $x^2+5x-150=0$; pour les deux racines négatives -10 et -15, on aurait à multiplier $(x+10)$ par $(x+15)$, et l'équation serait $x^2+25x+150=0$.

303. Résolution des équations dans lesquelles l'inconnue est placée sous un radical du second degré. — Règle. — *Pour résoudre une équation dans laquelle l'inconnue est placée sous un radical du second degré : 1° on commence, s'il y a lieu, par isoler, dans un membre, le terme qui renferme le radical, en transposant les autres termes dans l'autre membre ; 2° on élève les deux membres au carré; 3° on applique ensuite à l'équation les règles ordinaires des équations du premier ou du deuxième degré, suivant que l'inconnue a alors l'exposant 1 ou l'exposant 2.*

304. Exemples. —

Ex. I. *Equat.* : $\sqrt{\frac{2h}{g}} = t$ (form. de l'ex. IV, p. 223),

à résoudre par rapport à h.

(2°) $$\frac{2h}{g} = t^2,$$

(3°) $$2h = gt^2,$$

$$h = \frac{gt^2}{2}.$$

Ex. II. *Equat.* : $t = \pi\sqrt{\frac{l}{g}}$. (inconnue, l).

(2°) $$t^2 = \pi^2\,\frac{l}{g},$$

(3°) $$\pi^2 l = gt^2,$$

$$l = \frac{gt^2}{\pi^2}.$$

Ex. III. *Equat.* : $3\sqrt{x} + 4 = x.$

(1°) $3\sqrt{x} = x - 4,$

(2°) $9x = x^2 - 8x + 16,$

(3°) $x = 8,5 \pm 7,5,$

$x' = 16, \; x'' = 1.$

Vérification : En portant $x = 16$ dans l'équation, on a

$$3 \times 4 + 4 = 16, \text{ ou } 16 = 16;$$

mais avec la valeur 1, l'équation devient

$$3 \times 1 + 4 = 1, \text{ ou } 7 = 1;$$

on rejettera donc cette seconde valeur (n° 148).

305. Équations du second degré à deux inconnues. — Si l'on soumet deux équations du second degré à deux inconnues aux règles de l'élimination, il survient ordinairement des difficultés dont l'étude ne saurait être comprise dans l'objet de ce cours. Nous nous bornerons à dire qu'on trouve cependant des cas très-simples où l'on peut appliquer les mêmes règles que pour les équations du premier degré. En voici un exemple :

306. Exemple. —

Equations : $\begin{cases} x + y = 17, & [1] \\ xy = 72. & [2] \end{cases}$

Résolution : $x = 17 - y,$ [1]

$(17 - y)y = 72,$ [2]

$17y - y^2 = 72,$

$y^2 - 17y = -72,$

$$y = 8,5 \pm \sqrt{72,25 - 72},$$

$$y = 8,5 \pm \sqrt{0,25} = 8,5 \pm 0,5,$$

$$y' = 9, \; y'' = 8,$$

$x = 17 - 9, \text{ ou } 17 - 8,$ [1]

$$x' = 8, \; x'' = 9.$$

Vérification :

1° pour x' et y' : $8+9=17$, ou $17=17$, [1]

$8\times 9=72$, ou $72=72$; [2]

2° pour x'' et y'' : $9+8=17$, ou $17=17$, [1]

$9\times 8=72$, ou $72=72$. [2]

307. Équations du troisième degré à deux termes. — Lorsqu'une équation du troisième degré, après avoir reçu les simplifications d'usage, ne présente plus que deux termes, l'un renfermant x^3, l'autre étant une quantité connue, il suffit, pour avoir la valeur de x, de diviser le terme connu par le coefficient de x^3 et d'extraire ensuite la racine cubique du quotient.

308. Exemple. —

Équation :
$$\frac{2x^3}{3}+\frac{x^3}{6}=180.$$
$$15x^3=3240,$$
$$x^3=\frac{3240}{15}=216,$$
$$x=\sqrt[3]{216}=6\ (*).$$

309. Solutions particulières de certaines équations du second degré. — La résolution des équations du second degré donne souvent pour résultats ce qu'on appelle des quantités *incommensurables* ou *irrationnelles* et aussi quelquefois d'autres quantités appelées *imaginaires*. On a la première sorte de quantités quand le membre entièrement connu de l'équation à résoudre n'a pas de racine carrée exacte, comme dans l'exemple III des n°s 290 et 300; on obtient les quantités imaginaires quand ce membre est négatif, ainsi qu'on le verra au n° 313.

(*) Une équation du troisième degré a trois racines, et, en général, une équation a autant de racines que le marque l'exposant de l'inconnue. Mais nous ne donnons ici que ce qu'on appelle la valeur arithmétique du radical : cela suffit évidemment à notre but.

310. Quantités incommensurables. — On démontre par une série de raisonnements que nous n'avons pas à donner ici, qu'un nombre entier qui n'a pas de racine carrée entière, n'en a pas non plus de fractionnaire. Par exemple, il n'existe aucun nombre qui soit la racine carrée exacte du nombre 2 : la valeur de $\sqrt{2}$ est plus grande que 1 dont le carré est 1, et plus petite que 2 dont le carré est 4, et on peut approcher de cette valeur d'aussi près qu'on veut, mais on n'arrive jamais à obtenir un nombre fini qui l'exprime exactement. Lorsqu'il arrive ainsi que la racine carrée d'un nombre ne peut être exprimée exactement ni par un nombre entier, ni par un nombre fractionnaire, on dit qu'elle est *incommensurable* ou *irrationnelle*.

311. En général, on appelle nombres *commensurables* (du latin *cum, mensura*) ou *rationnels*, ceux qui ont une *commune mesure* avec l'unité, et *incommensurables* ou *irrationnels* ceux qui n'en ont pas: $\frac{4}{5}$, par exemple, est *commensurable*, parce que $\frac{1}{5}$, étant contenu 5 fois dans l'unité et 4 fois dans $\frac{4}{5}$, est la *commune mesure* de l'unité et de la fraction $\frac{4}{5}$. Tous les nombres entiers, et toutes les fractions exprimées avec des termes finis, sont également des nombres commensurables. Mais $\sqrt{2}$ est *incommensurable*, parce qu'il n'y a aucune fraction, si petite qu'elle soit, qui soit contenue un nombre exact de fois dans $\sqrt{2}$ et dans l'unité. Les nombres incommensurables sont aussi appelés *irrationnels*, parce qu'ils proviennent de *rapports* ou *raisons* qui ne sont pas susceptibles d'être évalués exactement.

312. Les quantités algébriques qui ne peuvent être exprimées sans le signe radical sont dites *quantités irrationnelles;* toutes celles qui ne renferment que les signes des quatre premières opérations sont des *quantités rationnelles*.

313. Quantités imaginaires. Équations dont elles sont les solutions. — Un monôme négatif ne peut être le carré d'aucune quantité, car il n'est aucune quantité positive ou négative qui, multipliée par elle-même, donne un produit négatif. Il n'existe donc point de racine carrée, même approchée, des quantités négatives telles que -16, $-a^2$, $-a^4$, et cependant la résolution des équations du second degré amène quelquefois de ces sortes de quantités sous les radicaux. C'est ainsi, par exemple, qu'en résolvant les équations $x^2+16=0$, $x^2+9=0$, on trouve pour la première $x=\sqrt{-16}$, et pour la seconde $x=\sqrt{-9}$. De telles valeurs signifient que les équations et les problèmes auxquels elles se rapportent sont impossibles, et on les désigne sous le nom de quantités *imaginaires*. Par opposition on appelle quantités *réelles* toutes les quantités positives ou négatives que nous avons étudiées jusqu'à présent.

313 *bis*. Remarque. — Les quantités imaginaires telles que $\sqrt{-A}$ s'écrivent habituellement sous cette forme $a\sqrt{-1}$, la quantité a étant supposée la racine carrée de A : ainsi, par exemple, on écrira $4\sqrt{-1}$ pour $\sqrt{-16}$, et $3\sqrt{-1}$ pour $\sqrt{-9}$. Et en effet la quantité $\sqrt{-16}$ égale évidemment $\sqrt{16\times-1}$, ce qui revient (nº 277) à $4\sqrt{-1}$; il en est de même de $\sqrt{-9}=\sqrt{9\times-1}=3\sqrt{-1}$.

314. Problèmes du second degré à une inconnue. — Pour mettre en équation les problèmes du second degré, on suit la même méthode que pour le premier degré. La difficulté d'appliquer cette méthode n'étant pas plus grande pour le second degré (et en général pour quelque degré que ce soit) que pour le premier, il n'est pas besoin d'entrer à ce sujet dans de nouvelles explications; nous nous bornerons donc à indiquer les équations de quelques exemples, en enseignant de plus l'usage qu'il faut faire de leurs racines considérées comme réponses aux problèmes proposés.

315. Exemples. — EXEMPLE I. — *Problème.* — Trouver un nombre tel que sa moitié multipliée par son tiers donne pour produit 864.

Équation : $$\frac{x}{2} \cdot \frac{x}{3} = 864.$$

D'où l'on tire $$x = \pm 72.$$

Réponse : Le nombre demandé est 72. La racine négative — 72 ne répond pas au sens de la question.

EXEMPLE II. — *Problème.* — Trouver un nombre tel, que si l'on retranche du carré de ce nombre le quintuple du même nombre, on ait pour reste 14.

Équation : $$x^2 - 5x = 14.$$

D'où $$x = 2,5 \pm 4,5.$$

Réponse : Le nombre demandé est 7. On ne tient pas compte de la seconde racine — 2.

EXEMPLE III. — *Problème.* — On devait partager une somme de 1000 fr. entre les pauvres d'une ville ; dix d'entre eux ayant quitté la ville ou étant morts avant le partage, chacun de ceux qui restaient eut à recevoir 5 fr. de plus : combien y avait-il de pauvres en tout ?

Équation : $$\frac{1000}{x} + 5 = \frac{1000}{x - 10}.$$

D'où $$x = 5 \pm 45.$$

Réponse : 50 pauvres.

EXEMPLE IV (le précédent généralisé). — *Problème.* — On devait partager une somme de a fr. entre les pauvres d'une ville ; un nombre n d'entre eux ayant quitté la ville ou étant morts avant le partage, chacun de ceux qui restaient eut à recevoir b fr. de plus : combien y avait-il de pauvres en tout ?

Équation : $$\frac{a}{x} + b = \frac{a}{x - n}.$$

D'où la formule $$x = \frac{1}{2} n \pm \sqrt{\left(\frac{1}{2} n\right)^2 + \frac{an}{b}}.$$

Si on voulait appliquer cette formule à la résolution de l'exemple précédent, en posant $a = 1000$, $b = 5$, $n = 10$, on trouverait

$$x = 5 \pm \sqrt{25 + 2000} = 5 \pm 45,$$

comme ci-dessus.

Exemple V. — *Problème.* — Un homme achète un cheval qu'il vend, au bout de quelque temps, pour 24 pistoles; à cette vente il perd autant pour 100 que le cheval lui avait coûté : on demande combien le cheval avait coûté.

Équation : $$x - 24 = \frac{x}{100} \cdot x.$$

D'où $$x = 50 \pm 10.$$

Réponse : Le prix du cheval peut avoir été également de 60 pistoles ou de 40.

Exemple VI (le précédent généralisé). — *Problème.* — Un homme achète un cheval qu'il vend, au bout de quelque temps, pour m pistoles; à cette vente, il perd autant pour 100 que le cheval lui avait coûté : on demande combien le cheval lui avait coûté?

Équation : $$x - m = \frac{x}{100} \cdot x.$$

D'où la formule $$x = 50 \pm \sqrt{2500 - 100\,m}.$$

En appliquant cette formule à l'exemple précédent, pour lequel $m = 24$, on aurait

$$x = 50 \pm \sqrt{2500 - 2400} = 50 \pm 10,$$

résultat encore égal à celui qu'on a obtenu en opérant directement sur l'équation du problème.

Exemple VII. — *Problème.* — Une locomotive se dirige de Bordeaux sur Paris par Tours; à un moment donné, elle se trouve à une distance de Tours telle, que si, cette distance étant supposée la moitié de ce qu'elle est, la locomotive parcourait encore 75 kilomètres, on trouverait pour l'espace qui la séparerait alors de Tours un résultat égal au quotient de 2700 divisé par la distance à laquelle elle se trouve actuellement de la même ville : à quelle distance de Tours se trouve actuellement la locomotive?

Soit x la distance à laquelle se trouve la locomotive *en deçà* de Tours.

Équation : $$\frac{1}{2}x - 75 = \frac{2700}{x}.$$

D'où $$x = 75 \pm 105$$
$$x' = 180, x'' = -30.$$

Réponse : La locomotive se trouve actuellement à 180 kilomètres en deçà de Tours ou à 30 kilomètres au delà.

Remarque. — Si on avait appelé x la distance à laquelle la locomotive peut se trouver *au delà* de Tours, on aurait eu l'équation

$$\frac{1}{2}x + 75 = \frac{2700}{x};$$

d'où $$x = -75 \pm 105,$$
$$x' = 30, x' = -180.$$

Réponse (comme la précédente) : La locomotive se trouve actuellement à 30 kilomètres au delà de Tours ou à 180 kilomètres en deçà.

Exemple VIII. — *Problème.* — Partager le nombre 90 en deux parties telles que leur produit égale 2050.

Équation : $$x(90 - x) = 2050.$$

D'où $$x = 45 \pm \sqrt{-25}.$$

Cette solution étant *imaginaire*, on en conclut que le problème est *impossible*.

RÉSUMÉ DU CHAPITRE IX.

Manière de reconnaître une équation du second degré. — Pour reconnaître si une équation est du second degré, il faut d'abord la réduire à la forme la plus simple, puis voir si un de ses termes renferme l'inconnue affectée de l'exposant 2 ou un produit de deux inconnues affectées de l'exposant 1, sans que dans aucun terme la somme des exposants des inconnues soit supérieure à 2 (268).

Notions préliminaires sur les puissances et les racines. — On forme le carré d'un monôme entier en élevant son coefficient au carré et doublant les exposants. On fait le carré d'une fraction en élevant au carré son numérateur et son dénominateur (270,271).

On obtient la racine carrée d'un monôme entier en prenant celle de son coefficient et divisant les exposants par 2. On obtient la racine carrée d'une fraction en prenant celle de ses deux termes (272).

La racine carrée d'une quantité a deux valeurs égales, et de signes contraires. C'est ce qu'on indique par le double signe $\pm$, qu'on prononce *plus ou moins*. Ex. : $\pm\sqrt{16} \pm 4$. Quand un radical est précédé seulement du signe $+$ ou qu'il n'est précédé d'aucun signe, il indique la valeur positive; quand il est précédé du signe $-$, il indique la valeur négative (273, 274).

Toute quantité qui a une racine carrée exacte s'appelle un *carré parfait* (275).

La racine carrée d'un produit de plusieurs facteurs équivaut à un produit de plusieurs radicaux.

$$\text{Ex. : } \sqrt{9a^6b^2} = \sqrt{9}\ \sqrt{a^6}\ \sqrt{b^2}\ (276).$$

On peut extraire la racine carrée de quelques-uns des facteurs placés sous un radical en y laissant les autres.

$$\text{Ex. : } \sqrt{9b^4c} = 3b^2\sqrt{c}\ (277).$$

On fait le carré d'un radical du second degré en supprimant le signe radical. Ex. : $\left(\sqrt{a^2}\right)^2 = \sqrt{a^2}\ \sqrt{a^2} = a^2$. (278).

On fait le carré d'un polynôme en le multipliant par lui-même, d'après les règles ordinaires. (279, 280).

On appelle *radicaux semblables* ceux qui ne diffèrent que par les facteurs non placés sous le radical. On peut en faire la *réduction*, comme dans l'exemple suivant: $11\sqrt{c} - 4\sqrt{c} = 7\sqrt{c}$ (282, 283).

On peut aussi mettre un radical en facteur commun.

$$\text{Ex. : } a\sqrt{c} + b\sqrt{c} = (a+b)\sqrt{c}\ (284).$$

Il existe pour les puissances et les racines des degrés supérieurs au second degré, des règles de calcul analogues à celles qui concernent les carrés et les racines carrées. Il faut seulement remarquer que les radicaux de degré impair n'admettent pas le double signe $\pm$ (285).

A la place des radicaux, on emploie quelquefois des exposants fractionnaires dans lesquels le dénominateur exprime le degré de la racine à extraire. On écrit, par exemple, $a^{\frac{2}{3}}$ au lieu de $\sqrt[3]{a^2}$ (286).

Deux sortes d'équations du second degré. — On appelle équations du second degré *incomplètes* ou *à deux termes* celles qui, étant réduites à la forme la plus simple, ne renferment plus qu'un terme en x^2 et un terme connu. — On appelle équations *complètes* ou *à trois termes* celles qui, après toutes les réductions effectuées, renferment un terme en x^2, un terme en x et un terme connu (287).

Résolution des équations incomplètes. — *Règle.* — Pour résoudre ces équations, on les traite d'abord entièrement comme des équations du premier degré; puis on extrait la racine carrée des deux membres. *Voy.* exemples I et IV (288, 290).

Il faut remarquer que dans la résolution des équations du second degré il est ordinairement utile, pour faciliter l'extraction de la racine carrée, de réduire en fractions décimales les fractions ordinaires sur lesquelles on peut avoir à opérer (289).

Résolution des équations complètes. — Toutes les équations du second degré, complètes ou incomplètes, sont comprises dans l'équation générale $x^2 + px = q$, dans laquelle, le premier terme x^2 étant toujours positif, le coefficient p du second terme et le terme q représentent des nombres quelconques, entiers ou fractionnaires, positifs ou négatifs, même nuls. Si, par exemple, on divise par 3 tous les termes de l'équation $3x^2 - 12x = 420$, elle devient $x^2 - 4x = 140$, de la forme $x^2 + px = q$, -4 étant alors la valeur du coefficient p, et 140 celle du terme q (291-293).

On est parvenu à résoudre l'équation générale $x^2 + px = q$ et à trouver ainsi la valeur de x en fonction de p et de q. Pour cela, on a ajouté d'abord $+\frac{1}{4}p^2$ à chaque membre, afin que le premier devînt un carré parfait, puis on a extrait la racine carrée des deux membres, et une simple transposition a ensuite isolé la valeur de x

dans le second membre. On a obtenu $x = -\frac{1}{2}p \pm \sqrt{\frac{1}{4}p^2 + q}$ (294).

Cette formule signifie que dans une équation du second degré, ramenée à la forme $x^2 + px = q$, la valeur de x égale la moitié du coefficient du second terme, pris avec un signe contraire, plus ou moins la racine du carré de cette moitié augmenté du terme connu (295,297).

Règle.— Pour résoudre une équation complète du second degré, on ramène d'abord l'équation à la forme $x^2 + px = q$; puis on a la valeur de x en appliquant à l'équation ainsi réduite la formule générale des équations du second degré interprétée comme on l'a vu tout à l'heure. *Voy.* les ex. I, VI et VIII du n° 300 (295-297, 300).

L'inconnue, dans une équation du second degré, a deux valeurs, qu'on appelle les *racines* de l'équation, et qu'on représente habituellement par x', x''. Quelquefois elles sont égales. *Voy.* le 4e ex. du n° 300 (298-300).

Les racines de l'équation du second degré ont des propriétés curieuses dont on peut voir l'énoncé, avec la conséquence pratique qu'on en tire, aux nos 301 et 302. (301, 302).

Équations renfermant un radical.—Quand une équation renferme un radical du second degré sous lequel l'inconnue est placée, l'équation peut encore être résolue. Pour cela, on isole le radical dans un membre de l'équation, puis on élève au carré les deux membres, et on opère ensuite comme à l'ordinaire (303 304).

Équations à deux inconnues. — Il existe quelques cas très-simples d'équations du second degré à deux inconnues. On les résout en éliminant l'une des inconnues d'après les mêmes règles que pour les équations du premier degré (305, 306).

Équations du 3e degré à deux termes. — On résout les équations du troisième degré à deux termes, comme celles du second degré, avec cette différence qu'à la fin de l'opération on extrait la racine cubique du second membre au lieu de la racine carrée (307, 308).

Quantités incommensurables ou irrationnelles. Quantités imaginaires.— La résolution des équations du second degré donne certains résultats particuliers dont nous devons parler. Lorsque le second membre est un nombre entier et qu'on ne trouve pas pour sa racine carrée un nombre entier, on pourrait prolonger indéfiniment l'opération sans trouver une racine exacte. Si, par exemple, ce second membre était 2, sa racine carrée, et par conséquent la valeur de x, ne pourrait être exprimée par aucun nombre. Une racine qui ne peut ainsi être exprimée par aucun nombre est dite *incommensurable* ou *irrationnelle*. Les nombres qui peuvent être exprimés avec des termes finis sont dits *commensurables* ou *rationnels* (309-311).

Une quantité algébrique est appelée une *quantité irrationnelle* lorsqu'elle ne peut pas être exprimée sans le signe radical. On appelle quantités *rationnelles* celles qui peuvent être exprimées avec les signes des quatre premières opérations (312).

Si le second membre d'une équation du second degré, au moment d'en extraire la racine, est une quantité négative, on a, en mettant cette quantité sous le radical, une quantité *imaginaire*. Ex. : $\sqrt{-16}$. Cette solution signifie que l'équation est *impossible*. (313).

Il faut remarquer que si a est la racine carrée d'une quantité A, $\sqrt{-A}$ pourra s'écrire $a\sqrt{-1}$. Ex. : $4\sqrt{-1}$ au lieu de $\sqrt{-16}$ (313 *bis*).

Problèmes du second degré.— Il n'y a rien de particulier à dire sur la résolution des problèmes du second degré : on les met en équation comme ceux du premier. On choisit entre les deux racines de l'équation celle qui convient le mieux au problème. Quelquefois les deux racines répondent également bien à la question (314, 315).

EXERCICES

Sur le calcul des puissances et des racines, et sur les équations du second et du troisième degré.

Opérations préliminaires :

1. Élévation au carré et au cube : (N°s 270, 285)

$$\left(3a\right)^2;\ \left(5a^3\right)^2;\ \left(a^2b\right)^3;\ \left(\frac{a}{b}\right)^2;\ \left(\frac{4a^3}{b^2c}\right)^2;\ \left(\frac{3}{4}a^2\right)^3.$$

2. Extraction des racines : (N°s 272, 285)

$$\sqrt{a^2};\ \sqrt{36a^6};\ \sqrt[3]{8a^3};\ \sqrt{\frac{4a^2}{a^4}};\ \sqrt{\frac{25a^4}{16a^2}};\ \sqrt[3]{\frac{27}{64}a^6}.$$

3. Décomposition des radicaux en plusieurs facteurs ; faire sortir du radical les facteurs carrés : (Nos 276, 277)

$$\sqrt{9a};\quad \sqrt{9a^4b^3};\quad \sqrt{16a^2b};\quad \sqrt{9a^3},\quad \sqrt{9a^4b};\quad \sqrt{16ab^4}.$$

4. Carré des polynômes : (No 279).

$$\left(a^2-b\right)^2;\quad \left(x-3\right)^2;\quad \left(2a+b\right)^2;\quad \left(\frac{2}{3}a-b\right)^2.$$

Équations à résoudre :

5. $\frac{5x^2}{9}+13=18;\quad \frac{x^2}{4}+\frac{x^2}{16}=20.$ (Nos 288-290, 1er ex.)

6. $143\frac{2}{3}-x^2=2x^2-3\frac{1}{3};\quad \frac{x}{4}\cdot\frac{x}{2}=x^2-504.$

7. $3x^2\cdot\frac{1}{5}=x^2-90;\quad 8x\cdot\frac{15x}{4}=10x^2+8\,000.$

8. $\frac{5x^2}{\frac{3}{4}}=2160;\quad \frac{x^2}{3\frac{1}{2}}=252-x^2.$

9. $\frac{x^2}{2}+4=4{,}08;\quad \frac{x}{3}\cdot\frac{x}{2}+0{,}14=5.$

10. $\frac{x^2}{4}=\frac{1}{49};\quad \frac{x^2}{3}=\frac{4}{27}.$ [2]

11. $\frac{162x}{4}\cdot\frac{3x}{2}=12;\quad 4x^2=\frac{45}{121}-x^2.$

12. $\frac{3x}{4}=\frac{5}{x};\quad \frac{6x}{7}=\frac{8}{x}.$ [3]

13. $5x^2=\frac{45}{2}+3x^2;\quad 14x^2=\frac{5x^2}{3}+7.$

14. $ax^2=b;\quad abx^2-b=c.$ [4]

15. $\frac{x^2}{a}+c=a;\quad ab-\frac{ax^2}{c}=d.$

16. $\frac{ax^2-cx^2}{a}=d;\quad x^2-\frac{x^2}{d}=b.$ [5]

17. $\frac{x^2}{3}+2=2x+\frac{x}{3};\quad \frac{x^2}{5}-2x+7=\frac{2}{5}x.$

(Nos 295, 296, 298-300, 1er ex.

18. $\frac{3x^2}{11}+7=\frac{81}{11}x-41$; $\frac{5x^2}{6}-\frac{3x}{2}+25=\frac{28x}{3}$.

19. $\frac{x^2-12x}{3}+63=12x-\frac{2x^2}{3}$; $\frac{3x^2+10x-21}{4}=19x-84$.

20. $\frac{x^2-2x+5}{4}=\frac{x^2+25x-235}{7}$; $\frac{3x^2-120x}{4}=60x-1500$.

21. $0{,}15x+2{,}25=\frac{3x^2}{10}$; $\frac{x^2-21x}{3}+\frac{x^2-4{,}2x}{4}=44{,}1$. [2]

22. $1{,}95x+11{,}55=\frac{3x^2}{2}$; $1{,}04x+\frac{27{,}6}{15}=\frac{4x^2}{5}$.

23. $6x^2+\frac{3x-1}{5}=25$; $\frac{5x^2}{3}+\frac{6(x-3)}{9}=62$. [3]

24. $\frac{(15x-24)x}{20}-\frac{37}{5}=431-12x$; $\frac{(x-3)x}{2}+2x=37$.

25. $x^2+7x+12=0$; $x^2+17x=-71$.

26. $\frac{x^2}{2}+12\frac{1}{4}=7x$; $x^2=6x-9$. [4]

27. $\frac{x^2+4}{4}=7{,}5x+1$; $\frac{x^2}{4}-7x=0$. [5]

28. $\frac{x^2-13x+42}{x-7}=4x-18$; $\frac{x^2+x-20}{x+5}=3x-1$. [6]

29. $x^2-2ax=b$; $x^2+2ax=c$. [7]

30. $x^2=abx-a^2b$; $x^2+3abx=ac$.

31. $x^2+ax=bx-c$; $x^2-2bx+c=3ax$.

32. $\frac{(x-a)x}{3a}+cx=b$; $\frac{x}{a}+\frac{b}{x}-c=b$.

33. $ax^2-bx=cd$; $3ax^2+bx=a+b$. [8]

34. $(ax-cx)x+bx=c$; $2ax^2+(bx-a)x=d$.

35. $-bx^2+(c-d)x=ax^2+a-d$; $-ax^2+(c-d)x=bx^2-a-b$.

36. $\sqrt{x}=25$; $4\sqrt{3x}=324$. (Nos 303, 304, 1er et 2e ex.)

37. $\sqrt{x}=a+b$; $a\sqrt{x}=cd$.

38. $a+\sqrt{x}=c$; $3\sqrt{x}-b=a$. [3]

39. $\sqrt{x-1}=x-7$; $3\sqrt{x+9}=x-1$.

40. $x^2+25=5$; $3x^2+20=2$. (No 313.)

41. $x^2-6x+30=0$; $3x^2+12x+51=0$.

42. $x+2y=14$; $4xy=80$. (Nos 305, 306.)

43. $x+y=22$; $2x^2-y^2=56$.

44. $2x^3=54$; $\frac{x^3}{2}-\frac{x^3}{8}=24$. (Nos 307, 308.)

PROBLÈMES DU SECOND DEGRÉ.

45. Trouver un nombre tel que le triple de son carré égale 675.

46. Quel est le nombre dont le tiers, multiplié par le quart, égale le produit de la moitié multipliée par les deux septièmes, moins 420?

47. On a partagé des oranges entre plusieurs enfants de manière à donner à chacun 12 fois moins d'oranges qu'il n'y avait d'enfants, et on a distribué ainsi 108 oranges : combien y avait-il d'enfants?

48. Trouver un nombre tel que le double de son carré égale vingt fois ce nombre, plus 48.

49. Quel est le nombre dont la moitié multipliée par le tiers égale le triple?

50. En multipliant un certain nombre par 3, ajoutant 5 au produit et multipliant la somme par le double de ce nombre, puis divisant le produit par 13, on obtient au quotient 7 fois le même nombre, plus 60. Quel est ce nombre?

51. J'ai pensé un nombre, je l'ai multiplié par 5, j'ai retranché 20 du produit, j'ai multiplié le reste par les deux tiers du nombre pensé, et j'ai obtenu pour résultat le double du carré du même nombre, plus le triple de ce nombre, moins 4. Quel nombre ai-je pensé?

52. Un marchand vient de quitter son commerce et l'on voudrait savoir l'état de sa fortune. Si l'on soustrayait, dit-il, cinquante fois le nombre qui exprime mon avoir du carré de ce même nombre, on trouverait 399 millions. Cet homme est-il aussi riche qu'il le paraît?

53. Si l'on vend une marchandise autant de francs le kilogramme qu'il y en a de kilogrammes, on en retire 150 fr. de plus que si on la vendait seulement 5 fr. le kilogramme. Combien y a-t-il de kilogrammes?

54. Si l'on vend une marchandise autant de francs le kilogramme qu'il y en a de kilogrammes, on en retire b fr. de plus que si on la vendait seulement a fr. le kilogramme. Combien y a-t-il de kilogrammes?

55. Appliquer la formule du problème précédent au cas du problème n° 53.

56. Appliquer la même formule au cas où le marchand, vendant sa marchandise autant de francs le kilog. qu'il en a de kilogrammes, retirerait 360 fr. de plus qu'en la vendant 18 fr. le kilogramme.

57. Un général voudrait disposer un corps de troupes en plusieurs bataillons carrés : mais, par un premier arrangement, formant deux bataillons égaux, il se trouve avoir 1362 hommes de trop; faisant une seconde disposition, il essaie de former trois bataillons au lieu de deux en mettant toutefois 10 hommes de moins sur chaque ligne, et alors il lui manque 1287 hommes. Quel est le nombre des troupes qu'il commande? (On trouvera ce nombre en prenant pour inconnue le nombre d'hommes que le général a d'abord mis sur chaque ligne).

58. (Le problème de l'exemple VII. p. 239, généralisé.) Une locomotive se dirige d'une ville A sur une autre ville B, en passant par une troisième ville C. A un moment donné, elle se trouve à une distance de C telle que si, cette distance étant supposée m fois ce qu'elle est, la locomotive parcourait encore k kilomètres, on trouverait pour l'espace qui la séparerait alors de la ville C, un résultat égal au quotient d'un nombre a divisé par la distance à laquelle elle se trouve actuellement de la même ville. A quelle distance de C se trouve actuellement la locomotive? — Après avoir trouvé la réponse à ce problème général, l'appliquer à la résolution du cas particulier de l'exemple VII.

59. Partager le nombre 120 en deux parties telles, que le produit de cinq fois la plus grande par la plus petite égale 500 fois la plus grande, moins 17500.

60. Partager 60 en deux parties telles que leur produit égale 901.

61. Partager un nombre a en deux parties telles que leur produit égale le carré de la moitié de ce nombre, moins 1.

62. Partager un nombre a en deux parties telles que leur produit égale le carré de la moitié de ce nombre, plus 1.

63. Appliquer les formules des deux problèmes précédents aux nombres 8, 10, 12, 14, 16.

CHAPITRE X.

Rapports, proportions et progressions.

316*. Ce chapitre est destiné principalement à donner un exemple de l'application de l'algèbre à la démonstration des vérités mathématiques. La théorie des proportions était l'objet à la fois le plus simple et le plus intéressant que nous pussions choisir pour cette sorte d'application : utile en arithmétique et en géométrie, cette théorie offre, en outre, une série de théorèmes qu'on aime à voir si facilement et si rapidement démontrés par les mêmes principes et les mêmes opérations qui nous ont servi jusqu'ici à résoudre les problèmes. Nous avertissons toutefois qu'il n'est pas indispensable de l'étudier pour comprendre les théorèmes de géométrie tels qu'on les trouve généralement démontrés dans les ouvrages récents. — Quelques notions sur les progressions suivront cette théorie et seront comme le préambule du chapitre suivant, où il sera traité des logarithmes.

I. — RAPPORTS ET PROPORTIONS.

317. Rapports. — On appelle *rapport* en général le résultat de la comparaison de deux quantités.

318. Rapport arithmétique et rapport géométrique. — Il y a deux espèces de rapports, parce qu'il y a deux manières de comparer entre elles deux quantités. Soient, par exemple, les nombres 12 et 3 : 1° on peut considérer de combien d'unités 12 surpasse 3 et le résultat de cette comparaison est 9; 2° on peut considérer combien de fois 12 est plus grand que 3 ou combien de fois 12 contient 3, et le résultat de cette seconde comparaison est 4.

319. Le rapport obtenu par soustraction s'appelle *rap-*

port arithmétique ou *rapport par différence*. Ainsi le *rapport arithmétique* des deux nombres 12 et 3 est leur différence 12 — 3 ou 9. Au lieu de 12 — 3, on écrit aussi, avec le même sens, 12.3, en faisant toutefois en sorte qu'il n'y ait pas lieu de confondre le rapport 12.4 avec le produit 12×3, lequel s'écrit de même 12.3.

320. Le rapport obtenu par division s'appelle *rapport géométrique* ou *rapport par quotient* ou simplement *rapport*. Ainsi le *rapport géométrique* ou simplement le *rapport* des deux nombres 12 et 3, est le quotient qu'on obtient en divisant le premier par le second ; c'est $\frac{12}{3}$ ou 4. Ce rapport s'écrit aussi 12:3.

321. Il est très-important de remarquer qu'à moins de désignation spéciale du rapport arithmétique, les mots *rapport*, *quotient* et *fraction* ont le même sens.

322. Le premier terme d'un rapport s'appelle *antécédent* et le second terme *conséquent* (*). Ainsi dans les rapports donnés tout à l'heure en exemples, 12.3, 12:3, l'antécédent est 12 et le conséquent est 3. Quand un rapport géométrique est écrit sous forme de fraction, on désigne plus ordinairement ses deux termes par les noms déjà connus de *numérateur* et de *dénominateur*.

323. Proportions. — Une *proportion* est l'expression de l'égalité de deux rapports, par exemple :

$$12-3=14-5,\ a-b=c-d;\ \frac{12}{3}=\frac{20}{5},\ \frac{a}{b}=\frac{c}{d}.$$

324. Proportion arithmétique et proportion géométrique. — Quand une proportion exprime l'égalité de deux rapports arithmétiques, comme $a - b = c - d$, on l'appelle *proportion arithmétique* ou *équidifférence*.

(*) Quelques-unes des expressions définies au commencement de ce chapitre sont maintenant peu employées, mais il est utile de les connaître pour l'intelligence d'un grand nombre d'ouvrages élémentaires publiés avant ces dernières années.

Une proportion arithmétique s'écrit de deux manières : ou bien sous forme d'égalité, comme on vient de le voir tout à l'heure, ou bien en séparant par un seul point les deux termes de chaque rapport, et par deux points les deux rapports égaux, ainsi qu'il suit, *a. b: c. d*; on lit : *a est à b arithmétiquement, comme c est à d.*

325. Quand les rapports égaux sont des *rapports géométriques*, la proportion s'appelle *proportion géométrique* ou simplement *proportion.*

Les proportions géométriques s'écrivent, ou bien en séparant par deux points les deux termes de chaque rapport, et par quatre points les deux rapports égaux, de cette manière, *a: b:: c: d*; ou bien, et plus ordinairement, sous forme d'égalités, comme $\frac{a}{b} = \frac{c}{d}$. On lit : *a est à b géométriquement comme c est à d*; ou simplement, *a est à b comme c est à d.*

326. Dans une proportion, soit arithmétique, soit géométrique, le premier et le dernier terme s'appellent les *extrêmes*, et les deux autres termes les *moyens*. Ainsi dans les proportions *a. b: c. d* et *a: b:: c: d*, les termes *a* et *d* sont les extrêmes, *b* et *c* sont les moyens.

327. Proportion continue. — Lorsque dans une proportion arithmétique ou géométrique les moyens sont égaux, la proportion s'appelle une *proportion continue :* ainsi *a. m: m. d* et *a: m:: m: d* sont des proportions continues. Ces sortes de proportions s'écrivent sans répéter le terme moyen, de cette manière : ÷ *a. m. d*, dans le cas de la proportion arithmétique; ∺ *a: m: d*, quand la proportion est géométrique.

328. La quantité qui forme le terme moyen d'une proportion continue, par exemple *m* dans les proportions ÷ *a. m. d* et ∺ *a: m: d*, porte le nom de *moyenne arithmétique* ou de *moyenne proportionnelle*, selon que la proportion est arithmétique ou géométrique.

329. Quantités proportionnelles. — On dit que deux

quantités sont *directement proportionnelles* ou *en raison directe*, ou simplement *proportionnelles*, ou qu'elles *varient dans le même rapport*, lorsque l'une devenant un certain nombre de fois *plus grande* ou *plus petite*, l'autre devient le même nombre de fois *plus grande* ou *plus petite*. Par exemple, l'ouvrage fait par des ouvriers et le temps employé à le faire, sont des quantités directement proportionnelles; de sorte que si l'on a des quantités différentes m, m' d'une même espèce d'ouvrage, et qu'on appelle t, t' les temps employés à les exécuter, le rapport des quantités d'ouvrage m, m' égalera le rapport des temps correspondants t, t', et on pourra écrire la proportion $\frac{m}{m'} = \frac{t}{t'}$.

On dit que deux quantités sont *inversement* ou *réciproquement proportionnelles*, qu'elles sont *en raison inverse* ou qu'elles *varient dans un rapport inverse*, quand l'une devenant un certain nombre de fois *plus grande* ou *plus petite*, l'autre devient le même nombre de fois *plus petite* ou *plus grande*. Par exemple, le nombre des ouvriers occupés à faire un ouvrage et le temps qu'il leur faut pour l'achever, sont des quantités inversement proportionnelles; car le nombre des ouvriers devenant deux, trois, quatre fois *plus* grand, il leur faut, pour accomplir leur tâche, deux, trois, quatre fois *moins* de temps; d'où il suit que si l'on désigne par n, n' deux nombres différents d'ouvriers et par t, t' les temps correspondants nécessaires pour exécuter l'ouvrage, le rapport des nombres n, n' égalera le rapport renversé ou rapport *inverse* des temps t, t', et on devra écrire alors

$$\frac{n}{n'} = \frac{t'}{t}.$$

330. Propriété fondamentale des équidifférences. — *Dans une équidifférence la somme des extrêmes est égale à la somme des moyens.*

331. Démonstration. — Soit l'équidifférence $a.\,b : c.\,d$, ou, sous forme d'égalité, $a - b = c - d$: en transposant les deux termes b et d, il vient, par le changement des signes, $a+d=b+c$; ce qui démontre la proposition énoncée.

332. Problème. — Trouver la moyenne arithmétique entre deux quantités données.

Règle. — *On fait la somme des deux quantités données et on divise cette somme par* 2.

Par exemple, pour avoir la moyenne arithmétique entre 12 et 8, on écrira $\frac{12+8}{2}=10$.

333. Démonstration. — A cause de la propriété fondamentale démontrée tout à l'heure, l'équidifférence $\div a.x.b$, ou $a.x:x.b$, donne l'équation $x+x=a+b$, d'où l'on tire $x=\frac{a+b}{2}$; ce qui démontre la règle.

334. Principales propriétés des proportions. — **Principe général.** — Un rapport étant la même chose qu'un quotient ou une fraction, on peut appliquer à ses deux termes tous les raisonnements et toutes les notions qui concernent le dividende et le diviseur d'une division, le numérateur et le dénominateur d'une fraction. Une proportion n'étant autre chose qu'une égalité, on peut de même appliquer aux deux rapports d'une proportion toutes les notions qui conviennent aux deux membres d'une égalité.

335. Propriété I, ou propriété fondamentale. — *Dans toute proportion le produit des extrêmes est égal au produit des moyens.*

Soit la proportion $\frac{a}{b}=\frac{c}{d}$. En chassant les dénominateurs on a $ad=bc$; ce qui démontre la proposition énoncée.

336. Propriété II. (Réciproque de la précédente). — *Si le produit de deux nombres* a *et* d *est égal au produit de deux autres* b *et* c, *on pourra faire avec ces quatre nombres une proportion dans laquelle les nombres qui forment l'un des produits seront les extrêmes, et les nombres qui forment l'autre produit seront les moyens.*

Cela revient à dire que si l'on a, par exemple, $ad = bc$ on pourra écrire la proportion $\frac{a}{b} = \frac{c}{d}$. En effet, en divisant les deux membres de l'égalité $ad = bc$, d'abord par b, ensuite par d, on obtient $\frac{a}{b} = \frac{c}{d}$.

337. Corollaire. — *On peut sans troubler une proportion changer de place les différents termes, pourvu que le produit des extrêmes reste égal au produit des moyens.* **De là,** *huit manières d'écrire une proportion, par exemple :*

$$\frac{a}{b}=\frac{c}{d};\ \frac{a}{c}=\frac{b}{d};\ \frac{d}{b}=\frac{c}{a};\ \frac{d}{c}=\frac{b}{a};$$

$$\frac{b}{a}=\frac{d}{c};\ \frac{c}{a}=\frac{d}{b};\ \frac{b}{d}=\frac{a}{c};\ \frac{c}{d}=\frac{a}{b}.$$

Ces huit proportions ont pour caractère commun de donner ad et bc pour produits des extrêmes et des moyens.

338. Propriété III. — *Si deux proportions ont un rapport commun, on peut faire une proportion avec les deux autres rapports.*

Soient les deux proportions

$$\frac{a}{b}=\frac{c}{d},\ \frac{e}{f}=\frac{c}{d},$$

qui ont le rapport commun $\frac{c}{d}$, il est évident qu'on peut écrire

$$\frac{a}{b}=\frac{e}{f}.$$

Car les deux rapports $\frac{a}{b}$ et $\frac{e}{f}$, égaux à un troisième $\frac{c}{d}$, sont égaux entre eux.

339. Propriété IV. — *On peut multiplier par un même nombre les deux termes d'un même rapport, ou les deux numérateurs, ou les deux dénominateurs.*

En d'autres termes, si on a la proportion $\frac{a}{b}=\frac{c}{d}$, on aura également :

$$1^\circ\ \frac{am}{bm}=\frac{c}{d};\ \frac{a}{b}=\frac{cm}{dm},\ \frac{am}{bm}=\frac{cm}{dm};$$

$$2^\circ\ \frac{am}{b}=\frac{cm}{d};\quad 3^\circ\ \frac{a}{bm}=\frac{c}{dm}.$$

En effet : (1°) si les deux termes d'un rapport sont multipliés par m, le rapport ne change pas de valeur et il y a par conséquent encore proportion; (2°, 3°) si les deux numérateurs ou les deux dénominateurs sont multipliés par m, les deux rapports sont rendus le même nombre de fois plus grands ou plus petits, ils demeurent par conséquent égaux et il y a toujours proportion.

340. On démontrerait de même qu'*on peut diviser par un même nombre les deux termes d'un même rapport, ou les deux numérateurs, ou les deux dénominateurs.*

341. Propriété V. — *Dans toute proportion, la somme ou la différence des deux premiers termes est à l'un de ces termes, comme la somme ou la différence des deux derniers est à l'un de ces derniers.*

C'est-à-dire que, la proportion $\frac{a}{b}=\frac{c}{d}$ étant donnée, on en peut conclure

$$1^\circ\ \frac{a\pm b}{b}=\frac{c\pm d}{d};$$

$$2^\circ\ \frac{a\pm b}{a}=\frac{c\pm d}{c}.$$

En effet : (1°) en augmentant ou diminuant de 1 les deux rapports de la proportion, on a

$$\frac{a}{b}\pm 1=\frac{c}{d}\pm 1;$$

puis en réduisant chaque membre en une seule expression fractionnaire (n° 126), il vient

$$\frac{a\pm b}{b}=\frac{c\pm d}{d}.$$

(2°) De la proportion $\frac{a}{b}=\frac{c}{d}$, il suit (n° 337) $\frac{b}{a}=\frac{d}{c}$. Donc, si l'on pose l'égalité $1=1$, on pourra écrire ensuite, en augmentant ou diminuant également les deux membres,

$$1 \pm \frac{b}{a} = 1 \pm \frac{d}{c},$$

ou (n° 126)

$$\frac{a \pm b}{a} = \frac{c \pm d}{c}.$$

342. Propriété VI. — *Dans une suite de rapports égaux, la somme des numérateurs et celle des dénominateurs forment un rapport égal à chacun des rapports proposés.*

C'est-à-dire que si l'on a, par exemple, les rapports égaux

$$\frac{a}{b}=\frac{c}{d}=\frac{e}{f}=\frac{g}{h},$$

on aura aussi

$$\frac{a+c+e+g}{b+d+f+h}=\frac{a}{b}=\frac{c}{d}\ \ldots\ (*).$$

En effet, en appelant r la valeur commune des rapports proposés, on peut écrire

$$\frac{a}{b}=r,\ \frac{c}{d}=r,\ \frac{e}{f}=r,\ \frac{g}{h}=r;$$

d'où $\quad a=br,\ c=dr,\ e=fr,\ g=hr.$

Ces quatre égalités, étant additionnées membre à membre, donnent

$$a+c+e+g=br+dr+fr+hr,$$

ou $\quad a+c+e+g=(b+d+f+h)r.$

(*) Cette proposition peut aussi s'énoncer en ces termes : *Dans une suite de rapports égaux, la somme des numérateurs est à celle des dénominateurs comme un numérateur est à son dénominateur*; ou encore : *Dans une suite de rapports égaux, la somme des antécédents est à celle des conséquents comme un antécédent est à son conséquent.*

Puis, en divisant par le coefficient de r, il vient

$$\frac{a+c+e+g}{b+d+f+h} = r = \frac{a}{b} = \frac{c}{d} \;\ldots\ldots\; (*)$$

343. Propriété VII. — *Quand on multiplie plusieurs proportions terme à terme, les quatre produits sont en proportion.*

En effet, si l'on a, par exemple, les égalités

$$\frac{a}{b} = \frac{c}{d}, \quad \frac{e}{f} = \frac{g}{h},$$

on peut multiplier les premiers membres entre eux et les seconds membres aussi entre eux, et il vient

$$\frac{ae}{bf} = \frac{cg}{dh}.$$

344. Propriété VIII. — *Si quatre nombres sont en proportion, leurs puissances de même degré sont en proportion.*

Par exemple, si $\frac{a}{b} = \frac{c}{d}$, on a aussi $\frac{a^2}{b^2} = \frac{c^2}{d^2}$.

En effet les rapports ou fractions $\frac{a^2}{b^2}$, $\frac{c^2}{d^2}$, sont respectivement les carrés des fractions $\frac{a}{b}$, $\frac{c}{d}$. Or, ces dernières fractions étant égales, leurs carrés sont égaux.

345. Corollaire. — *Si quatre nombres sont en proportion, leurs racines de même degré sont en proportion.*

346. Problèmes sur les proportions.

(*) A défaut de cette démonstration, on peut regarder comme évident que si, par exemple, quatre quantités qu'on peut supposer inégales entre elles sont respectivement le double de quatre autres quantités, la somme des quatre premières sera aussi le double de la somme des quatre dernières. C'est ainsi qu'étant donnés quatre vases de grandeurs quelconques et quatre autres deux fois plus petits respectivement, les quatre premiers auront évidemment ensemble une capacité double de celle des quatre derniers.

Problème I. — Trouver l'un des quatre termes d'une proportion, les trois autres étant connus.

Règle. — 1° *Quand l'inconnu est un extrême, on multiplie les deux moyens et on divise le produit par l'extrême connu ; 2° quand l'inconnu est un moyen, on multiplie les deux extrêmes et l'on divise le produit par le moyen connu.*

Exemples : 1° la proportion $\frac{8}{2}=\frac{12}{x}$ donne $x=\frac{2\times 12}{8}=3$;

2° cette autre $\frac{8}{2}=\frac{x}{3}$ donne $x=\frac{8\times 3}{2}=12$.

347. Problème II. — Trouver une moyenne proportionnelle entre deux quantités données.

Règle. — *Pour avoir une moyenne proportionnelle entre deux quantités, il faut extraire la racine carrée du produit de ces quantités.*

Par exemple, soit la proportion $\frac{16}{x}=\frac{x}{4}$, ou $\div\ 16 : x : 4$; on aura, pour la moyenne proportionnelle x entre 16 et 4, la racine $\sqrt{16\times 4}=\sqrt{64}=8$.

348. Démonstration des deux règles précédentes. — On peut conclure les deux règles qui précèdent de la propriété fondamentale du n° 335. Mais on les a aussi en résolvant directement comme des équations, les cinq proportions

$$\frac{a}{b}=\frac{c}{x},\ \frac{x}{b}=\frac{c}{d};\ \frac{a}{b}=\frac{x}{d},\ \frac{a}{x}=\frac{c}{d};\ \frac{a}{x}=\frac{x}{d}.$$

II. — SIMPLES NOTIONS SUR LES PROGRESSIONS.

349. Progressions arithmétiques. — Définitions. — On appelle *progression arithmétique* ou *progression par différence* une suite de nombres où l'excès de chacun sur le précédent est toujours le même. Cet excès constant s'appelle la *raison* de la progression.

Par exemple, la suite des nombres 3, 9, 12, 15, 18, 21, 24, 27 est une progression arithmétique dont la raison est 3.

chaque *terme* excédant de 3 unités celui qui le précède immédiatement. Cette progression s'écrit :

÷ 3.9.12.15.18.21.24.27,

et se lit : 3 est à 9 arithmétiquement comme 9 est à 12, comme 12 est à 15, etc.

350. Une progression arithmétique est dite *croissante* ou *décroissante* selon que chacun des termes qui la composent surpasse celui qui le précède ou en est surpassé. La progression citée tout à l'heure est croissante. En la renversant, on aurait une progression arithmétique décroissante,

÷ 27.24.21.18.15.12.9.6.3,

dont la raison est — 3.

351. Un ou plusieurs termes d'une progression arithmétique placés entre deux autres s'appellent des *moyens arithmétiques* entre ces deux autres termes. Par exemple, dans les deux progressions qui précèdent, 18 est un moyen arithmétique entre 15 et 21; 15, 18 et 21 sont des moyens arithmétiques entre 12 et 24.

352. Progressions géométriques. — Définitions. — On appelle *progression géométrique* ou *progression par quotient* une suite de nombres où le quotient de chacun divisé par le précédent est toujours le même. Ce quotient ou rapport constant s'appelle la *raison* de la progression.

Par exemple, la série 1, 2, 4, 8, 16, 32, 64, 128, où chaque nombre est le double du précédent, est une progression géométrique dont la raison est 2. On l'écrit :

∺ 1 : 2 : 4 : 8 : 16 : 32 : 64 : 128,

et on lit : 1 est à 2 géométriquement comme 2 est à 4, comme 4 est à 8, etc., ou simplement 1 est à 2 comme 2 est à 4, comme 4 est à 8, etc.

353. Une progression géométrique est *croissante* ou *décroissante* selon que chacun des termes qui la composent est plus grand ou plus petit que le précédent. La progression citée tout à l'heure est croissante; en la renversant, on a la progression décroissante

$$\div\!\div 128 : 64 : 32 : 16 : 8 : 4 : 2 : 1,$$

dont la raison est $\frac{1}{2}$.

354. Un ou plusieurs termes d'une progression placés entre deux autres s'appellent des *moyens géométriques* entre ces deux termes. Par exemple, le terme 8 dans les deux progressions qui précèdent est un moyen géométrique entre 4 et 16; 4, 8 et 16 sont des moyens géométriques entre 2 et 32.

355. On propose divers problèmes intéressants sur les progressions soit arithmétiques, soit géométriques. Nous donnerons rapidement et sans démonstration les formules qui servent à leur résolution.

356. Formules relatives aux progressions arithmétiques. —

1° Soient a le premier terme d'une progression arithmétique, d la raison, et u un terme quelconque dont on connaît le rang n : on a, pour calculer u, la formule

$$u = a + (n - 1)d. \qquad [1]$$

Il faut remarquer que dans le cas des progressions décroissantes d est négatif.

2° Pour insérer des moyens arithmétiques entre deux nombres donnés a et u, il faut connaître la raison d de la progression à laquelle appartiendront ces moyens; or, le nombre des moyens à insérer étant appelé m, on a, pour l'expression de la valeur de d,

$$d = \frac{u - a}{m + 1}. \qquad [2]$$

Connaissant d, on formera les termes compris entre u et a par des additions ou des soustractions successives.

3° Soit S la somme des termes d'une progression de n

termes dont le premier est a et le dernier u, on trouve cette somme par la formule

$$S = \frac{(a+u)n}{2}. \qquad [3]$$

357. Formules relatives aux progressions géométriques. —

1° Soient a le premier terme d'une progression géométrique, r la raison, u un terme quelconque dont on connaît le rang n ; on a

$$u = ar^{n-1}. \qquad [4]$$

2° Pour insérer m moyens géométriques entre deux nombres donnés a et u, il faut connaître la raison r de la progression à laquelle appartiendront ces moyens ; on l'a par la formule

$$r = \sqrt[m+1]{\frac{u}{a}}. \qquad [5]$$

3° Soit S la somme des termes d'une progression géométrique de n termes dont le premier est a, la raison étant r; on a

$$S = \frac{a(r^n - 1)}{r - 1}. \qquad [6]$$

4° La somme S des termes d'une progression géométrique décroissante, commençant par a, ayant pour raison r, et prolongée à l'infini, est

$$S = \frac{a}{1-r}. \qquad [7]$$

358. Autres formules relatives aux progressions. — Des sept formules précédentes, traitées séparément ou combinées entre elles, on pourra en tirer plusieurs autres qui serviront à résoudre toutes les questions relatives aux progressions. Nous laissons cet exercice de calcul aux élèves, en les avertissant toutefois que c'est seulement à la fin du chapitre XI qu'ils seront en état de tirer les valeurs de n ou de m des formules [4], [5], [6].

359. Remarques sur la somme des termes d'une

progression géométrique croissante ou décroissante. —*Remarque I.*—Les termes d'une progression géométrique croissent ou décroissent beaucoup plus rapidement que ceux d'une progression arithmétique. Ainsi il faudrait un petit nombre de termes de la progression ∺ 1:2:4:8:16: 32:64..... pour faire une somme énorme si on les additionnait. On cite ce trait d'un roi indien qui offrait une récompense à l'inventeur du jeu d'échecs. Celui-ci demanda un grain de blé pour la première case, 2 grains pour la deuxième, 4 pour la troisième, 8 pour la quatrième, et ainsi de suite, en doublant toujours jusqu'à la soixante-quatrième et dernière case. La demande parut trop réservée; mais le calcul étant fait, on trouva un nombre commençant par 18 et composé de 20 chiffres, c'est-à-dire environ 18 quintillions de grains de blé. La terre entière ne pourrait pas produire en une année une aussi grande quantité de blé.

360. *Remarque II.* — D'après la formule [7], il est évident que tous les termes d'une progression décroissante prolongée à l'infini étant additionnés donneront toujours une somme finie. Ceci est d'ailleurs facile à comprendre. Soit, par exemple, la progression ∺ $1 : \frac{1}{2} : \frac{1}{4} : \frac{1}{8} : \frac{1}{16} : \frac{1}{32}$, etc., dont la raison est $\frac{1}{2}$; il est clair que si on la prolonge indéfiniment, on aura une somme qui n'égalera jamais 2. En effet, les deux premiers termes donneront $1\frac{1}{2}$; puis si l'on ajoute le troisième terme, on n'ajoutera que la moitié de ce qu'il faudrait pour avoir 2, on aura seulement $1\frac{3}{4}$ pour somme; si l'on ajoute ensuite le quatrième terme, on n'ajoutera encore que la moitié de ce qu'il faudrait pour avoir 2, et il en sera de même pour tous les autres termes qui sont chacun la moitié de ce qu'il faudrait ajouter pour avoir 2. Quel que soit le nombre des termes qu'on ajoute, il sera donc impossible d'avoir 2; mais les sommes qu'on obtiendra successivement tendant toujours vers 2, et en approchant continuellement suivant un rapport constant, on comprend que si la suite des termes de la progression pouvait être réellement infinie, leur somme ne différerait plus de 2 que d'une quantité infiniment petite, c'est-à-dire de 0.

RÉSUMÉ DU CHAPITRE X.

Rapports et proportions. — On appelle *rapport* le résultat de la comparaison de deux quantités. On distingue le rapport *arithmétique* ou rapport *par différence*, par exemple $8-2=6$, qu'on écrit aussi 8.2 ; et le rapport *géométrique*, ou rapport *par quotient*, ou simplement *rapport*, par exemple, $\frac{8}{2}$ ou $8:2=4$ (317-321).

Dans un rapport quelconque $a.b$ ou $a:b$, le premier terme a s'appelle *antécédent*; le deuxième terme b, *conséquent* (322).

L'égalité de deux rapports arithmétiques s'appelle une *proportion arithmétique* ou une *équidifférence*. Par exemple, $a-b=c-d$; on écrit aussi $a.b:c.d$. L'égalité de deux rapports géométriques s'appelle *proportion géométrique* ou simplement *proportion*. Par exemple, $\frac{a}{b}=\frac{c}{d}$ ou autrement $a:b::c:d$ (323-325).

Dans les proportions qui précèdent, les termes a et d s'appellent les *extrêmes*; b et c sont les *moyens* (326).

Des équidifférences ou des proportions telles que $a.m:m.d$, ou $a:m::m:d$, dans lesquelles les deux moyens sont égaux, s'appellent des équidifférences ou des proportions *continues*. On les écrit plus simplement de cette manière $\div a.m.d$, ou $\div\div a:m:d$ (327).

La quantité qui forme le terme moyen d'une proportion continue s'appelle *moyenne arithmétique* ou *moyenne proportionnelle*, selon que la proportion est arithmétique ou géométrique (328).

On dit que des quantités sont *directement* ou *inversement proportionnelles*, qu'elles sont *en raison directe* ou *en raison inverse*, ou qu'elles varient *dans le même rapport* ou *dans un rapport inverse*.

lorsque l'une devenant un certain nombre de fois *plus grande*, l'autre devient le même nombre de fois *plus grande* ou *plus petite*. Par exemple, un ouvrage exécuté par des ouvriers et le temps qu'ils emploient à l'exécuter sont des quantités directement proportionnelles; mais le nombre des ouvriers et le temps qu'ils emploient pour achever leur ouvrage sont des quantités inversement proportionnelles : de sorte que si l'on désigne deux ouvrages différents par m, m', les nombres correspondants d'ouvriers par n, n', les temps employés à faire les deux ouvrages par t, t', on aura les deux proportions $\frac{m}{m'} = \frac{t}{t'}$, $\frac{n}{n'} = \frac{t'}{t}$ (329).

Les équidifférences et les proportions jouissent de plusieurs propriétés qu'il est facile de démontrer algébriquement, au moyen des transformations dont les égalités en général sont susceptibles. On peut voir l'énoncé de ces propriétés aux n°s 330, 331, 334-345. Nous rappellerons seulement ici quelques règles qui ont des applications en arithmétique et en géométrie (330-348).

I. On a la moyenne arithmétique entre deux nombres en prenant la moitié de la somme de ces deux nombres (332).

II. On calcule un extrême inconnu dans une proportion en faisant le produit des moyens et divisant par l'extrême connu (346).

III. On calcule un moyen inconnu en faisant le produit des extrêmes et divisant par le moyen connu (346).

IV. On a la moyenne proportionnelle entre deux nombres en prenant la racine carrée du produit de ces deux nombres (347).

Progressions. — On appelle *progression arithmétique*, *progression géométrique*, des suites de nombres, dans lesquelles le rapport arithmétique ou géométrique de chacun au précédent est toujours le même. Ce rapport constant s'appelle la *raison* de la progression.

Exemples : ÷ 3. 9. 12. 15. 18. 21. 24. 27....

∺ 1. 2. 4. 8. 16. 32. 64. 128... (349, 352).

Une progression est dite *croissante* ou *décroissante* selon que ses termes vont en croissant ou en décroissant (350, 353).

Un ou plusieurs termes d'une progression, placés entre deux autres, s'appellent des *moyens* arithmétiques ou géométriques entre ces autres termes (351, 354).

On résout divers problèmes intéressants sur les progressions par des formules qu'on peut voir aux n°s 356, 357 (355-358).

On doit remarquer que les termes d'une progression géométrique croissent ou décroissent beaucoup plus rapidement que ceux d'une progression arithmétique dont la raison serait même plus élevée. Pour en juger, il suffit de se reporter aux deux progressions citées tout à l'heure (359).

Nous appelons aussi l'attention sur cette propriété, qu'en additionnant tous les termes d'une progression géométrique décroissante prolongée indéfiniment, on n'obtient jamais qu'une somme finie (360).

EXERCICES

Sur les proportions et les progressions.

Calculer le terme inconnu dans les proportions suivantes :

1. $\frac{8}{4}=\frac{12}{x}$; $\frac{18}{3}=\frac{x}{4}$; $\frac{35}{5}=\frac{63}{x}$; $\frac{60}{15}=\frac{x}{20}$ (*Voy.* n° 346).

2. $\frac{5}{x}=\frac{x}{45}$; $\frac{8}{x}=\frac{x}{32}$; $\frac{3}{x}=\frac{x}{48}$; $\frac{9}{x}=\frac{x}{225}$ (N° 347).

3. Calculer le 12me terme d'une progression arithmétique dont le premier terme est 3, la raison étant 5. (N° 356, *formule* [1].

4. Insérer huit moyens arithmétiques entre 4 et 31. On calculera la raison de la progression par la *formule* [2] ; connaissant cette raison, il sera facile, par des additions successives, de former tous les termes compris entre les deux nombres donnés.

5. Calculer 6 moyens arithmétiques entre 2 et 37.

6. Calculer la somme des termes d'une progression arithmétique de 13 termes, dont le premier est 5 et le dernier 77. (*Formule* [3].

7. Quelqu'un dépense aujourd'hui 3 fr., et ensuite 15 centimes de plus chaque jour ; combien aura-t-il dépensé en tout pendant 20 jours? (On cherchera d'abord le dernier terme de la progression par la *formule* [1]; ensuite la somme des termes par la *formule* [3].

8. On fait creuser un puits de 40 mètres de profondeur; pour le premier mètre on paie 5 fr., et on augmente ensuite de 2 fr.

pour chaque mètre. Combien paiera-t-on pour le dernier mètre, et combien pour tout le puits. (*Formules* [1] et [3].

9. Calculer le 6me terme d'une progression géométrique dont la raison est 3, et qui commence par 7. (N° 357, *formule* [4].

10. Insérer un moyen géométrique entre les termes 30 et 1080, appartenant à une progression géométrique dont on ne connaît pas la raison. (On calculera la raison de la progression par la *formule* [5].

11. Insérer deux moyens géométriques entre les termes 48 et 384 d'une autre progression.

12. Calculer la somme des termes d'une progression géométrique de 8 termes, dont le premier est 3, la raison de la progression étant 2. (*Formule* [6].

13. Quelle est la somme des termes d'une progression géométrique décroissante à l'infini commençant par 2 et ayant pour raison $\frac{1}{3}$? (*Formule* [7].

14. Quelqu'un met à la loterie 50 centimes qu'il perd. Il met ensuite 3 fois cette somme et ainsi de suite, en triplant toujours jusqu'à la dixième fois et il perd chaque fois. Combien a-t-il perdu en tout? (*Formule* [6].

Nota. Les élèves pourraient se proposer de trouver eux-mêmes la solution du problème du roi indien, cité à la fin de la remarque 1, p. 261, *formule* [6]. Mais, en général, lorsqu'une progression a un grand nombre de termes, il est préférable pour en faire la somme, d'employer les *logarithmes*. On pourra donc renvoyer au chapitre suivant la résolution de ces sortes de questions. Voici un autre problème du même genre, à résoudre aussi par les logarithmes.

15. On sème un hectolitre de froment, et la seconde année on sème toute la récolte. En supposant qu'on fasse de même pendant 40 années de suite, et que chaque année la récolte égale 8 fois la semence, on demande quelle sera la récolte de la quarantième année. On demande, en outre, quelle sera la somme des 40 récoltes obtenues successivement. (*Formules* [4] et [6].

CHAPITRE XI.

Logarithmes. — Équations exponentielles.

361. Définition des logarithmes. — Si l'on suppose deux progressions, l'une géométrique commençant par 1, et l'autre arithmétique commençant par 0, un terme quelconque de la progression arithmétique est appelé le *logarithme* du terme qui a le même rang dans la progression géométrique.

Soient par exemple ces deux progressions :

$$\div\div 1:2:4:8:16:32:64:128:256:512:1024:2048:4096\ldots,$$
$$\div 0.1.2.3.4.5.6.7.8.9.10.11.12\ldots;$$

le terme 4 de la progression arithmétique est le logarithme du terme correspondant 16 de la progression géométrique; de même 7 est le logarithme de 128. On écrit par abréviation $\log 16 = 4$, $\log 128 = 7$.

362. Ce qu'on entend par système de logarithmes et par base d'un système.—Les deux progressions précédentes forment ce qu'on appelle un *système* de logarithmes; mais comme on conçoit une infinité d'autres progressions remplissant la même condition, que l'une, géométrique, commence par 1, et l'autre, arithmétique, commence par 0, on conçoit une infinité de systèmes de logarithmes.

363. Un système de logarithmes se distingue de tout autre par sa *base* : on appelle ainsi le nombre de la progression géométrique dont le logarithme est 1. La base du système précédent est 2.

364. Système des logarithmes vulgaires. — Le système de logarithmes dont on fait généralement usage, ou le *système vulgaire*, a pour base 10; il est représenté par les deux progressions

$$\div\div 1 : 10 : 100 : 1000 : 10000 : 100000\ldots\ldots,$$
$$\div 0 . 1 . 2 . 3 . 4 . 5 \ldots\ldots;$$

qu'on peut supposer prolongées indéfiniment et complétées par un grand nombre de moyens géométriques insérés entre 1 et 10, entre 10 et 100, entre 100 et 1000, etc., et par autant de moyens arithmétiques insérés entre les termes correspondants 0 et 1, 1 et 2, 2 et 3, etc.

365. Logarithmes des fractions. — Souvent on considère les nombres plus petits que 1 comme n'ayant pas de logarithmes; mais si l'on prolonge à gauche les deux progressions précédentes, de cette manière

$$\begin{array}{l} \div\!\div \;\ldots\ldots\; 0{,}0001:0{,}001:0{,}01:0{,}1:1:10:100:1000\ldots \\ \div \;\ldots\ldots\; -4.\ -3.\ -2.\ -1.\ 0.\ 1\ .\ 2.\ \ 3\ldots, \end{array}$$

on attribue alors aux fractions des *logarithmes négatifs*.

366. Importance des logarithmes. — Les logarithmes servent à remplacer certaines opérations d'arithmétique par d'autres plus faciles. On va voir, en effet, que par leur moyen la multiplication devient une simple addition, la division une soustraction, l'élévation à une puissance quelconque une seule multiplication très-facile, et l'extraction des racines une division. On a dit avec raison que leur usage a doublé la vie de tous les calculateurs. Ils sont devenus l'instrument essentiel de tous les longs calculs et en particulier de ceux qui concernent la résolution des triangles dans la partie si importante des mathématiques connue sous le nom de *trigonométrie*.

367. Propriété fondamentale des logarithmes. — *Le logarithme d'un produit est égal à la somme des logarithmes de ses facteurs.*

Ceci signifie que si, par exemple, on prend dans les progressions du n° 361, les logarithmes des nombres 8 et 16, lesquels sont 3 et 4, leur somme 7 sera le logarithme du produit 128, ou, d'une manière générale, en appelant a, b, c... plusieurs nombres quelconques, qu'on aura toujours $\log(abc\ldots) = \log a + \log b + \log c\ldots$

368. 1° Démonstration pour les logarithmes positifs. — Pour démontrer notre proposition en ce qui regarde d'abord les logarithmes positifs, nous considérerons les deux progressions générales

$$\div\div 1 : r^1 : r^2 : r^3 : r^4 : r^5 : r^6 : r^7 : r^8 \ldots,$$
$$\div 0 . 1d . 2d . 3d . 4d . 5d . 6d . 7d . 8d \ldots,$$

dans lesquelles nous représentons par r la raison de la progression géométrique commençant par 1 et par d la raison de la progression arithmétique commençant par 0.

Prenons deux termes quelconques dans la progression géométrique, par exemple les deux termes r^2 et r^4, dont le produit est r^6 : les logarithmes de ces deux termes sont $2d$ et $4d$, dont la somme est $6d$; or la somme $6d$ est bien, d'après le tableau des deux progressions, le logarithme du produit r^6. Soient trois termes r^1, r^2 et r^5, dont le produit est r^8; la somme des logarithmes $1d + 2d + 5d = 8d$ correspond bien au produit r^8. Et il est facile de voir qu'il en serait de même dans le cas de facteurs quelconques. En effet, le produit de plusieurs facteurs pris dans la progression géométrique s'obtient en additionnant leurs exposants; on obtient d'un autre côté la somme des logarithmes dans la progression arithmétique en additionnant leurs coefficients : or les coefficients des termes de la seconde progression étant constamment égaux aux exposants des termes correspondants de la première, les sommes obtenues en additionnant soit les coefficients, soit les exposants, seront égales; elles correspondront donc toujours l'une à l'autre dans les deux progressions, en d'autres termes la somme des logarithmes de plusieurs facteurs (logarithmes positifs) est toujours le logarithme du produit de ces facteurs.

369. 2° Démonstration pour les logarithmes négatifs.—La propriété précédente convient aux logarithmes négatifs comme aux logarithmes positifs. En effet, si l'on écrit les deux progressions générales

$$\div\div \ldots r^{-4} : r^{-3} : r^{-2} : r^{-1} : 1 : r^1 : r^2 : r^3 \ldots$$
$$\div\div \ldots -4d . -3d . -2d . -1d . 0 . 1d . 2d . 3d \ldots,$$

semblables aux deux progressions particulières du n° 365, on reconnaît qu'à cause de l'égalité des coefficients et des exposants, la somme de plusieurs termes quelconques de la progression arithmétique correspond toujours au produit des termes de même rang pris dans la progression géométrique. Par exemple, la somme $2d - 3d$, égale à $-1d$, correspond au produit $r^2 \times r^{-3}$, égal à r^{-1}; de même la somme $-2d + 1d - 3d$, égale à $-4d$, correspond au produit $r^{-2} \times r^1 \times r^{-3}$, égal à r^{-4}.

370. *Deuxième propriété.* — Le logarithme d'un quotient est égal au logarithme du dividende moins celui du diviseur; ou, autrement, $\log \frac{a}{b} = \log a - \log b$.

En effet, le dividende a étant le produit du diviseur b par le quotient $\frac{a}{b} = q$, on a, d'après la propriété fondamentale démontrée tout à l'heure, $\log a = \log b + \log q$; d'où, en transposant, $\log q$ ou $\log \frac{a}{b} = \log a - \log b$.

371. *Troisième propriété.* — Le logarithme d'une puissance d'un nombre est égal au logarithme de ce nombre, multiplié par l'exposant de la puissance; ou $\log a^n = n \log a$.

En effet, soit par exemple la puissance a^3 : il est évident que le logarithme de cette puissance égalera 3 fois le logarithme de a, car, d'après la propriété fondamentale, le produit $a \times a \times a$, égal à a^3, a pour logarithme $\log a + \log a + \log a$, ou autant de fois $\log a$ qu'il y a d'unités dans l'exposant 3, c'est-à-dire 3 fois $\log a$; de même en général $\log a^n$ égalera n fois $\log a$, ce qui s'écrit $\log a^n = n \log a$.

372. *Quatrième propriété.* — Le logarithme de la racine d'un nombre est égal au logarithme de ce nombre, divisé par l'indice de la racine; ou $\log \sqrt[n]{a} = \frac{\log a}{n}$.

En effet, appelons r la racine $\sqrt[n]{a}$, de sorte que nous puissions écrire $\sqrt[n]{a} = r$, et par conséquent aussi $a = r^n$; d'après la propriété précédente, on aura $\log a = n \log r$, d'où $\log r$ ou $\log \sqrt[n]{a} = \frac{\log a}{n}$.

373. Des tables de logarithmes et de leur usage. — Il existe des tables calculées d'avance qui renferment les logarithmes de tous les nombres entiers depuis 1 jusqu'à 10000, et même au-delà de 100000. Les plus usitées en France sont celles de Lalande, qui offrent, avec cinq ou sept décimales, les logarithmes des nombres de 1 à 10000, et celles de Callet, qui ont sept décimales, et qui vont jusqu'au nombre 108000.

A l'aide de ces tables, et avec quelques règles que nous allons exposer tout à l'heure, on effectue sur les nombres soit entiers, soit fractionnaires, des calculs qui sans ce moyen d'abréviation seraient excessivement pénibles et fastidieux. Nous donnons (p. 273) une petite table de ce genre, qui pourra suffire à exercer les élèves, et qui, à défaut d'une autre plus étendue, servira à résoudre avec une certaine approximation une foule de questions intéressantes.

374. Description des tables de logarithmes. — Dans une table de logarithmes de Lalande, ainsi que dans la suivante, qui en est un extrait, on voit d'abord deux colonnes de nombres en regard les uns des autres : à gauche sont les nombres entiers jusqu'à une certaine limite, depuis 1 jusqu'à 100 dans notre petite table, depuis 1 jusqu'à 10000 dans celle de Lalande, et à droite sont les logarithmes de ces nombres, dont nous n'exprimons que la partie décimale. Parmi ces logarithmes, sans parler de celui de 1, qui est 0, on remarque que les seuls entiers sont ceux de 10 et des multiples de 10, c'est-à-dire de 100, 1000, 10000; tous les autres sont fractionnaires; on démontre même qu'ils sont incommensurables.

Une troisième colonne contient les différences entre les logarithmes qui se suivent immédiatement dans la table;

ces différences, appelées différences *tabulaires*, sont exprimées en unités du dernier ordre décimal, c'est-à-dire que dans les tables à cinq décimales, comme dans la nôtre, les nombres inscrits sous le titre de *différences* expriment des cent-millièmes. Ces différences servent, comme nous le verrons bientôt, à trouver approximativement les logarithmes des nombres qui ne sont pas dans les tables. Les différentes tables offrent, d'ailleurs, une disposition et des détails particuliers qui sont expliqués en tête de chacune d'elles.

375. Caractéristique. — La partie entière d'un logarithme s'appelle la *caractéristique* de ce logarithme.

La caractéristique du logarithme d'un nombre entier étant toujours connue, ainsi qu'on va le voir tout à l'heure, lorsqu'on sait combien ce nombre a de chiffres, on omet souvent de l'exprimer dans les tables : c'est ainsi que la caractéristique est sous-entendue dans notre petite table.

376. Valeur de la caractéristique dans les logarithmes des nombres plus grands que 1. — Dans le système vulgaire (nous ne parlerons plus désormais que des logarithmes pris dans ce système), *la caractéristique d'un logarithme positif égale autant d'unités moins une, que le nombre correspondant a de chiffres à sa partie entière.* Par exemple, les logarithmes de tous les nombres entiers d'un seul chiffre ont la caractéristique 0, ceux des nombres de deux chiffres ont la caractéristique 1, ceux des nombres de trois chiffres ont la caractéristique 2, ceux des nombres de quatre chiffres ont la caractéristique 3, et ainsi de suite. Il résulte, en effet, de l'examen du tableau des deux progressions du n° 364, que tous les nombres compris entre 1 et 10 ont leurs logarithmes compris entre 0 et 1, que les nombres compris entre 10 et 100 ont leurs logarithmes entre 1 et 2, que les nombres compris entre 100 et 1000 ont leurs logarithmes entre 2 et 3, que les nombres compris entre 1000 et 10000 ont leurs logarithmes entre 3 et 4, et ainsi de suite.

PETITE TABLE DE LOGARITHMES
DES NOMBRES DE 1 A 100.

Nombres	Logarithmes.	Différences.	Nombres	Logarithmes	Différences.	Nombres	Logarithmes	Différences.
1	00000		34	53148	1259	67	82607	644
2	30103		35	54407	1223	68	83251	634
3	47712		36	55630	1190	69	83885	625
4	60206		37	56820	1158	70	84510	616
5	69897		38	57978	1128	71	85126	607
6	77815		39	59106	1100	72	85733	599
7	84510		40	60206	1072	73	86332	591
8	90309		41	61278	1047	74	86923	583
9	95424		42	62325	1022	75	87506	575
10	00000	4139	43	63347	998	76	88081	568
11	04139	3779	44	64345	976	77	88649	560
12	07918	3476	45	65321	955	78	89209	554
13	11394	3219	46	66276	934	79	89763	546
14	14613	2996	47	67210	914	80	90309	540
15	17609	2803	48	68124	896	81	90849	532
16	20412	2633	49	69020	877	82	91381	527
17	23045	2482	50	69897	860	83	91908	520
18	25527	2348	51	70757	843	84	92428	514
19	27875	2228	52	71600	828	85	92942	508
20	30103	2119	53	72428	811	86	93450	502
21	32222	2020	54	73239	797	87	93952	496
22	34242	1931	55	74036	783	88	94448	491
23	36173	1848	56	74819	768	89	94939	485
24	38021	1773	57	75587	756	90	95424	480
25	39794	1703	58	76343	742	91	95904	475
26	41497	1639	59	77085	730	92	96379	469
27	43136	1580	60	77815	718	93	96848	465
28	44716	1524	61	78533	706	94	97313	459
29	46240	1472	62	79239	695	95	97772	455
30	47712	1424	63	79934	684	96	98227	450
31	49136	1379	64	80618	673	97	98677	446
32	50515	1336	65	81291	663	98	99123	441
33	51851	1297	66	81954	653	99	99564	436
34	53148		67	82607		100	00000	

377. Logarithmes à caractéristique négative et à partie décimale positive. — On peut éviter dans le calcul de faire usage des logarithmes entièrement négatifs; on préfère en employer d'autres dont la caractéristique seule est négative, la partie décimale étant positive, par exemple $\bar{2},74819$, $\bar{1},20412$. Ces deux logarithmes, qui portent le signe — au-dessus de la caractéristique, sont écrits pour $-2+0,74819$, et $-1+0,20412$, et équivalent à $-1,25181$ et $-0,79588$. Il est bien entendu qu'étant plus petits que 0, ils appartiennent comme les logarithmes entièrement négatifs à des nombres plus petits que 1 ou à des fractions.

378. Partie commune et partie variable dans les logarithmes des nombres de 10 en 10 fois plus grands ou plus petits. — Si deux ou plusieurs nombres entiers ou décimaux ne diffèrent que par la place de la virgule décimale ou par un certain nombre de zéros qui terminent les nombres entiers à droite, les logarithmes de ces nombres, dans le cas où il ne s'agit que des logarithmes à caractéristique positive ou négative, ne diffèrent que par le nombre d'unités de la caractéristique; ils ont la même partie décimale. Par exemple, les membres 160, 16 et 0,16, ont à leurs logarithmes la même partie décimale, 20412.

La raison de cette propriété est facile à comprendre. Le déplacement de la virgule d'un nombre décimal, l'addition ou la suppression d'un zéro à la droite d'un nombre entier, ont pour effet de rendre ces nombres 10 fois, 100 fois, 1000 fois..... plus grands ou plus petits; or, les nombres 10, 100, 1000... ayant pour logarithmes 1, 2, 3..., il s'ensuit, d'après le principe du n° 367, que si un nombre devient 10 fois, 100 fois, 1000 fois... plus grand ou plus petit, son logarithme devient plus grand ou plus petit de 1,2,3... unités, exactement, de sorte que la partie décimale de ce logarithme ne change pas.

Ceci est rendu sensible par le tableau suivant :

Log 1600 = 3,20412,
Log 160 = 2,20412.
Log 16 = 1,20412,
Log 1,6 = 0,20412,
Log 0,16 = 1,20412,
Log 0,016 = 2,20412,
Log 0,0016 = 3,20412.

379. Valeur de la caractéristique négative dans les logarithmes des fractions. — Le tableau précédent montre que *la caractéristique négative d'un logarithme à partie décimale positive indique le rang qu'occupe, à droite de la virgule, le premier chiffre significatif de la fraction décimale à laquelle appartient le logarithme.* Par exemple, le logarithme $\bar{2}$,20412 indique une fraction décimale dont le premier chiffre significatif est au deuxième rang à droite de la virgule, c'est-à-dire au rang des centièmes. Réciproquement, le rang du premier chiffre significatif d'une fraction décimale fait connaître le nombre d'unités de la caractéristique négative de son logarithme.

380. Problème I. Un nombre qui n'est pas dans la table étant donné, trouver son logarithme.— *Premier cas.* — Trouver le logarithme d'un nombre décimal dont la partie entière a son logarithme parmi ceux dont les différences sont inscrites dans la table.

RÈGLE.— *On prend dans la table le logarithme de la partie entière du nombre décimal. On multiplie par la partie décimale de ce nombre, la différence marquée dans la table à la suite du logarithme trouvé, puis on ajoute le produit à ce logarithme.* (Dans cette addition, on s'en tient au chiffre des dernières unités de la table, augmenté, s'il y a lieu, d'une unité, à cause des décimales qu'on néglige.) *Enfin, on donne au résultat une caractéristique convenable, d'après le principe du n°* 376.

EXEMPLES : 1° Trouver le logarithme de 84,8 :

Log 84 (dans la table)	=	92428 (sans la car.)
Diff. tab. 514 × 0,8	=	411
Somme	=	92839
Log 84,8	=	1,92839

2° Trouver le logarithme de 55,67 :

Log 55 (dans la table)	=	74036
Diff. tab. 783 × 0,67	=	525
Somme	=	74561
Log 55,67	=	1,74561

381. *Démonstration.* — On ajoute au logarithme de 84 (1er ex.) le produit (514 × 0,8), parce que la différence entre les logarithmes de 84 et de 85 étant 514, pour une unité de différence entre les nombres, la différence entre les logarithmes de 84 et de 84,8, pour une différence de 0,8 entre les nombres, doit être *à peu près* les 0,8 de 514 ou 514 × 0,8. De même, on ajoute au logarithme de 55 (2e ex.) le produit (783 × 0,67), parce que la différence entre les logarithmes, pour une unité entre 55 et 56, étant 783, la différence pour 0,67 au lieu de l'unité, doit être les 0,67 de 783 ou 783 × 0,67. Il faut pourtant remarquer que la proportion que nous supposons entre les différences des logarithmes et les différences des nombres n'est pas en soi absolument exacte; mais elle l'est assez pour qu'au moins l'usage des grandes tables ne laisse rien à désirer dans la pratique.

NOTA. — Avec les grandes tables, on aurait, exactement, log 84,8 = 1,92840 et log 55,67 = 1,74562. En général, à cause du peu d'étendue de la table dont nous nous servons, les résultats que nous obtiendrons dans nos exemples pour quatre chiffres, pourront n'être pas absolument exacts.

382. *Deuxième cas.*—Trouver le logarithme d'un nombre entier plus grand que ceux inscrits dans la table.

Règle. — *On sépare par une virgule sur la droite du nombre proposé, assez de chiffres décimaux pour que la partie entière du nombre ainsi obtenu soit dans la table. On a alors immédiatement dans la table la partie décimale du logarithme cherché, ou bien on applique la règle du cas précédent pour déterminer cette partie décimale. On donne ensuite au logarithme la caractéristique convenable, toujours d'après le principe du n°* 376.

Exemples : 1° Soit à trouver le logarithme de 4600 :

Log 46 (dans la la table) = 66276

Log 4600 = 3,66276.

2° Soit à trouver le logarithme de 848 :

Log 84,8 (voy. n° 380, 1er ex.) = 92839 (sans la caract.)

Log 848 = 2,92839.

3° Soit à trouver le logarithme de 5567 :

Log 55,67 (voy. n° 380, 2e ex.) = 74561 (sans la caract.)

Log 5567 = 3,74561.

383. *Troisième cas.* — Trouver le logarithme d'un nombre décimal dont la partie entière n'a pas son logarithme parmi ceux dont les différences sont inscrites dans la table.

Règle. — *On prépare le nombre proposé de manière qu'il soit dans la table ou qu'au moins sa partie entière se trouve dans la série des nombres dont les logarithmes ont leurs différences inscrites dans la table : pour cela on supprime la virgule décimale, ou on la déplace convenablement d'un ou de plusieurs rangs vers la droite ou vers la gauche. Alors, ou bien on a immédiatement dans la table la partie décimale du logarithme cherché, ou bien on est ramené au premier cas, dont on applique la règle pour avoir cette partie décimale. Si le nombre proposé est plus grand que l'unité, c'est toujours le principe du n°* 376 *qui détermine la caractéristique du logarithme; si le nombre est une fraction, la caractéristique est déterminée par le rang qu'occupe à droite de la virgule le premier chiffre significatif de la fraction* (principe du n° 379).

Exemples : 1° Trouver le logarithme de 4,6 :

Log 46 (dans la table) = 66276

Log 4,6 = 0,66276.

2° Trouver le logarithme de 5,567 :

Log 55,67 = 74561

Log 5,567 = 0,74561.

3° Trouver le logarithme de 556,7 :

Log 55,67 = 74561

Log 556,7 = 2,74561.

4° Trouver le logarithme de 0,05567 :

Log 55,67 = 74561

Log 0,05567 = $\bar{2}$,74561.

5° Trouver le logarithme de 0,009 :

Log 9 = 95424

Log 0,009 = $\bar{3}$,95424.

384. Problème II. Un logarithme étant donné, trouver le nombre auquel il correspond. — *Premier cas.* — Trouver à quel nombre correspond un logarithme dont la partie décimale est dans la table.

Règle. — *On écrit le nombre entier qui, dans la table, correspond à la partie décimale du logarithme proposé; puis, suivant que la caractéristique de ce logarithme est positive ou négative, on détermine par l'un ou l'autre des principes des nos* 376, 379, *combien de chiffres le nombre cherché doit avoir à sa partie entière, ou quel rang doit occuper son premier chiffre significatif à droite de la virgule, et d'après cela on ajoute, s'il en est besoin, un ou plusieurs zéros, ou on sépare par une virgule un ou plusieurs chiffres décimaux, à droite du nombre trouvé dans la table.*

Exemples : 1° Trouver le nombre correspondant au logarithme 3,79239 :

79239 (sans la caract., dans la table) = log 62.

3,79239 = log 6200.

2° Trouver le nombre correspondant au logarithme 0,7923 :

79239 (dans la table) = log 62

0,79239 = log 6,2.

3° Trouver le nombre correspondant au logarithme $\bar{3}$,79239 :

79239 (dans la table) = log 62

$\bar{3}$,79239 = log 0,0062.

385. *Deuxième cas.* — Trouver le nombre correspondant à un logarithme dont la partie décimale n'est pas dans la table.

Règle. — *On cherche dans la table le nombre entier correspondant au logarithme dont la partie décimale est immédiatement inférieure à celle du logarithme proposé; on écrit ce nombre. Puis on retranche la partie décimale inférieure de celle du logarithme proposé. On divise la différence obtenue, par la différence marquée dans la table à la suite de cette partie décimale* (on poursuit ordinairement la division jusqu'aux dixièmes ou aux centièmes). *Le quotient est une fraction décimale qu'on écrit, sans le 0 qui la précède et sans la virgule, à la suite du nombre entier déjà trouvé. Enfin, comme dans le premier cas, d'après l'indication fournie par la caractéristique du logarithme proposé, on détermine combien de chiffres le nombre cherché doit avoir à sa partie entière, ou quel rang doit occuper son premier chiffre significatif à droite de la virgule.*

Exemples : 1° Soit à trouver le nombre correspondant au logarithme 1,74562 :

La partie décimale de ce logarithme étant comprise dans la table entre 74036 et 74819, c'est-à-dire entre les logarithmes de 55 et de 56, on écrit d'abord 55.

Puis on pose	74562	= log proposé (sans la caract.),
et	74036	= log 55 (dans la table).
Diff. des deux log.	= 526	
Diff. tabulaire	= 783	
	526 : 783 = 0,67.	

La partie décimale 74562 du logarithme proposé appartient donc au logarithme du nombre 5567.

On a par conséquent, en tenant compte de la caractéristique, 1,74562 = log 55,67.

2° On a par le même calcul les nombres correspondants aux trois logarithmes suivants qui ne diffèrent du précédent que par leurs caractéristiques :

$$0,74562 = \log 5,567,$$
$$3,74562 = \log 5567,$$
$$5,74562 = \log 556700.$$

3° Étant donné le logarithme 2,34321, trouver le nombre correspondant :

Log proposé (sans la caract.)	=	34321	
Log inférieur (dans la table)	=	34242	= log 22
Différ. des deux logarithmes	=	79	
Différence tabulaire	=	1931	

$$79 : 1931 = 0,04.$$

Par conséquent 2,34321 = log 220,4.

4° On trouverait de même 1,34321 = log 22,04.

5° Soit le logarithme à caractéristique négative $\bar{2},74562$.

On trouve que la partie décimale 74562 appartient au logarithme de 5567 (voy. le 1er ex.).

On devra donc écrire, en tenant compte de la caractéristique :

$$\bar{2},74562 = \log 0,05567.$$

6° On aurait de même :

$$\bar{1},74562 = \log 0,5567,$$
$$\bar{3},74562 = \log 0,005567.$$

386. *Démonstration du deuxième cas.* — Cette règle est fondée sur le principe de proportionnalité invoqué pour la démonstration du cas inverse au n° 381. La différence entre les logarithmes de 55 et de 56 (1er ex.) étant 783 pour une unité de différence entre les nombres, la différence entre 55 et un autre nombre, pour une différence de 526 seulement entre les logarithmes, devra être moindre et égaler seulement les $\frac{526}{783}$ de l'unité ; c'est pourquoi il faut diviser 526 par 783 pour avoir la partie décimale destinée à compléter le nombre correspondant au logarithme proposé. On raisonnerait de même pour les autres exemples.

387. Calcul par logarithmes dans le cas des nombres entiers ou des nombres décimaux plus grands que l'unité (logarithmes entièrement positifs).

1° MULTIPLICATION PAR LOGARITHMES.—*Pour multiplier deux nombres entre eux au moyen des logarithmes, on cherche dans les tables les logarithmes des deux facteurs ; on les additionne; puis on lit dans les mêmes tables, en regard de la somme trouvée, le produit demandé.*

EXEMPLE : Soit à multiplier 84,8 par 55.67.

On a :

$$\begin{aligned} \text{Log } 84{,}8 &= 1{,}92839 \\ \text{Log } 55{,}67 &= 1{,}74561 \\ \text{Somme} &= 3{,}67400 = \log 4721 \\ \text{Produit demandé} &= 4721 \text{ (val. approchée).} \end{aligned}$$

NOTA.— Ce résultat est approché à moins de 1 unité. Mais dans les exemples qui suivent, jusqu'à la fin de ce chapitre, les nombres de quatre chiffres, que nous calculons toujours au moyen de notre petite table, ont quelquefois leur dernier chiffre significatif à droite en erreur de 1 ou de 2 unités. Nous en avertissons une fois pour toutes.

388. 2° DIVISION PAR LOGARITHMES.— 1° *Si le dividende est plus grand que le diviseur, il faut retrancher le logarithme du diviseur de celui du dividende : le quotient cherché se lira dans les tables en regard de la différence des deux logarithmes.* 2° *Si le dividende est plus petit que le diviseur, on pourra le rendre plus grand en ajoutant à sa droite un, deux, trois... zéros, ou en avançant la virgule décimale vers la droite de un,* *deux, trois... rangs; puis, l'opération par logarithmes étant achevée, on séparera vers la droite du résultat un, deux, trois... chiffres décimaux.* (On verra au numéro 391, exemple troisième, une manière plus directe d'opérer dans le cas d'un dividende plus petit que le diviseur.)

Exemples : 1° Soit à diviser 84,8 par 55,67 :

$$\begin{array}{rl} \text{Log } 84{,}8 &= 1{,}92839 \\ \text{Log } 55{,}67 &= \underline{1{,}74561} \\ \text{Différence} &= 0{,}18278 = \log 1{,}524 \\ \text{Quotient demandé} &= 1{,}524. \end{array}$$

2° Soit à diviser 90 par 5567 :

On écrira :

$$\begin{array}{rl} & 9000 : 5567 \\ \text{Log } 9000 &= 3{,}95424 \\ \text{Log } 5567 &= \underline{3{,}74561} \\ \text{Différence} &= 0{,}20863 = \log 1{,}617 \\ \text{Quotient demandé} &= 0{,}01617. \end{array}$$

389. 3° Élévation aux puissances. — *Pour élever un nombre à une puissance quelconque au moyen des logarithmes, il faut multiplier le logarithme de ce nombre par le degré de la puissance : on lira dans les tables en regard du produit la puissance cherchée.*

Exemple : Trouver la cinquième puissance de 84,8 :

$$\begin{array}{rl} \text{Log } 84{,}8 &= 1{,}92839 \\ & \underline{\times \qquad 5} \\ \text{Produit} &= 9{,}64195 = \log 4385000000 \\ \text{Puissance demandée} &= 4385000000. \end{array}$$

390. 4° Extraction des racines. — *Pour extraire une racine quelconque d'un nombre au moyen des logarithmes, il faut diviser le logarithme de ce nombre par l'indice de la racine : le quotient lu dans les tables fera connaître la racine demandée.*

Exemple : Trouver la racine cinquième de 84,8 :

$$\text{Log } 84,8 = 1,92839$$

$$\frac{1,92839}{5} = 0,38568 = \log 2,431$$

Racine demandée = 2,431.

391. Calcul des fractions par les logarithmes à caractéristique négative. — *Les règles du calcul par logarithmes données dans le numéro précédent, s'appliquent aussi bien aux logarithmes à caractéristique négative qu'aux logarithmes entièrement positifs; on doit seulement observer que, quand la caractéristique est négative, on opère séparément sur cette caractéristique et sur la partie décimale qui la suit, en tenant compte de la différence des signes conformément aux règles générales de l'algèbre* (chap. VII). *Si dans le cas de l'extraction des racines, la caractéristique négative n'est pas divisible exactement par l'indice de la racine, on la rend divisible en l'augmentant d'une ou de plusieurs unités négatives, mais en même temps, pour compenser la diminution qui en résulte, on augmente la partie positive du logarithme d'un nombre égal d'unités positives.*

Exemples : 1° Multiplier 0,05567 par 16 :

$$\begin{aligned} \text{Log } 0,05567 &= \bar{2},74561 \\ \text{Log } 16 &= \underline{1,20412} \\ \text{Somme} &= \bar{1},94973 = \log 0,8907 \end{aligned}$$

Produit demandé = 0,8907.

2° Multiplier 0,05567 par 0,09 :

$$\begin{aligned} \text{Log } 0,05567 &= \bar{2},74561 \\ \text{Log } 0,09 &= \underline{\bar{2},95424} \\ \text{Somme} &= \bar{3},69985 = \log 0,00501 \end{aligned}$$

Produit demandé = 0,00501.

3° Diviser 90 par 5567 (2e ex. du n° 388) :

$$\begin{aligned} \text{Log } 90 &= 1,95424 \\ \text{Log } 5567 &= \underline{3,74561} \\ \text{Différence} &= \bar{2},20863 = \log 0,01617 \end{aligned}$$

Quotient demandé = 0,01617.

Remarque.— Le logarithme $\bar{2},20863$, pour être considéré comme étant à la fois le logarithme du quotient de 90 : 5567 et de la fraction ordinaire $\frac{90}{5567}$.

4° Diviser 0,005567 par 0,016 :

$$\begin{aligned} \text{Log } 0{,}005567 &= \bar{3},74561 \\ \text{Log } 0{,}016 &= \bar{2},20412 \\ \text{Différence} &= \bar{1},54149 = \log 0{,}348 \\ \text{Quotient demandé} &= 0{,}348. \end{aligned}$$

5° Diviser 0,016 par 0,005567 :

$$\begin{aligned} \text{Log } 0{,}016 &= \bar{2},20412 \\ \text{Log } 0{,}005567 &= \bar{3},74561 \\ \text{Différence} &= 0{,}45851 = \log 2{,}874 \\ \text{Quotient demandé} &= 2{,}874. \end{aligned}$$

6° Diviser 0,16 par 0,009 :

$$\begin{aligned} \text{Log } 0{,}16 &= \bar{1},20412 \\ \text{Log } 0{,}009 &= \bar{3},95424 \\ \text{Différence} &= 1{,}24988 = \log 17{,}78 \\ \text{Quotient demandé} &= 17{,}78. \end{aligned}$$

7° Faire le cube de 0,016 :

$$\begin{aligned} \text{Log } 0{,}016 &= \bar{2},20412 \\ &\times \quad 3 \\ \text{Produit} &= \bar{6},61236 = \log 0{,}000004095 \\ \text{Cube demandé} &= 0{,}000004095. \end{aligned}$$

8° Élever 0,005567 à la quatrième puissance :

$$\begin{aligned} \text{Log } 0{,}005567 &= \bar{2},74561 \\ &\times \quad 4 \\ \text{Produit} &= \bar{6},98244 = \log 0{,}000009604 \\ \text{Puissance demandée} &= 0{,}000009604. \end{aligned}$$

9° Trouver la racine carrée de 0,016 :

$$\text{Log } 0,016 = \bar{2},20412$$

$$\frac{\bar{2},20412}{2} = \bar{1},10206 = \log 0,1266$$

Racine demandée = 0,1266.

10° Extraire la racine cubique de 0,016 :

$$\text{Log } 0,016 = \bar{2},20412$$

$$\frac{\bar{2},20412}{3} = \frac{\bar{3} + 1,20412}{3} = \bar{1},40137 = \log 0,252$$

Racine demandée = 0,252

11° Extraire la racine cinquième de 0,0000009 :

$$\text{Log } 0,0000009 = \bar{7},95424$$

$$\frac{\bar{7},95424}{5} = \frac{\overline{10} + 3,95424}{5} = \bar{2},79085 = \log 0,06178$$

Racine demandée = 0,06178.

12° Multiplier $\frac{90}{5567}$ par 16 :

$$\text{Log } \frac{90}{5567} \text{ (voy. 3e ex. ci-dessus)} = \bar{2},20863$$

$$\text{Log } 16 = 1,20412$$

$$\text{Somme} = \bar{1},41275 = \log 0,259$$

Produit demandé = 0,259.

13° Extraire la racine carrée de $\frac{3}{4}$:

$$\text{Log } \frac{3}{4} \text{ ou log } 0,75 = \bar{1},87506$$

$$\frac{\bar{1},87506}{2} = \frac{\bar{2} + 1,87506}{2} = \bar{1},93753 = \log 0,87$$

Racine demandée = 0,87.

392. Moyen d'éviter les logarithmes négatifs en évitant les fractions. — Les logarithmes positifs étant plus commodes que les logarithmes négatifs, il est utile d'éviter ceux-ci autant que possible.

Pour cela on fera choix d'unités très-petites pour les différentes espèces de quantités qui entreront dans les calculs; il arrivera alors, au moins ordinairement, que tous les nombres sur lesquels on aura à opérer seront des nombres plus grands que l'unité, et auront par conséquent des logarithmes positifs. Par exemple, dans les calculs pratiques relatifs à l'arpentage, on pourra quelquefois prendre le décimètre pour unité au lieu du mètre. De même, qu'il s'agisse de calculer les angles que font ensemble les lignes des heures d'un cadran solaire, ou de trouver les cordes de ces angles, on prendra pour unité de longueur le millimètre, et on sera assuré de ne point rencontrer de fractions dans le cours des opérations.

393. Moyen d'éviter les logarithmes négatifs dans le calcul des fractions. — Si, malgré la précaution que nous venons d'indiquer, ou parce qu'on n'a pas été libre d'arrêter soi-même les bases de ses calculs, il se présente des fractions à traiter par logarithmes, on peut encore éviter les logarithmes négatifs. Voici la règle à suivre pour cela.

394. Règle. *On multiplie les nombres sur lesquels il faut opérer, par 10, par 100, par 1000..., ou, s'il s'agit d'une racine à extraire, par une puissance de 10, de 100, de 1000..., de même degré que la racine, de manière à rendre ces nombres plus grands que l'unité et à préparer aussi des résultats plus grands que l'unité. On modifie ensuite convenablement ces résultats, de manière à les ramener à ce qu'ils auraient été si les nombres sur lesquels on a opéré n'avaient pas été changés.* (Il faut remarquer particulièrement, au sujet de cette modification des résultats, que si un nombre est multiplié par 10, par 100, par 1000..., une puissance quelconque de ce nombre se trouve multipliée par une puissance semblable de 10, de 100, de 1000..., et *vice versa*, que si un nombre est multiplié par une puissance de 10, de 100, de 1000..., sa racine de même degré est multipliée seulement par 10, par 100, par 1000...)

Exemples. (Nous traiterons de nouveau, d'après cette règle, quelques-uns des exemples du n° 391, en laissant les autres comme sujet d'exercice.)

1° Multiplier 0,05567 par 0,09 (2e ex. du n° 391) :

$$\begin{aligned} \text{Log } 55{,}67 &= 1{,}74561 \\ \text{Log } 9 &= \underline{0{,}95424} \\ \text{Somme} &= 2{,}69985 = \log 501. \end{aligned}$$

Les facteurs ayant été multipliés, le premier par 1000, le second par 100, le produit est 100000 fois trop fort ($1000 \times 100 = 100000$); on écrira donc :

Produit demandé = 0,00501.

2e Diviser 0,005567 par 0,016 (4e ex. du n° 391) :

$$\begin{aligned} \text{Log } 55{,}67 &= 1{,}74561 \\ \text{Log } 16 &= \underline{1{,}20412} \\ \text{Différence} &= 0{,}54149 = \log 3{,}48. \end{aligned}$$

Le dividende ayant été multiplié par 10000 et le diviseur par 1000, le quotient est 100 fois *trop fort* $\left(\frac{10000}{1000} = 10\right)$; il faut donc écrire :

Quotient demandé = 0,348.

3° Diviser 0,16 par 0,009 (6e ex. du n° 391) :

$$\begin{aligned} \text{Log } 16 &= 1{,}20412 \\ \text{Log } 9 &= \underline{0{,}95424} \\ \text{Différence} &= 0{,}24988 = \log 1{,}778. \end{aligned}$$

Le dividende ayant été multiplié par 100 et le diviseur par 1000, le quotient est 10 fois *trop faible* $\left(\frac{100}{1000} = 0{,}1\right)$; on écrira par conséquent :

Quotient demandé = 17,78.

4° Faire le cube de 0,016 (7e ex. du n° 391) :

$$\begin{array}{rl} \text{Log } 1,6 = & 0,20412 \\ \times & 3 \\ \hline \text{Produit} = & 0,61236 = \log 4,095. \end{array}$$

Le nombre proposé ayant été multiplié par 100, il faut diviser le cube obtenu par 1000000 (car $100^3 = 1000000$); on écrira donc :

Cube demandé = 0,000004095.

5° Extraire la racine carrée de 0,016 (9e ex. du n° 391) :

$$\text{Log } 1,6 = 0,20412$$

$$\frac{0,20412}{2} = 0,10206 = \log 1,266.$$

Le nombre proposé ayant été multiplié par 100 ou 10^2, a racine obtenue est 10 fois trop forte; en la divisant par 10, on aura donc :

Racine demandée = 0,1266.

6° Multiplier $\frac{90}{5567}$ par 16 (12e ex. du n° 391) :

$$\text{Log } \frac{9000}{5567} = 0,20863$$

$$\text{Log } 16 = 1,20412$$

$$\text{Somme} = 1,41275 = \log 25,9.$$

Produit demandé = 0,259.

395. Équations exponentielles. — Nous revenons aux équations pour appliquer les logarithmes à la résolution de ce qu'on appelle les équations *exponentielles*, dans lesquelles l'inconnue est en exposant, et que nous ne pouvions pas résoudre par les seules notions des chapitres précédents.

Soit, par exemple, à résoudre l'équation $a^x = b$. D'après la troisième propriété des logarithmes, on a, en prenant les logarithmes des deux membres, $(\log a) \times x = \log b$;

d'où l'on tire

$$x = \frac{\log b}{\log a}. \qquad [m]$$

Soit cette autre équation $C = c\,(1+r)^n$ (éq. des int. comp., voy. p. 22) à résoudre par rapport à n. En divisant les deux membres par c, on a $\frac{C}{c} = (1+r)^n$; puis, en prenant les logarithmes des deux membres, il vient $\log \frac{C}{c} = n \log(1+r)$

d'où $$n = \frac{\log \frac{C}{c}}{\log\,(1+r)}. \qquad [k]$$

Si l'on faisait dans cette formule $C = 2c$, et $r = 0{,}05$, on aurait $n = \frac{\log 2}{\log 1{,}05} = \frac{0{,}30103}{0{,}02119} = 14{,}2$ (pour ce calcul, nous employons le véritable logarithme de 1,05 et non celui trop peu exact que nous aurions pu tirer de notre petite table). Ce nombre 14,2 est le nombre d'années qu'il faut pour doubler un capital en le plaçant à intérêts composés au taux de 5 0/0.

Cherchons enfin la valeur de n dans cette dernière équation $u = ar^{n-1}$ (formule [4] relative aux progressions, p. 261):

On a d'abord $$\frac{u}{a} = r^{n-1},$$

puis $$\log \frac{u}{a} = (n-1) \log r,$$

d'où $$n - 1 = \frac{\log \frac{u}{a}}{\log r},$$

$$n = \frac{\log \frac{u}{a}}{\log r} + 1. \qquad [8]$$

396. Si un radical formant un membre d'une équation avait l'inconnue en indice, on élèverait les deux membres à la puissance de même degré que le radical, et on retomberait ainsi dans le cas des trois équations qui viennent d'être résolues.

Soit, par exemple, l'équation $\sqrt[x]{a} = b$. En élevant les deux membres à la puissance x, elle deviendra $a = b^x$; d'où, en opérant comme précédemment,

$$x = \frac{\log a}{\log b}. \qquad [n]$$

Si l'on devait tirer la valeur de m de la formule [5] relative aux progressions, on aurait, en élevant les deux membres à la puissance $m + 1$,

$$r^{m+1} = \frac{u}{a},$$

d'où

$$m = \frac{\log \frac{u}{a}}{\log r} - 1. \qquad [9]$$

RÉSUMÉ DU CHAPITRE XI.

Si l'on suppose deux progressions, l'une géométrique commençant par 1, et l'autre arithmétique commençant par 0, un terme quelconque de la progression arithmétique est appelé le *logarithme* du terme qui a le même rang dans la progression géométrique (361).

Le *système de logarithmes* dont on fait généralement usage, ou le *système vulgaire*, est représenté par les deux progressions

$$\begin{array}{llllll} \div\div\ 1 : & 10 : & 100 : & 1000 : & 10000 : & 100000\ldots. \\ \div\ 0. & 1. & 2. & 3. & 4. & 5.\ldots \end{array}$$

entre les termes desquels on a inséré un grand nombre de moyens géométriques et arithmétiques. Le nombre 10 de la progression géométrique, correspondant au nombre 1 de la progression arithmétique, s'appelle la *base* de ce système (362-364).

Souvent on considère les nombres plus petits que 1, comme n'ayant pas de logarithmes. On peut aussi leur attribuer des logarithmes négatifs, en supposant les progressions prolongées à gauche, comme on le voit au n° 365 (365).

Propriété fondamentale.— Le logarithme d'un produit est égal à la somme des logarithmes de ses facteurs.

En effet, en examinant les deux progressions générales

$$\div\!\div \ldots r^{-4} : r^{-3} : r^{-2} : r^{-1} : 1 : r^{1} : r^{2} : r^{3} : r^{4} : r^{5} \ldots .$$

$$\div \ldots -4d . -3d . -2d . -1d . 0 . 1d . 2d . 3d . 4d . 5d \ldots ,$$

dans lesquelles les lettres r et d représentent les *raisons* des deux progressions, on voit que les exposants des termes de la progression géométrique étant respectivement égaux aux coefficients des termes de la progression arithmétique, le produit de plusieurs termes quelconques de la première progression sera toujours au même rang que la somme des termes correspondants de la seconde. Par exemple, le produit $r^2 \times r^4 = r^6$ correspond à la somme $2d + 4d = 6d$. De même $r^2 \times r^{-3} = r^{-1}$ correspond à $2d - 3d = -1d$ (367-369).

De cette 1re propriété découlent ces trois autres : 2me. Le logarithme d'un quotient égale le logarithme du dividende moins celui du diviseur. 3me. Le logarithme d'une puissance d'un nombre égale le logarithme de ce nombre multiplié par l'exposant de la puissance. 4me. Le logarithme de la racine d'un nombre égale le logarithme de ce nombre divisé par l'indice de la racine (370-372).

Il existe des tables calculées d'avance, au moyen desquelles on peut effectuer tous les calculs par logarithmes. On en trouve un exemple à la page 273. Non-seulement elles donnent les logarithmes des nombres entiers qu'elles renferment ; mais de plus on peut avec elles trouver approximativement les logarithmes des nombres entiers et décimaux qu'elles ne renferment pas, ainsi qu'on va l'expliquer tout à l'heure (373, 374).

On distingue dans un logarithme sa partie entière, appelée *caractéristique*, et sa partie décimale. La caractéristique peut être positive ou négative. Elle est positive dans les logarithmes des nombres entiers et dans ceux des nombres décimaux plus grands que l'unité ; elle est négative dans les logarithmes des fractions. On n'emploie pas dans le calcul les logarithmes entièrement négatifs ; on peut donc dire que la partie décimale des logarithmes, même pour les fractions. est toujours positive (375, 377).

Si plusieurs nombres entiers ou décimaux, plus grands ou plus petits que l'unité, ont les mêmes chiffres significatifs, quel que soit d'ailleurs le nombre des zéros placés à droite ou à gauche de ces nombres, leurs logarithmes ont la même partie décimale et ne diffèrent entre eux que par la caractéristique. (*Voy.* le tableau de la page 275) (378).

Une caractéristique positive exprime autant d'unités moins une, que le nombre correspondant au logarithme renferme de chiffres à sa partie entière. — Une caractéristique négative indique le rang du premier chiffre significatif à droite de la virgule décimale dans la fraction à laquelle correspond le logarithme (376, 379).

Les *différences* inscrites dans les tables entre chaque logarithme et le suivant (*différences tabulaires*) font connaître de combien les logarithmes diffèrent quand les nombres diffèrent d'une unité. Ces différences servent à trouver ce qu'il faut ajouter aux logarithmes ou aux nombres inscrits dans les tables pour avoir d'autres logarithmes ou d'autres nombres compris entre ceux-ci. On suppose pour ce calcul que les différences de plusieurs logarithmes compris entre deux logarithmes consécutifs des tables sont proportionnelles aux différences des nombres correspondants (380-386).

A cause des propriétés énoncées plus haut, l'emploi des logarithmes a pour effet de remplacer les opérations de l'arithmétique par des opérations plus faciles : la multiplication par une addition, la division par une soustraction, l'élévation aux puissances par une simple multiplication, et l'extraction des racines par une division très-facile. On peut voir aux n°s 387 à 390 plusieurs exemples de calcul par logarithmes, sur les nombres entiers et sur les nombres décimaux plus grands que l'unité (387-390).

Quant au calcul sur les fractions décimales par les logarithmes à caractéristique négative, il se fait d'après les mêmes règles, en tenant compte de la différence des signes de la caractéristique et de la partie décimale de ces sortes de logarithmes. Nous appelons l'attention sur un cas particulier de l'extraction des racines où l'on est obligé d'augmenter la caractéristique pour la rendre divisible exactement par l'indice (391).

On peut d'ailleurs éviter dans bien des cas les fractions, et par conséquent les logarithmes négatifs, en adoptant, dans les applications usuelles, des unités très-petites ; par exemple, le décimètre, le millimètre au lieu du mètre (392).

Lorsqu'on est obligé d'opérer sur des fractions, on peut encore éviter les logarithmes négatifs. Pour cela, on remplace les fractions par des nombres plus grands que l'unité, et on ramène ensuite les résultats des opérations à ce qu'ils auraient été si les nombres sur lesquels on devait opérer n'avaient pas été changés (393-394).

Les logarithmes fournissent le moyen de résoudre des équations appelées équations *exponentielles*, où l'inconnue est en exposant. Soit, par exemple, $a^x = b$: on a $(\log a) \times x = \log b$; d'où

$$x = \frac{\log b}{\log a}.$$

L'équation $\sqrt[x]{a} = b$ se changerait en $a = b^x$, d'où $x = \frac{\log a}{\log b}$.

Cette notion complète tout ce que nous avons dit de la résolution des équations (395, 396).

EXERCICES

Sur les Logarithmes.

Trouver les logarithmes des nombres suivants :

1. 80,1 ; 35,2 ; 61,5 ; 29,8. (N° 380, 1er ex.).
2. 43, 52 ; 72, 65 ; 42, 81 ; 36, 52. [2]
3. 580 ; 1300 ; 48000 ; 510000. (N° 382, 1er ex.)
4. 102 ; 235 ; 1374 ; 4641. [2,3]
5. 8, 2 ; 5, 4 ; 9, 7 ; 5, 8. (N° 383, 1er ex.).
6. 8, 25 ; 7, 13 ; 113, 5 ; 443, 8. [2,3]
7. 0, 256 ; 0, 0417 ; 0, 213 ; 0, 005473. [4]
8. 0, 00047 ; 0, 008 ; 0, 4 ; 0, 052. [5]

Trouver les nombres correspondants aux logarithmes suivants :

9. 2,34242 ; 3,61278 ; 5,55630 : 4,77815. (N° 384, 1er ex.).
10. 0, 36173 ; $\overline{1}$, 47712 ; $\overline{3}$, 74036 ; 2, 49136. [2,3]
11. 1,86514 ; 0,71214 ; 2,72754 ; 3,92624. (N° 385, ex. 1-4).
12. 4, 69617 ; 2, 72463 ; 2, 46250 ; 3, 50550.
13. $\overline{1}$, 74512 ; $\overline{2}$, 40303 ; $\overline{3}$, 75104 ; $\overline{4}$, 93000. [5,6]

Opérations à effectuer par logarithmes
(sur les nombres des Exercices 1 à 8).

14. 80,1×35,2 ; 61,5×29,8 ; 43,52×72,65 ; 42,81×36,52. (N° 387).

15. 4641:235; 1374:102; 8,2:5,4; 9,7:5,8. (N° 388, 1er ex.).

16. $(8,25)^2$; $(7,13)^3$; $(113,5)^6$; $(443,8)^{10}$. (N° 389).

17. $\sqrt{8,25}$; $\sqrt[3]{7,13}$; $\sqrt[6]{113,5}$; $\sqrt[10]{443,8}$. (N° 390).

18. $0,256 \times 235$; $0,0417 \times 8,25$; $0,256 \times 0,417$; $0,052 \times 0,005473$. (N° 391, 1er et 2e ex., ou n° 394, 1er ex.).

19. 8 : 4641; 6 : 235; 13,5 : 1374; 12,6 : 102. (N° 388, 2e ex., ou n° 391, 3e ex.).

20. 0,00047 : 0,256; 0,008 : 0,0417; 0,4 : 0,052; 0,213 : 0,005473. (N° 391, ex. 4-6, ou n° 394, 2e et 3e ex.).

21. $(0,052)^2$; $(0,256)^4$; $(0,0417)^3$; $(0,005473)^6$. (N° 391, 7e et 8e ex., ou n° 394, 4e ex.).

22. $\sqrt{0,052}$; $\sqrt[4]{0,256}$; $\sqrt[3]{0,0417}$; $\sqrt[7]{0,005473}$. (N° 391, ex. 9-11, ou n° 394, 5e ex.).

23. $\frac{20}{33} \times 44$; $\left(\frac{20}{33}\right)^3$; $\sqrt{\frac{20}{33}}$; $\frac{20}{33} : \frac{5}{6}$. (N° 391, 12e ex., ou n° 394, 6e ex.).

24. $\frac{4}{5} \times 8$; $12 \times \frac{3}{4}$; $\sqrt{\frac{1}{8}}$; $\sqrt[3]{\frac{4}{25}}$. (N° 391, 13e ex., ou n° 394).

25. Résoudre les équations suivantes :

$8^x = 512$; $5^x = 625$; $2^x = 1024$; $3^x = 729$. (N° 395, formule [m].

$\sqrt[x]{64} = 2$; $\sqrt[x]{125} = 5$; $\sqrt[x]{6561} = 9$; $\sqrt[x]{343} = 7$. (N° 396, formule [n].

26. Appliquer les autres formules des nos 395, 396, à la résolution des questions suivantes :

1° Combien faut-il de temps pour tripler un capital placé à intérêts composés au taux de 5 0/0? (Formule [k];

2° Combien faut-il de temps pour décupler le même capital?

3° Quel est le nombre des termes d'une progression géométrique commençant par 3, finissant par 1656, et dont la raison est 2? (Formule [8];

4° Combien de moyens géométriques peut-on insérer entre les deux nombres 1 et 4096, la raison de la progression étant 4? (Formule [9].

27. Trouver la valeur de n dans l'équation $S = \frac{a(r^n - 1)}{r-1}$ (formule [G] relative aux progressions).

$$\text{Rép.} \quad n = \frac{\log\left(\frac{(r-1)S}{a} + 1\right)}{\log r}.$$

28. Calculer au moyen de la formule précédente le nombre des termes d'une progression géométrique dont on connaît le premier terme 1, la raison 2, et la somme des termes

18 000 000 000 000 000 000.

(Cette somme égale le nombre des grains de blé que l'inventeur du jeu d'échecs eût dû recevoir pour les 64 cases de l'échiquier (*voy.* p. 262). Le premier terme et la raison de la progression proposée ici, sont d'ailleurs les mêmes que dans celle relative au jeu d'échecs. Notre question revient donc à demander de calculer, au moyen de la formule du numéro précédent, le nombre des cases de l'échiquier).

On pourra en outre se proposer à soi-même de nombreuses applications des logarithmes, ayant pour objet soit les formules des chapitres précédents, soit celles du chapitre suivant. On pourrait en particulier reprendre certains exercices du chapitre 1er.

CHAPITRE XII.

Choix de formules algébriques pour la résolution de questions de mathématiques, de physique, de mécanique, d'astronomie. Idée de l'Application de l'algèbre à la géométrie.

397*. Nous aurions pu terminer avec le chapitre précédent notre *Cours élémentaire d'Algèbre*. Mais nous avons pensé qu'il serait utile de présenter ici, comme conclusion, un choix de formules, où se fît voir d'une manière sensible l'application de l'algèbre aux diverses parties des sciences. Ces formules seront pour les élèves la matière d'un exercice intéressant, soit qu'ils s'en servent pour calculer les inconnues dont elles fournissent directement la valeur, soit qu'ils veuillent les transformer pour les employer à la recherche des autres quantités qu'elles renferment, et qui peuvent à leur tour devenir des inconnues.

I. — FORMULES DES INTÉRÊTS ET DES ANNUITÉS.

398. 1° Les formules des intérêts ont été données pages 20, 21, 92 et 289.

2° Un prêteur place chaque année une nouvelle somme a qu'il ajoute à des sommes égales placées les années précédentes, et cela pendant un nombre n d'années (placement par *annuités*); on demande quel sera, au bout de la dernière année, le montant S de toutes ces sommes accumulées avec leurs intérêts composés, 1 fr. produisant en un an l'intérêt r.

$$\text{Formule : } S = \frac{a(1+r)[(1+r)^n - 1]}{r}.$$

3° On veut rembourser un capital c augmenté de ses intérêts composés, au moyen d'un certain nombre n d'*an-*

nuités. Exprimer la quotité a de l'annuité, ou ce qu'on devra payer chaque année, r représentant toujours l'intérêt de 1 fr. en 1 an.

$$\text{Formule : } a = \frac{cr(1+r)^n}{(1+r)^n-1}.$$

II. — ARRANGEMENTS, PERMUTATIONS ET COMBINAISONS.

1° Plusieurs lettres étant données, on peut les prendre deux à deux, trois à trois, quatre à quatre, etc., de manière à avoir un grand nombre d'*arrangements* qui différeront les uns des autres, au moins par l'ordre dans lequel les lettres seront écrites. La formule suivante donne le nombre A_n de tous les arrangements possibles de m lettres prises n à n.

$$A_n = m(m-1)(m-2)\ldots\ldots[m-(n-1)].$$

Ex. Dans le cas particulier de 25 lettres prises 5 à 5, cette formule deviendrait

$$A_5 = 25(25-1)(25-2)(25-3)(25-4) = 6375600.$$

2° Si l'on prend toutes les manières possibles d'arranger les lettres données, toutes ensemble, en en changeant seulement l'ordre, on a ce qu'on appelle leurs *permutations*.

Le nombre P_m des permutations de m lettres est exprimé par la formule

$$P_m = 1.2.3\ldots\ldots m.$$

Ex. Les permutations de 5 lettres égalent $1.2.3.4.5 = 120$.

3° On appelle *combinaisons* ou *produits* de m lettres les arrangements qui diffèrent entre eux par une ou plusieurs lettres, et non plus seulement par l'ordre dans lequel ces lettres sont placées.

En appelant C_n toutes les combinaisons de m lettres prises n à n, on a

$$C_n = \frac{m(m-1)(m-2)\ldots\ldots[m-(n-1)]}{1.2.3\ldots\ldots n}.$$

Ex. Le nombre des combinaisons possibles de 25 lettres prises 5 à 5, égale

$$C_5 = \frac{25(25-1)(25-2)(25-3)(25-4)}{1.2.3.4.5} = 53130.$$

III. — Sommation des piles de boulets.

Dans les arsenaux, les boulets de même calibre sont rangés par piles de différentes formes. On peut calculer le nombre des boulets d'une pile ainsi qu'il suit :

1° Piles *triangulaires* ou celles dont la base est un triangle équilatéral, les tranches triangulaires de boulets se succédant au-dessus les unes des autres de telle manière que le côté de chaque tranche a un boulet de moins que le côté de la tranche précédente, et que la pile se termine par un seul boulet.

Si l'on représente par c le nombre des boulets d'un côté de la base, et par N le nombre total des boulets superposés, on a la formule :

$$N = \frac{c(c+1)(c+2)}{6}.$$

2° Piles *quadrangulaires*, ou celles qui ont pour base un carré, chacune des autres tranches ayant sur son côté un boulet de moins que la tranche qui la précède immédiatement, et la pile se terminant encore par un seul boulet.

Le nombre des boulets d'un côté de la base étant désigné par a, et le nombre total des boulets par N, comme dans le cas précédent, on a

$$N = \frac{c(c+1)(2c+1)}{6}.$$

3° Piles *rectangulaires* dans lesquelles la base de la pile étant rectangle, la pile se termine par une simple file de boulets.

En appelant a et b les côtés de la base, on a le nombre N des boulets par la formule :

$$N = \frac{b(b+1)(3a-b+1)}{6}.$$

IV. — Formules de géométrie pour le calcul des aires ou superficies des figures planes(*)

1° Soient B la base et H la hauteur d'un parallélogramme ou d'un rectangle, on a pour mesure de son aire :

$$A = B \times H.$$

2° Soient B et H la base et la hauteur d'un triangle, son aire égale

$$A = \frac{1}{2} B \times H.$$

3° Soient a, b, c les trois côtés d'un triangle, et p la demi somme de ces côtés, on a pour l'aire du triangle

$$A = \sqrt{p(p-a)(p-b)(p-c)}.$$

4° Soient B et B′ les deux côtés parallèles d'un trapèze. H sa hauteur, on a pour son aire

$$A = \frac{1}{2}(B + B') \times H.$$

5° Soient R le rayon d'un cercle C dont la circonférence

(*) En donnant les formules qui suivent, nous ne supposons pas que les élèves aient nécessairement étudié la géométrie, la physique, la cosmographie, avant l'algèbre. Mais nous avons cru qu'il serait facile à MM. les professeurs de suppléer de vive voix les quelques définitions qui manquent ici, et qui seraient nécessaires pour l'intelligence des diverses questions dont nous exprimons la solution. Dans le cas où l'on préférerait renvoyer à un autre temps l'étude de ces formules, leur réunion à la fin de ce cours aura du moins eu l'avantage de former, ainsi que nous l'avons dit en commençant ce chapitre, comme un tableau qui montre aux yeux la variété des applications du calcul algébrique.

est c, π étant le rapport de la circonférence au diamètre, lequel rapport égale approximativement 3,1416, on a les formules suivantes :

$$c = 2\pi R,$$
$$C = \pi R^2.$$

6° Soient R, R' les rayons de deux cercles C, C', dont les circonférences sont c, c', on a les proportions :

$$\frac{c}{c'} = \frac{R}{R'}.$$
$$\frac{C}{C'} = \frac{R^2}{R'^2}.$$

V. — FORMULES POUR LA MESURE DES VOLUMES.

1° Soient B et H la base et la hauteur d'un prisme quelconque ou d'un cylindre, on a pour le volume V, la formule

$$V = B \times H.$$

2° Soient B et H la base et la hauteur de la pyramide et du cône; on a pour le volume de ces corps

$$V = \frac{1}{3} B \times H.$$

3° Soient R le rayon d'une sphère, D son diamètre, S sa surface, V son volume, le rapport de la circonférence au diamètre étant d'ailleurs représenté par π, on a

$$S = 4\pi R^2,$$
$$V = \frac{4}{3}\pi R^3, \text{ ou } V = \frac{1}{6}\pi D^3.$$

4° Soient R, R' les rayons de deux sphères, dont les surfaces sont S, S' et les volumes V, V', on a les proportions

$$\frac{S}{S'} = \frac{R^2}{R'^2},$$
$$\frac{V}{V'} = \frac{R^3}{R'^3}.$$

VI. — FORMULES DE MÉCANIQUE.

1° Pour la chute des corps et le mouvement du pendule, voyez pages 22, 30, 31.

2° Le *plan incliné*.— Si l'on représente par l la longueur d'un plan incliné, par h sa hauteur, par P la résistance à vaincre ou le poids du corps à enlever, exprimé en kilogrammes, par F la force ou la puissance nécessaire pour vaincre la résistance, cette puissance étant exprimée aussi en kilogrammes, on a la formule

$$F = \frac{Ph}{l}.$$

3° Le *levier*. Soient F la puissance appliquée en un point déterminé d'un levier, P la résistance à vaincre au moyen du levier, a le bras de levier de la puissance, c'est-à-dire la distance du point d'application de la force au point d'appui du levier, b le bras de levier de la résistance, on a la formule

$$F = \frac{Pb}{a}.$$

VII. — DENSITÉ DES CORPS.

1° En appelant P le poids d'un corps solide ou liquide, exprimé en grammes, V son volume exprimé en centimètres cubes, D sa densité, ou le rapport du poids d'un certain volume de ce corps au poids d'un égal volume d'eau, on a la formule

$$P = VD.$$

2° En appelant P le poids d'un corps solide dans l'air, P′ son poids dans l'eau, D sa densité, on a

$$D = \frac{P}{P - P'}.$$

3° Soient P le poids d'un corps solide dans l'air, P′ son

poids dans l'eau, P'' son poids dans un second liquide, et D la densité de ce liquide, on a

$$D = \frac{P - P''}{P - P'}.$$

VIII. — MESURE DES HAUTEURS PAR LE BAROMÈTRE.

Si l'on représente par D la distance verticale entre deux points où l'on a observé la hauteur du baromètre, par H et h les hauteurs du baromètre à la station inférieure et à la station supérieure, par T et t les températures de l'air aux deux stations, on a pour la distance entre les deux points, dans le cas où il s'agit de hauteurs moindres que 1000 mètres, la formule

$$D = 16000 \left(\frac{H - h}{H + h}\right) \left(1 + \frac{2(T + t)}{1000}\right).$$

IX. — LOI DE MARIOTTE.

Soient P, P' les pressions que supporte un gaz pris à la même température dans deux circonstances différentes, V, V', les volumes qu'il occupe sous ces pressions différentes, D, D', les deux densités correspondantes, on a

$$\frac{P}{P'} = \frac{V'}{V} = \frac{D}{D'}.$$

X. — DILATATION DES CORPS PAR LA CHALEUR.

1° *Dilatation linéaire des solides.* — En appelant l la longueur d'une barre solide à la température zéro, l' la longueur de la barre dilatée à t degrés de température au-dessus de zéro, k le coefficient de dilatation linéaire du corps, c'est-à-dire l'allongement de l'unité de longueur (1 mètre) en passant de zéro à 1°, on a la formule

$$l' = l(1 + kt).$$

2° *Dilatation cubique.* — Soit V le volume d'un corps à

zéro, V′ son volume à la température t^o, K le coefficient de dilatation cubique du corps, c'est-à-dire l'accroissement de l'unité de volume (1 mètre cube) de 0° à 1°, on a

$$V' = V\,(1 + Kt).$$

3° *Correction de la hauteur barométrique d'après la température.* — Soient H la hauteur du baromètre à t degrés, et h sa hauteur à zéro, on a la formule

$$h = H \times \frac{5550}{5550 + t}.$$

4° *Dilatation des gaz.* — Soient V le volume d'un gaz à zéro, V′ son volume à t degrés et α son coefficient de dilatation, on a, en supposant constante la pression exercée sur le gaz, la formule

$$V' = V\,(1 + \alpha t).$$

5° Soit V′ le volume d'un gaz à t degrés et sous une pression barométrique représentée par H, et soit V le volume du même gaz à zéro et sous la pression $0^m,76$, correspondante au niveau de la mer, on a, en représentant encore par α le coefficient de dilatation du gaz :

$$V = \frac{V'H}{(1 + \alpha t)\,0,76}.$$

XI. — CALORIQUE SPÉCIFIQUE.

Soient M le poids d'un corps, exprimé en kilogrammes, t sa température, c son calorique spécifique, c'est-à-dire la quantité de chaleur nécessaire pour élever sa température de zéro à 1 degré (l'unité de chaleur étant la quantité nécessaire pour élever de 0° à 1° la température d'un kilogr. d'eau), P le poids de glace que la chaleur de ce corps peut fondre, on a

$$Mtc = 79P.$$

XII. — INTENSITÉ DU SON, DE LA CHALEUR, DE LA LUMIÈRE, DU MAGNÉTISME ET DE L'ÉLECTRICITÉ, A DISTANCE.

En appelant d,d' deux distances différentes auxquelles on considère l'audition du son, l'action de la chaleur et de la lumière, les attractions et les répulsions magnétiques et électriques, on a pour comparer les intensités i,i' de ces divers phénomènes, la proportion

$$\frac{i}{i'} = \frac{d'^2}{d^2}.$$

XIII. — EFFET DE LA COURBURE DE LA TERRE SUR LA VISIBILITÉ A DISTANCE.

On peut voir un objet éloigné à la surface de la terre en s'élevant à une certaine hauteur h au-dessus du sol : le rayon de la terre, égal à 6367 kilomètres, étant représenté par R, la distance d à laquelle la vue peut alors s'étendre, en ne tenant pas compte des inégalités de la surface, est donnée par la formule

$$d = \sqrt{(2R + h)h},$$

ou, plus simplement, pour de petites hauteurs,

$$d = \sqrt{2Rh}.$$

XIV. — DISTANCES DES ASTRES ET RELATIONS DES DISTANCES AUX DIAMÈTRES APPARENTS ET AUX VITESSES.

1° Si l'on représente par d la distance d'un astre à la terre, par p la parallaxe de cet astre, c'est-à-dire l'angle sous lequel cet astre voit de face le rayon de la terre ou le rayon de l'orbite à peu près circulaire que la terre décrit autour du soleil en un an (le rayon de cette orbite s'il s'agit des étoiles fixes, et le rayon de la terre pour les autres astres), l'un ou l'autre de ces rayons étant désigné par R, la distance d est exprimée par la formule

$$d = \frac{206265}{p}\,R.$$

(Le numérateur 206265 est le quotient du nombre de secondes d'une circonférence entière (1296000″), divisé par le rapport 6,2832 de la circonférence au rayon).

2° Soient a, a' les diamètres apparents du soleil ou d'un autre astre à deux époques différentes, d, d' les distances de l'astre à la terre aux mêmes époques, on a

$$\frac{a}{a'} = \frac{d'}{d}.$$

3° Soient d la distance d'une planète quelconque au soleil, d' la distance de la terre au même astre, t la durée de la révolution sidérale de la planète, ou le temps qu'elle met à parcourir son orbite entière autour du soleil, et t' la durée de la révolution annuelle de la terre, on a la proportion

$$\frac{t^2}{t'^2} = \frac{d^3}{d'^3}.$$

XV. — ATTRACTION UNIVERSELLE.

1° *Relation entre les attractions et les distances.* — Soient A, A′ les attractions exercées par un même corps à des distances différentes désignées par d, d', on a la proportion

$$\frac{A}{A'} = \frac{d'^2}{d^2}.$$

2° *Pesanteur à la surface des corps célestes.* — Soit g la pesanteur à la surface de la terre dont nous représentons la masse par m et le rayon par r; soit g' la pesanteur à la surface d'un astre dont la masse est m' et le rayon r' : on aura

$$g' = g \cdot \frac{m'}{m} \cdot \frac{r^2}{r'^2}.$$

(On a vu au n° 79, p. 22, que la valeur de g, à Paris, est exprimée par le nombre 9,8088).

XVI. — APPLICATION DE L'ALGÈBRE A LA GÉOMÉTRIE, OU GÉOMÉTRIE ANALYTIQUE.

399*. Il serait regrettable que les élèves n'eussent pas à la fin de ce cours, au moins une première idée de l'application la plus importante qui ait été faite de l'algèbre, nous voulons dire son *application à la géométrie;* ces deux sciences, en effet, unies ensemble pour constituer une science nouvelle sous le nom de *géométrie analytique*, ont porté bien loin la pénétration du génie de l'homme dans toutes les questions relatives aux lois et à la mesure de l'étendue. Elles se sont d'abord prêté de mutuels secours, l'algèbre faisant servir ses signes à l'étude des diverses questions de géométrie, et la géométrie donnant ses constructions et ses figures comme moyen de résolution des équations des degrés supérieurs. Mais l'algèbre réalisant de nouveaux progrès a pu ensuite se suffire à elle-même, de sorte qu'elle est restée maîtresse dans cette lutte, dominant par l'emploi de sa méthode qui est essentiellement la méthode de recherche et d'invention, les diverses branches des mathématiques, et par conséquent l'étude de toutes les questions scientifiques où il s'agit d'étendue et de nombre.

Quelques notions générales, empruntées en partie à Lacroix *, feront peut-être entrevoir la portée et l'intérêt des applications d'un ordre si élevé, que nous pouvons à peine signaler ici.

(*) Lacroix. *Traité élémentaire d'Application de l'algèbre à la géométrie.*

400. L'application de l'algèbre à la géométrie a d'abord pour but de faire servir les opérations algébriques à combiner ensemble plusieurs théorèmes de géométrie pour en déduire des conséquences... Un théorème qui établit une relation entre plusieurs lignes d'une grandeur définie, peut toujours s'exprimer par une équation; et toutes les transformations qu'on opère sur cette équation, étant traduites en langage ordinaire, donnent des énoncés qui sont des conséquences du théorème duquel on est parti : mais ce point de vue n'offre qu'une très-petite partie de ce que doit embrasser l'application de l'algèbre à la géométrie. Cette branche des mathématiques, considérée en général, ne se borne pas à la recherche des propriétés de l'étendue par le moyen des procédés algébriques; on y voit encore comment on peut représenter par ces propriétés tout ce que signifie une expression algébrique quelconque, ramener sans cesse les constructions des figures aux opérations de calcul et revenir de celles-ci aux premières.

401. Comme exemple de combinaison de plusieurs théorèmes de géométrie pour en déduire algébriquement des conséquences, on peut se proposer cette question :

Connaissant les trois côtés, a, b, c d'un triangle ABC, trouver l'expression de son aire; en d'autres termes, trouver une règle générale pour calculer l'aire d'un triangle au moyen de ses trois côtés.

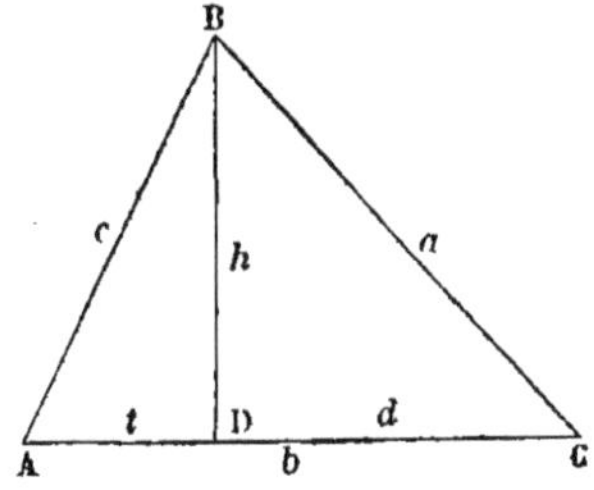

L'aire d'un triangle est, d'après la géométrie, égale à la

moitié du produit de sa base par sa hauteur. En prenant pour base du triangle ABC le côté AC que nous désignons plus simplement par b, sa hauteur sera la perpendiculaire BD que nous désignons par h, et son aire sera par conséquent $\frac{1}{2}bh$. Il nous manque seulement, pour calculer $\frac{1}{2}bh$, de connaître la hauteur h, car le côté b est supposé connu en même temps que les deux autres côtés a et c. Or, voici comment nous pouvons déterminer algébriquement h, en écrivant deux équations fondées sur une proposition de géométrie.

La perpendiculaire BD décompose le triangle ABC en deux triangles ABD, CBD, pour lesquels on établit par raisonnement, dans les cours de géométrie, les relations suivantes :

$$a^2 = h^2 + d^2,$$
$$c^2 = h^2 + t^2.$$

Nous représentons par d et t dans ces deux équations les distances DC et DA des extrémités de la base du triangle au pied de la perpendiculaire.

En remarquant d'après la figure que t est la différence entre b et d, ou que $t = b - d$, et substituant cette valeur de t dans $c^2 = h^2 + t^2$, nous aurons à résoudre les deux équations

$$a^2 = h^2 + d^2,$$
$$c^2 = h^2 + (b - d)^2,$$

dans lesquelles tout est connu, excepté h et d. De ces deux inconnues, une seule nous est nécessaire pour le calcul du triangle, c'est h.

En faisant dans la seconde équation le carré $(b - d)^2$, cette équation devient

$$c^2 = h^2 + b^2 - 2bd + d^2.$$

Si maintenant on la retranche de la première membre

à membre, les deux termes d^2 se détruisent ainsi que les deux termes h^2 et on a

$$a^2 - c^2 = 2bd - b^2,$$

d'où l'on tire

$$d = \frac{a^2 + b^2 - c^2}{2b}.$$

D'ailleurs, la première équation $a^2 = h^2 + d^2$ donnant

$$h = \sqrt{a^2 - d^2},$$

on en déduit, par la substitution de la valeur de d, celle de h:

$$h = \sqrt{a^2 - \left(\frac{a^2 + b^2 - c^2}{2b}\right)^2}.$$

Telle est l'expression de la hauteur d'un triangle en fonction des trois côtés; on y serait arrivé également, mais moins simplement, en tirant d'abord la valeur de d de la première équation. En remplaçant maintenant h par sa valeur, dans $\frac{1}{2}\,bh$, on a l'expression demandée de l'aire :

$$A = \frac{1}{2}\,b\sqrt{a^2 - \left(\frac{a^2 + b^2 - c^2}{2b}\right)^2}.$$

Mais cette expression n'est pas présentée ici sous la forme la plus simple et la plus élégante qu'on puisse lui donner. En lui faisant subir des transformations dont le détail nous entraînerait trop loin, on la remplace par une autre parfaitement symétrique par rapport à chacun des côtés a, b, c : c'est ainsi qu'on a, en désignant par p la demi-somme des trois côtés du triangle, la formule

$$A = \sqrt{p(p-a)(p-b)(p-c)}.$$

402. Pour comprendre comment une expression algébrique peut représenter les propriétés d'une ligne (nous ne parlerons ici que des lignes contenues tout entières dans une surface plane), il faut remarquer que la position d'un point sur un plan peut être déterminée par ses distances à deux lignes fixes, de même, par exemple, que la position d'une ville à la surface de la terre est déterminée quand on sait sa latitude et sa longitude. La relation entre ces deux distances, pour tous les points d'une ligne, étant exprimée par une équation, cette équation représente la ligne à laquelle appartiennent ces points et en fait connaître la forme. Cette manière de représenter les lignes a cela d'avantageux, que la nature d'une ligne étant une fois ainsi traduite en équation, il ne s'agit plus que de considérer l'équation d'une manière abstraite pour en déduire les propriétés contenues tacitement dans la définition qu'elle exprime. Une telle déduction, qui, chez les anciens géomètres, demandait l'application la plus pénible, et où le hasard semblait avoir souvent une part considérable, se trouve ainsi ramenée à un simple jeu d'opérations et de combinaisons purement analytiques.

403. Quant à la résolution des équations par des constructions géométriques, ajoutons seulement, comme autant de faits que nous n'avons nullement à développer ici, que l'équation du second degré se construit ou s'exprime géométriquement au moyen d'une circonférence de cercle et d'une ligne droite; que ses deux racines sont données par les deux intersections que peuvent avoir entre elles ces lignes; qu'on est obligé de recourir à des lignes moins simples pour les équations des degrés supérieurs; qu'enfin, les méthodes employées dans l'algèbre supérieure ayant atteint maintenant un haut degré de perfection, on fait peu d'usage des constructions géométriques pour la résolution des équations. C'est ce dernier résultat que nous énoncions au commencement de cet article au sujet de l'indépendance et d'une sorte de supériorité de l'algèbre vis-à-vis de la géométrie; mais, à vrai dire, on ne sait ce qu'il faut le plus admirer, de l'algèbre qui a prêté sa méthode pour la recherche des propriétés de l'étendue, ou de la géométrie qui a fourni à l'algèbre un objet aussi intéressant des plus brillantes découvertes, soit qu'il s'agit de la mesure de l'espace, soit qu'il fût question des lois et des circonstances du mouvement dans toutes les parties de la création.

CHAPITRE SUPPLÉMENTAIRE.

Histoire de l'Algèbre.

404. Invention de l'algèbre. — L'algèbre n'était pas connue des anciens géomètres grecs. C'est seulement dans les premiers siècles de l'ère chrétienne, que cette science, destinée à faciliter plus tard le progrès de toutes les autres, prit naissance sous la forme d'un simple perfectionnement apporté aux méthodes arithmétiques. On n'a pu d'ailleurs décider d'une manière certaine à qui, des Grecs d'Alexandrie ou des Hindous, il faut attribuer la gloire de son invention. Au sixième siècle, l'algèbre des Hindous était supérieure à celle des Grecs, et pourtant c'est d'un Grec que nous tenons le traité le plus ancien qui nous soit parvenu sur l'algèbre, traité qui fait regarder son auteur Diophante comme l'inventeur même de cette science.

405. L'algèbre chez les Grecs. — DIOPHANTE D'ALEXANDRIE. — On admet généralement que Diophante florissait sous l'empereur Julien, au milieu du quatrième siècle, mais il reste toutefois beaucoup d'incertitude au sujet de cette époque, quelques-uns faisant du géomètre grec le contemporain d'Antonin ou même de Néron. Son traité d'algèbre était composé de treize livres, mais nous n'avons que les six premiers; ils roulent principalement sur l'analyse indéterminée. Trouvés au milieu du quinzième siècle dans la bibliothèque du Vatican, ils ont été imprimés pour la première fois en 1575 sur un autre manuscrit trouvé à Vittemberg avec des notes du moine grec Maxime Planude, qui vivait vers l'an 1327. Cet ouvrage ne porte que le titre d'Arithmétique, de même que plusieurs autres du même genre composés en Europe du treizième au seizième siècle. C'est qu'en effet l'algèbre, par la manière dont on la présentait alors, n'apparaissait pas de suite comme une science nouvelle, et qui fût évidemment distincte de ce qu'on devait entendre plus tard sous le nom spécial d'arithmétique. Les premiers algébristes étaient bien loin d'employer autant de signes qu'on en voit dans les traités récents ; ainsi, à l'égard des opérations, Diophante ne se sert d'un signe que pour la soustraction, dans tout le reste il emploie la voie du discours ; cependant il s'élève par ce moyen jusqu'aux équations du second degré qu'il résout, il est vrai, par des considérations beaucoup moins simples que celles qui nous guident maintenant. — Après Diophante et jusqu'à l'arrivée des Arabes, les mathématiques ne cessèrent pas d'être cultivées chez les Grecs, surtout dans l'école d'Alexandrie ; mais on ne fait mention de personne qui ait continué ses travaux.

406. L'algèbre chez les Hindous. — Deux siècles après Diophante, florissait le plus grand mathématicien que l'Inde ait produit, Brahmegupta, célèbre par un ouvrage d'astronomie, d'arithmétique et d'algèbre, où il résout les équations déterminées du second degré, et, dans certains cas, celles de degrés plus élevés ; il s'occupe de plus, comme les Grecs, des problèmes indéterminés. On remarque dans son algèbre beaucoup de sagacité, l'emploi de notations ingénieuses et un grand esprit de généralisation. Ce grand homme laissa des disciples, mais plus tard, surtout depuis le douzième siècle, les mathématiques furent peu à peu négligées chez les Hindous ; et rien dans l'état actuel de leurs connaissances ne ferait présumer qu'autrefois ils aient peut-être enseigné l'algèbre à l'Asie occidentale, à la Grèce et à l'Égypte. C'était plutôt entre les mains du peuple chrétien que cette science, avec toutes les autres, devait être amenée un jour à une plus grande perfection. Auparavant, elle allait rester pendant plusieurs siècles encore à peu près stationnaire chez les Arabes, par qui elle nous fut enfin transmise, ainsi que nous le dirons tout à l'heure.

407. Étude de l'algèbre chez les Arabes. — MOHAM-

MED BEN MOUSA. — Ce sont les Arabes qui donnèrent à l'algèbre le nom particulier qu'elle porte maintenant. Après avoir ravagé l'Égypte et tout l'Orient, et détruit la bibliothèque d'Alexandrie, ils avaient senti du goût pour les sciences qu'ils rejetaient d'abord, et s'étaient mis à les cultiver. Ils traduisirent les livres des Grecs, et nous conservèrent ainsi, du moins en partie, le dépôt des progrès accomplis jusqu'à l'époque de la conquête. Le plus célèbre de leurs auteurs pour l'algèbre est Mohammed ben Mousa, qui vivait à Bagdad au commencement du neuvième siècle, sous le règne de Mamoun. Mohammed avait deux frères, Ahmed et Haçan, qui s'occupèrent beaucoup avec lui de mathématiques. Ahmed était surtout mécanicien ; Haçan géomètre ; mais Mohammed est resté le plus célèbre d'entre eux. Ils firent rassembler tous les livres épars dans l'Asie-Mineure, l'Égypte, la Perse et même la Chine. Rien n'était plus propre à donner une forte impulsion aux études mathématiques.

Il faut remarquer toutefois que dans son traité d'algèbre, Mohammed ne va, comme ceux qui l'avaient précédé, que jusqu'aux équations du deuxième degré. Mais ce traité devait être la source où l'Europe irait puiser les premiers éléments de la science moderne : le livre de Mohammed est est donc pour nous un monument important.

408. L'algèbre transportée en Italie par Fibonacci. — Au dixième siècle, les chrétiens occidentaux commencèrent à se mettre en relation avec les Arabes et à leur emprunter leurs connaissances mathématiques. On cite pour cette époque le moine français Gerbert d'Aurillac, devenu pape sous le nom de Sylvestre II (en 999), qui alla s'instruire chez les Sarrazins d'Espagne, et apprit d'eux le système de numération que nous avons ensuite adopté. Mais c'est surtout au douzième et au treizième siècle que se produisit un mouvement plus marqué vers les sciences des Arabes. Fibonacci, connu aussi sous le nom de Léonard de Pise, fils d'un marchand de cette ville, fut conduit par son père en Barbarie, étant encore enfant; il y étudia les mathématiques; plus tard il retourna dans ce pays et en rapporta l'algèbre de Mohammed, d'après laquelle il composa lui-même (1202) un traité auquel il donna le titre de *Liber abaci* ou *Traité d'Arithmétique*. Après Fibonacci, quelques autres savants moins connus écrivirent aussi sur l'algèbre. Mais cette science ne fit encore pendant trois siècles que se propager lentement, sans étendre autrement ses conquêtes.

409. Luc Paccioli. — Le premier ouvrage d'algèbre qui ait été imprimé est celui de Luc Paccioli, religieux franciscain, surnommé de Borga, du lieu de sa naissance en Toscane, et qui vivait vers la fin du quinzième siècle et au commencement du seizième. — Il enseigna à Naples, à Milan, à Rome, où il reçut du pape Paul III un accueil dont il se loue, enfin à Venise, et contribua beaucoup, tant par ses nombreux disciples que par ses différents écrits, à répandre l'étude des mathématiques dans toute l'Italie. C'est à Venise, en 1494, qu'il fit imprimer son traité d'algèbre, encore sous le nom de traité d'arithmétique. L'ouvrage du religieux toscan eut la plus grande influence sur son époque, et prépara les progrès immenses qui allaient suivre.

410. Découverte de la résolution des équations du troisième et du quatrième degré en Italie. — TARTAGLIA ET CARDAN. — Jusqu'au commencement du seizième siècle, on ne pouvait encore résoudre d'une manière générale que les équations du premier et du deuxième degré, sans toutefois savoir interpréter les solutions négatives. Paccioli avait bien enseigné à calculer certaines équations du quatrième degré d'une forme particulière, mais sur le troisième degré tous les efforts réunis avaient complètement échoué, au point que Paccioli déclarait les questions de ce degré impossibles; cependant on touchait au moment où elles devaient être résolues. Tartaglia et Cardan, tous deux Italiens, nés, l'un à Brescia, l'autre à Pavie, se sont vivement disputé la gloire de cette découverte brillante. Le premier, orphelin à l'âge de six ans, avait appris seul à écrire; l'amour de la science la lui avait fait chercher dans les livres, et il n'avait jamais eu d'autre maître que lui-même. Provoqué par un de ces défis que s'adressaient souvent alors les mathématiciens, il trouva (vers 1535) la solution tant désirée. Jérôme Cardan, qui professait les mathématiques et la médecine à Milan, lui demanda, avec les plus vives instances, communication de sa méthode, faisant la promesse de n'en point divulguer le secret, puis malgré cela, la publia quelques années plus tard dans son grand ouvrage intitulé : *Artis magnæ seu de regulis algebræ liber unus*. Tartaglia se plaignit justement de cette infidélité, mais sans être écouté, et le nom de Cardan resta attaché à la formule des équations du troisième degré. On s'accorde à penser que celui-ci avait au moins apporté quelque perfectionnement à la méthode de Tartaglia et qu'il l'avait démontrée. D'autres travaux fort remarquables que Cardan fit sur les équations lui assurent d'ailleurs une très-large part dans l'honneur des nombreuses découvertes du seizième siècle; mais nous devons ajouter que ce savant, philosophe téméraire autant que superstitieux et peu honnête, montra que le plus vaste génie mathématique a besoin, pour rester digne de lui-même, de se laisser inspirer, en dehors des règles rigoureuses du calcul, par d'autres règles aussi sévères, qui, comme celles-là s'appuient sur des principes éternels, et qui déterminent, non plus seulement des rapports de nombres et de figures, mais d'autres rapports bien supérieurs de religion et de morale. Cardan était fort adonné à l'astrologie. Il mourut en 1576, à soixante-quinze ans. On dit qu'il se laissa mourir de faim à cet âge pour accomplir une de ses prédictions. — Louis Ferrari, un de ses disciples, lequel mourut avant lui, avait trouvé la résolution des équations du quatrième degré.

411. L'algèbre dans les différentes parties de l'Europe au quinzième et au seizième siècle. — Ce ne fut pas seulement l'Italie qui, à cette époque, travailla activement au progrès de l'algèbre. Cette science, qui excitait si vivement alors la curiosité, ne devait pas tarder, en effet, à se répandre en Allemagne, en France, en Angleterre. Dans tous ces pays, des esprits d'élite apportèrent une part de perfectionnement à ses méthodes; on sentit surtout le besoin de simplifier l'expression des équations : Stifel, en Allemagne (1483-1567), se servit de plusieurs signes aujourd'hui usités, et représenta les inconnues par des lettres, au lieu de les désigner comme on faisait encore jusque-là par des mots : l'Anglais Harriot (1562-1621) exprima les puissances par des lettres répétées, et ne sépara par aucun signe les facteurs d'un produit. Un Flamand, Simon Stevin, mort en 1638, employa pour les puissances un autre mode d'indication à peu près semblable à notre exposant. Mais avant qu'Harriot et Stevin eussent proposé leurs notations, la France avait accompli un progrès beaucoup plus considérable qui transformait l'algèbre et lui ouvrait de nouveaux horizons. C'est ce que nous allons dire tout à l'heure.

412. L'algèbre en France. — François Viète. — Le premier auteur français qui ait écrit sur l'algèbre est Jacques Peletier, médecin du Mans, dont l'ouvrage : *De occulta parte numerorum quam algebram vocant*, parut en 1554, sous le règne de Henri II. Plusieurs autres auteurs suivirent de près : il faut remarquer surtout Jean Buteo (1492-1572), chanoine régulier de l'ordre de Saint-Antoine, qui dans son livre intitulé : *Logistica*, adopte les notations de Stifel, exemple qui fut heureusement imité. Mais c'était à François Viète qu'il appartenait de changer la face de la science et de créer l'algèbre moderne. Ce grand mathématicien naquit à Fontenay-le-Comte, dans le Poitou, en 1540. Il étonna ses contemporains par la puissance et la pénétration de son esprit. Sa ténacité au travail n'était pas moins extraordinaire, au point qu'il passait quelquefois trois jours de suite dans son cabinet, ne prenant de nourriture et de sommeil que ce qui lui était absolument nécessaire pour se soutenir, sans quitter pour cela ni son bureau, ni son fauteuil, ni même son attitude. Jusqu'à lui, malgré les progrès déjà réalisés, l'algèbre n'avait pas encore ces règles précises qui en rendent aujourd'hui la pratique si facile et si assurée : c'était un ensemble de procédés auquel le raisonnement venait en aide, mais non pas encore ce mécanisme rigoureux et uniforme qui mène droit au but. Pour constituer le calcul algébrique proprement dit, le *calcul littéral,* il manquait les *lettres* mêmes qui en sont l'objet, et que Viète employa enfin d'une manière générale à représenter les quantités soit connues, soit inconnues. Cette transformation de l'algèbre donnait naissance aux formules; elle mettait d'ailleurs mieux en évidence cette loi unique, si simple, à laquelle est soumise la résolution des équations, et d'après laquelle tout l'art consiste à opérer sur un membre de l'équation comme sur l'autre, en ajoutant, retranchant, multipliant, divisant, élevant aux puissances ou extrayant les racines, suivant des règles que Viète établit lui-même dans son livre : *De emendatione æquationum.* On voit aussi dans les écrits de Viète les premières traces de l'*Application de l'algèbre à la géométrie.* Avant lui et dès le quinzième siècle, les algébristes résolvaient bien les équations par des constructions géométriques, c'était là une application de la géométrie à l'algèbre; ils employaient aussi l'algèbre dans des questions de géométrie, comme un moyen subsidiaire pour faciliter la combinaison des théorèmes. Mais Viète aperçut des liens plus étroits entre les grandeurs géométriques et les grandeurs numériques. Il reconnut que le calcul des unes et des autres se faisait par les mêmes méthodes, et le premier il enseigna à construire ou à transformer en ligne les expressions littérales obtenues pour les inconnues des équations. Ce pas en avant dans la connaissance des rapports intimes qui devaient unir ces deux sciences, préparait, sans cependant la faire prévoir, une autre découverte dont la France encore devait avoir l'honneur. Viète mourut en 1603.

413. Découverte de la géométrie analytique. — Descartes. — René Descartes, fameux philosophe et mathématicien, né à la Haye, en Touraine, en 1596, d'une famille noble, originaire de Bretagne, donna une extension inattendue et une direction toute nouvelle à l'idée de faire servir le calcul à l'étude des propriétés de l'étendue : c'est lui le créateur de la véritable *application de l'algèbre à la géométrie*, dans le sens actuel du mot; ou, en d'autres termes, c'est lui qui fonda cette branche si féconde des mathématiques que nous avons désignée à la fin du chapitre précédent sous le nom de *géométrie analytique*. Avec ce secret, à l'âge de vingt ans, il résolvait d'un coup-d'œil, et comme en se jouant, tous les problèmes géométriques que les mathématiciens de divers pays s'envoyaient mutuellement, comme des défis publics, suivant l'usage de ce temps-là. Descartes eut cependant un rival digne de lui dans le célèbre Fermat, conseiller au parlement de Toulouse, qui par ses recherches en algèbre et en géométrie mérite un des premiers rangs au nombre des savants dont la France s'honore. Quant à l'algèbre pure, Descartes lui rendit un premier service en inventant l'*exposant*. De plus, il interpréta les racines négatives, regardées jusque-là comme inutiles, et dont l'importance en géométrie surtout est immense. Une autre découverte importante, relative aux racines positives d'une équation d'un degré quelconque, ne saurait être énoncée dans ce résumé tout à fait élémentaire de l'histoire de l'algèbre. — Ce n'est pas d'ailleurs ici le lieu de parler de Descartes comme philosophe et comme physicien. — Descartes avait fait ses études au collége de la Flèche, sous les jésuites. Il se mit ensuite à voyager, prit du service comme volontaire dans les guerres d'Allemagne, puis se fixa en Hollande, et c'est là qu'il composa la plupart de ses ouvrages. La reine Christine l'attira plus tard en Suède, où il mourut en 1650. Malgré son éloignement de sa patrie, Descartes y était connu et admiré. Il était resté très-lié d'amitié avec le savant père Mersenne, religieux minime, son ancien condisciple à la Flèche. Le cardinal Mazarin lui avait fait donner une pension de 3,000 livres; et, seize ans après sa mort, sur la demande de l'ambassadeur de Louis XIV, ses dépouilles mortelles furent rapportées à Paris.

414. Invention des logarithmes. — Jean Napier ou Neper, célèbre par l'invention des logarithmes, naquit en 1550, près d'Édimbourg, en Écosse. La remarque relative au rapport qui existe entre une progression géométrique commençant par l'unité et une progression arithmétique commençant par 0 avait été faite depuis longtemps, mais le premier il voulut la faire servir à abréger les calculs, en formant une table de logarithmes sous ce titre : *Mirifici logarithmorum canonis descriptio*, en 1614. Les logarithmes de Neper, ou logarithmes *népériens*, portent aussi le nom de logarithmes *naturels*.

Henri Briggs, mathématicien anglais, né vers l'an 1556, perfectionna, après en avoir conféré avec Neper, l'invention de celui-ci, en prenant pour base des logarithmes le nombre 10, et publia, en 1617, l'année de la mort de Neper, la première table de logarithmes vulgaires. Il mourut en 1630.

415. Progrès de l'algèbre du dix-septième au dix-neuvième siècle. — Les progrès de l'algèbre dans les deux siècles qui suivent Descartes se rapportent à la résolution des équations des degrés supérieurs. Nous ne serions donc pas compris de nos lecteurs si nous les exposions en détail. Mais nous pouvons au moins citer les noms des savants qui ont travaillé avec gloire à faire avancer cette partie difficile de l'algèbre, et dont les méthodes sont encore classiques : Newton (1643-1727), illustre savant anglais, dont on ne saurait énumérer ici les divers titres à l'admiration de la postérité comme mathématicien, comme physicien et comme astronome; dans la haute algèbre, il est surtout célèbre par une formule qui porte son nom, le *binome de Newton*, qu'on trouve expliqué dans plusieurs traités élémentaires, mais dont nous ne devions point parler dans celui-ci. Ajoutons, quoique ce ne soit point non plus de notre sujet, qu'il fit, comme Descartes, la découverte d'une branche nouvelle des mathématiques, le *calcul différentiel,* en même temps qu'elle était faite sous une autre forme par Leibnitz, cet autre génie que l'Allemagne a donné à la philosophie et aux sciences; — Taylor (1685-1731), autre mathématicien anglais, à qui l'on doit aussi une formule très-importante; — Euler (1707-1783), né à Bâle, mort à Saint-Pétersbourg, où il avait été attiré par l'impératrice Catherine; il fut le plus grand des mathématiciens du dix-huitième siècle. Il illustra l'Académie fondée par Pierre le Grand, et fut aussi pendant plusieurs années directeur de l'Académie des sciences de Berlin. Devenu aveugle à l'âge de cinquante-neuf ans, il n'en continua pas moins ses immenses travaux sur l'analyse pure, la mécanique, l'astronomie, etc., faisant ses calculs de tête et suppléant à tout par sa mémoire prodigieuse; — Bézout (1730-1783), mathématicien français, né à Nemours, auteur d'une théorie générale des équations; — Lagrange (1736-1813), né à Turin, d'une famille d'origine française, en 1736, attiré à Berlin, où il succéda à Euler, puis venu en 1787 à Paris, mourut dans cette ville en 1813, membre de l'Institut, du Bureau des longitudes et du Sénat. Il est célèbre par de nombreux ouvrages ou mémoires d'analyse; il a publié un traité des équations numériques; — Jean-Baptiste Fourier (1767-1830), qu'on ne doit pas confondre avec le chef de la réforme phalanstérienne, né à Auxerre, fit ses études chez les Bénédictins de Saint-Maur, fut professeur à l'école polytechnique, membre de l'Institut d'Égypte, de l'Académie des sciences et de l'Académie française; au nombre de ses ouvrages, on compte des mémoires importants sur les équations; — Charles Sturm (1803-1855), né à Genève, d'une famille française, devenu membre de l'Académie des sciences de Paris, connu surtout par un théorème utile dans la résolution des équations; — Augustin Cauchy (1789-1857), né à Paris, un des plus profonds analystes de ce siècle, fit, comme les précédents, des découvertes importantes pour la résolution des équations. Nous n'avons pas à énoncer ses autres travaux, qui par leur grand nombre, en même temps que leur mérite propre, firent voir en lui le génie le plus facile, le plus actif et le plus élevé. Mais nous ne saurions oublier que cet homme illustre, qui « fut l'un des premiers mathématiciens de l'Europe, » fut aussi « l'un des premiers chrétiens du monde (*), » joignant les œuvres de piété et de charité aux plus profondes recherches, aux plus hautes abstractions sur les parties supérieures des mathématiques.

416. Pour résumer l'état actuel de l'algèbre, nous dirons en finissant qu'on possède pour le troisième et le quatrième degré, comme pour le second, des formules littérales au moyen desquelles on détermine les valeurs de l'inconnue en fonction des coefficients et des termes connus, mais que pour les équations des degrés supérieurs, on emploie des méthodes d'approximation qui diffèrent entièrement de la règle que nous avons exposée pour le second degré et qui sont beaucoup plus compliquées. Toutefois, ces méthodes conduisent encore assez rapidement au but, de sorte que grâce à tant de travaux dont le succès définitif entrait dans les desseins providentiels sur le progrès des sciences, on a maintenant des moyens pratiques pour résoudre les questions mathématiques de tous les degrés. La force de l'intelligence de l'homme apparaît dans ces derniers résultats de la science; sa faiblesse s'était montrée dans l'inefficacité des premiers efforts, elle se montre encore dans l'impossibilité d'exprimer par une formule toutes les solutions d'une équation d'un degré élevé.

(*) Paroles de Mgr Dupanloup.

RESUMÉ DU CHAPITRE SUPPLÉMENTAIRE.

L'algèbre était connue dans les premiers siècles de l'ère chrétienne, chez les Hindous et chez les Grecs. Diophante d'Alexandrie, qui vivait probablement sous l'empereur Julien, a écrit sur cette science un traité qui l'a fait passer pour en être l'inventeur, et dont une partie nous a été conservée; il va jusqu'aux équations du second degré. Après les Grecs, les Arabes cultivèrent l'algèbre avec succès: Mohammed-ben-Mousa est le plus célèbre de leurs auteurs. Au commencement du treizième siècle, Fibonacci apporta le traité de Mohammed en Italie. Le premier ouvrage d'algèbre qui ait été imprimé est celui de Luc Paccioli, religieux toscan. Quelque temps après, Cardan, médecin de Milan, publiait la résolution des équations du troisième degré, découverte par Tartaglia. Le quatrième degré fut résolu, en Italie encore, par un des disciples de Cardan. Au seizième siècle, l'algèbre avait pénétré dans toutes les parties de l'Europe; elle trouva en France des hommes de génie, qui devaient la transformer entièrement. François Viète (1540-1603) représenta toutes les quantités connues et inconnues par des lettres et créa ainsi le calcul littéral. Avant lui, les inconnues seules avaient été ainsi représentées. Descartes (1596-1650) acheva cette révolution en ajoutant l'exposant à l'ensemble des symboles algébriques; mais il est surtout célèbre par l'invention de la géométrie analytique ou de la véritable application de l'algèbre à la géométrie dans le sens actuel du mot. En 1614, l'écossais Neper avait publié la première table de logarithmes. Depuis le milieu du dix-septième siècle jusqu'à nous, les progrès de l'algèbre n'ont pas discontinué, et aujourd'hui on sait résoudre par des méthodes d'approximation suffisantes dans la pratique, les équations de tous les degrés. Parmi les savants dont les travaux ont contribué dans le dernièr siècle à cet immense succès, les plus illustres sont Newton, Euler, Bézout et Lagrange. Au nombre des plus profonds analystes qui leur ont succédé, dans la première moitié du dix-neuvième siècle, il faut citer surtout Augustin Cauchy.

FIN.

APPENDICE.

Comprenant quelques notions prescrites par le programme du 25 mars 1865 (*Classes d'humanités*).

I. EXPOSÉ TRÈS-SOMMAIRE DE LA DIVISION DES POLYNOMES.

(Texte du Programme.)

1. Remarque préliminaire sur le produit de deux polynômes. — Si deux polynômes sont ordonnés par rapport aux puissances décroissantes d'une même lettre (*voy.* p. 18 ce qu'on entend par un polynôme ainsi ordonné), les produits partiels et le produit total sont ordonnés de la même manière, et le premier terme du produit total, où l'exposant de la lettre *ordonnatrice* est le plus élevé (on appelle lettre *ordonnatrice* celle par rapport à laquelle les polynômes sont ordonnés), est toujours, sans réduction, le produit du premier terme du multiplicande par le premier terme du multiplicateur.

Soit, par exemple, la multiplication suivante :

$$\begin{array}{l}
4a^3 - 5a^2 + a \\
6a^2 - 3a + 4 \\
\hline
24a^5 - 30a^4 + 6a^3 \\
\qquad - 12a^4 + 15a^3 - 3a^2 \\
\qquad\qquad + 16a^3 - 20a^2 + 4a \\
\hline
24a^5 - 42a^4 + 37a^3 - 23a^2 + 4a
\end{array}$$

Il est évident que les exposants de la lettre a dans les deux facteurs allant en diminuant de gauche à droite, on doit obtenir, en les additionnant, des sommes plus petites à mesure que la multiplication avance vers la droite ; c'est pourquoi les trois produits partiels, et, par suite, le produit total, se trouvent ordonnés, comme les facteurs, par rapport aux puissances de cette lettre a; c'est pourquoi aussi le terme $24a^5$, produit du premier terme du multiplicande par le premier terme du multiplicateur, ne peut se réduire avec aucun autre terme et devient le premier terme du produit total.

Si l'on cessait de considérer le premier terme du multiplicateur et qu'on supprimât le produit obtenu avec ce terme, le produit total ne se composerait plus que de deux produits partiels, et le terme $-12a^4$ jouirait alors de la propriété qui vient d'être démontrée pour le terme $24a^5$.

2. Règle pour la division de deux polynômes. — Cas général. — *Pour diviser deux polynômes l'un par l'autre :*

1° *On ordonne les deux polynômes par rapport aux puissances décroissantes d'une même lettre;*

2° *On divise le premier terme du dividende par le premier terme du diviseur, en observant, quant aux signes, que des signes semblables au dividende et au diviseur donnent au quotient le signe* +, *et que des signes contraires donnent au quotient le signe* — : *on obtient ainsi le premier terme du quotient;*

3° *On multiplie tout le diviseur par ce premier terme du quotient; on retranche le produit du dividende, en faisant s'il y a lieu la réduction des termes semblables et rangeant tous les termes suivant les puissances décroissantes de la lettre ordonnatrice;*

4° *Ce reste est un nouveau dividende dont on divise le premier terme par le premier terme du diviseur : cette division étant effectuée comme tout à l'heure, on a ainsi le second terme du quotient; on multiplie tout le diviseur par ce second terme du quotient, on retranche le produit du reste qu'on vient de diviser et l'on a ainsi un nouveau reste;*

5° *On poursuit de même l'opération sur ce reste comme dividende, jusqu'à ce qu'on obtienne zéro pour reste, ou jusqu'à ce qu'on parvienne à un reste dont le premier terme ne puisse être divisé par le premier terme du diviseur. Dans ce second cas, on écrit, comme en arithmétique, à la suite du quotient obtenu jusque-là, une fraction à laquelle on donne pour numérateur le reste et pour dénominateur tout le diviseur.*

3. Exemples.— 1er Ex. Soit à diviser $37a^3 - 23a^2 + 24a^5 + 4a - 42a^4$ par $a + 4a^3 - 5a^2$.

Le dividende et le diviseur étant ordonnés, on dispose ainsi l'opération :

$$
\begin{array}{rl|l}
 & \text{Dividende.} & \text{Diviseur.} \\
 & 24a^5 - 42a^4 + 37a^3 - 23a^2 + 4a & 4a^3 - 5a^2 + a \\
 & 24a^5 - 30a^4 + 6a^3 & \overline{6a^2 - 3a + 4} \\
\hline
\text{1}^{\text{er}}\text{ reste réduit} & -12a^4 + 31a^3 - 23a^2 + 4a & \text{Quotient.} \\
 & -12a^4 + 15a^3 - 3a^2 & \\
\hline
\text{2}^{\text{e}}\text{ reste réduit} & 16a^3 - 20a^2 + 4a & \\
 & 16a^3 - 20a^2 + 4a & \\
\hline
\text{3}^{\text{e}}\text{ reste} & 0 &
\end{array}
$$

Remarque. — Sachant d'avance que le premier terme de chaque produit se réduit avec le premier de chaque dividende partiel, on peut se dispenser d'écrire ce terme ; de plus, dans chaque division partielle, on fait ensemble la multiplication et la soustraction, en changeant le signe de chaque terme du produit à mesure qu'on l'obtient. Voici la division précédente ainsi abrégée :

$$
\begin{array}{r|l}
24a^5 - 42a^4 + 37a^3 - 23a^2 + 4a & 4a^3 - 5a^2 + a \\
+ 30a^4 - 6a^3 & \overline{6a^2 - 3a + 4} \\
\hline
-12a^4 + 31a^3 - 23a^2 + 4a & \\
-15a^3 + 3a^2 & \\
\hline
16a^3 - 20a^2 + 4a & \\
+ 20a^2 - 4a & \\
\hline
0 &
\end{array}
$$

Nous abrégerons de suite les divisions suivantes :

2e Ex.

$$
\begin{array}{r|l}
-a^3 + 2ab^2 - b^3 & -a + b \\
-a^2b & \overline{a^2 + ab - b^2} \\
\hline
-a^2b + 2ab^2 - b^3 & \\
-ab^2 & \\
\hline
+ab^2 - b^3 & \\
+b^3 & \\
\hline
0 &
\end{array}
$$

$$
\begin{array}{l|l}
ax^3 - x^2 - a^2x + 2a & ax - 1 \\
\quad + x^2 & x^2 - a + \dfrac{a}{ax-1} \\
\hline
\quad - a^2x + 2a & \\
\qquad - a & \\
\hline
\qquad a &
\end{array}
$$

3ᵉ Ex.

4. Démonstration. — On se rend facilement compte de la règle précédente en se reportant à l'exemple de multiplication du nº 1 ci-dessus, où le produit et l'un des facteurs sont le dividende et le diviseur du 1ᵉʳ exemple de division du nº 3. Puisque, d'après notre remarque préliminaire, le premier terme du produit total (*dividende*) est le produit du premier terme du multiplicande (*diviseur*) par le premier du multiplicateur (*quotient*), il est évident qu'en divisant le premier terme du dividende par le premier du diviseur on devra avoir le premier du quotient. On détermine d'ailleurs le signe du quotient dans cette division de la manière indiquée dans la règle, parce que, en faisant ainsi seulement, le terme diviseur multiplié par le terme quotient pourra reproduire le terme dividende, comme l'exige la définition de la division : on peut vérifier sur les différents exemples du nº 3. — Le premier produit partiel de la multiplication étant ensuite retranché du produit total (dividende), on a un nouveau dividende, au premier terme duquel, d'après les dernières lignes de la remarque du nº 1, on peut appliquer les mêmes observations qu'au premier terme du dividende total.

5. Cas particulier de la division, où la lettre ordonnatrice entre avec le même exposant dans plusieurs termes. — Quand la lettre ordonnatrice se trouve avoir le même exposant dans plusieurs termes, soit du dividende, soit du diviseur, on peut écrire ces termes à la suite les uns des autres, en les ordonnant entre eux par rapport aux puissances décroissantes d'une autre lettre ; on fait ensuite la division comme à l'ordinaire, en ayant soin d'ordonner chaque reste comme on a ordonné le dividende et le diviseur.

Exemple : $b^2x^2 - 2abx^2 + a^2x^2 - ab - b^2x - a^2x$ à diviser par $ax - a - bx$.

On ordonne d'abord les termes, au dividende et au diviseur, par rapport à la lettre x. Puis on ordonne les trois termes qui renferment x^2 par rapport à la lettre a; on range de la même manière entre eux les termes qui renferment x. On a ainsi :

$$\begin{array}{l|l} a^2x^2 - 2abx^2 + b^2x^2 - a^2x - b^2x - ab & ax - bx - a \\ \quad + abx^2 + a^2x & \overline{ax - bx + a} \\ \hline \quad - abx^2 + b^2x^2 - b^2x - ab & \\ \qquad - b^2x^2 - abx & \\ \hline \qquad\quad - abx - b^2x - ab & \\ \qquad\qquad + b^2x + ab & \\ \hline \qquad\qquad\quad 0 & \end{array}$$

Exercices.

1. Diviser le produit de chacun des exemples 4, 5, 6, 8 du n° 103, p. 42, par l'un des facteurs de chaque produit. (Voy. 1er et 2e ex. du n° 3 ci-dessus.)

2. Diviser le dividende du 1er et du 2e ex. du n° 3 ci-dessus par le quotient.

3. Diviser le dividende de l'exemple du n° 5, par le quotient.

4. $\dfrac{10x^5 - 2x^4 - 15x^3 + 23x^2 - 4x}{5x^2 - x}$; $\dfrac{8x^4 + 20x^2 - 16x^3 - 17x + 5}{4x^2 - 2x + 5}$;

$$\frac{22a^4b^2 - 8a^5b^3 + a^2 - 9a^3b}{5a^2b - a - 2a^3b^2}.$$

5. $\dfrac{x^2 - a^2}{x - a}$; $\dfrac{x^3 - a^3}{x - a}$; $\dfrac{x^4 - a^4}{x - a}$; $\dfrac{x^5 - a^5}{x - a}$; $\dfrac{9 - a^4}{-a^2 + 3}$.

6. $\dfrac{2ab + a^2 + 3b^2}{a + b}$; $\dfrac{a^2 - 2b^2}{a - b}$. (Divis. avec reste, voy. 3e ex.)

7. $\dfrac{ax^5 - ax^4 - bx^4 + bx^3 + 4cx^3 - 4cx^2}{x^3 - x^2}$; $\dfrac{-ax^3 + ax + a^3x^3 - x}{-x + ax}$;

$$\frac{a^4b + 2a^5b^2 - a^3b^2 + a^3b - a^5b^3 - a^5b + a^2 - a^4}{a^3b - a^3b^2 + a^2}.\ \text{(N°5)}$$

II. Application des équations du second degré a quelques problèmes de géométrie plane.

A la suite du problème du n° 401, p. 307, on peut ajouter ceux-ci :

6. *Deuxième problème.* — Diviser une ligne en moyenne et extrême raison, c'est-à-dire la partager de manière que l'un des segments soit moyen proportionnel entre la ligne entière et l'autre segment.

Solution. — En désignant la ligne entière par a, et le segment inconnu par x, l'autre segment sera $a-x$, et l'on aura l'équation $\frac{a}{x}=\frac{x}{a-x}$, d'où $x=-\frac{1}{2}a \pm \sqrt{a^2+\frac{1}{4}a^2}$.

La solution négative de cette équation indique un point situé sur la ligne prolongée, et jouissant de cette propriété que sa distance à l'extrémité qui est de son côté, est moyenne proportionnelle entre la ligne entière et sa distance à l'autre extrémité. Elle répond directement, comme la solution positive, à un problème général ainsi formulé : *Trouver sur une droite* AB, *qu'on suppose prolongée indéfiniment, un point* E, *tel que sa distance* AE *au point* A *soit moyenne proportionnelle entre sa distance* BE *à l'autre extrémité* B *et la ligne entière* AB. On peut se servir, pour l'intelligence de cet énoncé, de la figure de la page 190 où l'on supposera un instant la lettre E à la place de R″, et E′ à la place de R′. La solution positive de notre équation désignera alors un point E situé à droite de A, et entre A et B, comme R″, et la solution négative marquera un point E′ situé à gauche de A, comme R′.

7. *Troisième problème.* — Diviser une *ligne* en deux parties, de manière que leur *rectangle* soit égal à une grandeur donnée.

Solution. — Ce problème est semblable à celui-ci : *Partager un* NOMBRE *en deux parties telles que leur produit égale un nombre donné*; il se mettra en équation, de la même manière. (*Voy.* ex. VIII, p. 240).

On pourra de même appliquer à des lignes les énoncés et les solutions des exercices 59 à 63 du chap. IX, p. 248.

TABLE ALPHABÉTIQUE

DES TERMES DE MATHÉMATIQUES EXPLIQUÉS DANS L'OUVRAGE.

TABLE GÉNÉRALE DES MATIÈRES

AVEC

RENVOIS AUX NUMÉROS DES PARAGRAPHES ET AUX PAGES

CHAPITRE PREMIER.

Des signes algébriques. Interprétation et usage des formules. Définitions préliminaires.

CHAPITRE II.

Opérations fondamentales de l'algèbre.

VI. — *Opérations sur les fractions algébriques.*

CHAPITRE III.

Des équations en général. — Leurs transformations.

CHAPITRE IV.

Résolution des équations numériques et littérales du premier degré à une inconnue.

CHAPITRE V.

Résolution des problèmes du premier degré à une inconnue.

CHAPITRE VI.

Équations et problèmes du premier degré à plusieurs inconnues.

CHAPITRE VII.

Examen de diverses solutions auxquelles peuvent donner lieu les problèmes. Calcul des quantités négatives.

CHAPITRE VIII.

CHAPITRE IX.

Equations et problèmes du second degré. Cas très-simple du troisième degré. Notions sur les puissances et les racines de tous les degrés.

CHAPITRE X.

Rapports, proportions et progressions.

I. — Rapports et proportions.

CHAPITRE XII.

CHAPITRE SUPPLÉMENTAIRE.

Histoire de l'algèbre.

FIN DE LA TABLE GÉNÉRALE DES MATIÈRES.

Paris. — Imprimerie P.-A. BOURDIER et Cie, rue des Poitevins, 6.

COURS ÉLÉMENTAIRE DE COSMOGRAPHIE

A L'USAGE

DES ÉTABLISSEMENTS D'INSTRUCTION PUBLIQUE

PAR

L'ABBÉ CH. MENUGE

Professeur de sciences mathématiques et physiques
au petit séminaire de Saint-Gaultier

Un beau volume format Charpentier

ORNÉ D'UN GRAND NOMBRE DE FIGURES DANS LE TEXTE ET D'UNE CARTE CÉLESTE GRAVÉE SUR ACIER

Broché ou cartonné : 2 fr. 50

On est prié d'indiquer si l'on désire l'ouvrage broché ou cartonné ; il sera expédié broché, à moins d'indication contraire.

Le plan général de ce livre, la nature et la disposition de ses différentes parties annoncent chez l'auteur la pensée de donner un enseignement à la fois solide, facile, intéressant. S'adressant surtout aux élèves pour qui les sciences ne sont pas une spécialité, il a simplifié, autant que possible, les questions, et écarté certains détails d'une moindre importance; mais s'il a voulu ainsi abréger le travail et faciliter l'étude, ce n'est point, comme l'ont fait d'autres auteurs, en restreignant ses leçons à des notions superficielles et sans portée.

Pour être au niveau des autres parties de l'enseignement dans les séminaires et les colléges catholiques, un cours de Cosmographie doit, en effet, par la force des démonstrations et la hauteur des vues, se montrer digne de son objet, et comprendre par conséquemt, avec des explications convenablement étendues, ce qu'il y a de fondamental en astronomie.

L'auteur traite donc avec un soin particulier des lois et des faits importants qui, au point de vue théorique, résument toute l'astronomie. Il s'attache aussi à dire tout ce qu'il faut sur des sujets d'un autre ordre : ceux qui par leur côté pratique excitent justement l'intérêt, la curiosité, nous voulons parler des principales applications de la science aux besoins de la vie : la *mesure des latitudes et des longitudes géographiques*, le *calendrier civil et ecclésiastique,* le *temps vrai et le temps moyen,* les *cadrans solaires,* etc. Un dernier chapitre contient l'Histoire de l'Astronomie : c'est le complément indispensable d'une étude sérieuse des principes de la science, et l'on s'étonne qu'il manque généralement dans les auteurs classiques.

Ce qui frappe d'ailleurs dans l'ouvrage que nous annonçons, c'est que, loin d'être composé, comme une sorte de manuel, d'une série plus ou moins aride et monotone de réponses à un questionnaire ou programme d'examen, il est d'un bout à l'autre le développement soutenu d'une grande idée, et l'expression digne et convaincue du sentiment que cette idée éveille dans l'âme : nulle part le *Cœli enarrant gloriam Dei* n'est commenté avec autant de vérité et de profondeur. Les matières, distribuées en trente chapitres dans un ordre qui en rend l'étude plus intéressante, sont à la fin rassemblées sous un vaste aperçu qui transporte tous les phénomènes du monde solaire dans le monde des étoiles fixes et amène la conclusion philosophique du cours; cette conclusion est comme le couronnement d'une suite de réflexions « d'un caractère philosophique et religieux, » pleines de sens, lesquelles tempèrent l'austérité de la science et reposent agréablement l'esprit du lecteur.

Une grande clarté, une méthode parfaite, une forme soignée, s'unissent à la solidité du fond, au choix convenable des détails, au bon goût des réflexions, pour recommander ce cours de cosmographie à l'attention toute particulière de MM. les professeurs. Les jeunes élèves qui cultivent spécialement les belles-lettres trouveront dans ce livre de science un ensemble de mérites qui le leur fera étudier sans fatigue, sans dégoût, avec plaisir même, par conséquent avec fruit. En dehors des agréments d'un style qui évite la sécheresse ordinaire des ouvrages de ce genre, il n'est pas jusqu'aux *étymologies*, indiquées avec soin, qui ne doivent contribuer ici à plaire aux élèves en leur faisant accepter comme des mots d'une langue connue et familière certains termes scientifiques qu'ils trouveraient sans cela étranges et barbares, et qu'ils retiendraient plus difficilement s'ils n'en savaient pas l'origine.

Mais nous ne devons pas omettre surtout de signaler, au point de vue de la méthode générale suivie par l'auteur, des *résumés* très-bien faits, qui serviront, dès la première lecture du cours, à fixer les notions d'une manière nette et précise dans la mémoire, et qui, devant faciliter ensuite les révisions, empêcheront l'oubli des connaissances acquises. A la fin de chaque alinéa de ces résumés, des numéros renvoient, pour les explications, aux numéros correspondants du texte principal. Enfin on reconnaîtra la commodité qui résulte pour le lecteur d'une table alphabétique des termes de cosmographie, à laquelle s'ajoute une table très-détaillée des matières.

Nous sommes convaincu que l'ouvrage de M. l'abbé Menuge encouragera l'introduction ou même l'extension de l'enseignement de la cosmographie là où il serait encore oublié ou négligé. Si la physique, par ses données pratiques et comme science expérimentale, a pris un rang distingué dans les programmes de toutes les maisons d'éducation, l'astronomie, enseignée comme elle l'est ici, avec ses généralisations sublimes et comme science hautement spéculative, ne mérite pas moins la faveur des élèves et des maîtres. Dans les petits séminaires particulièrement et dans les colléges catholiques, répétons-le, on appréciera l'avantage d'avoir un traité élémentaire qui, tout en étant « clair, méthodique, bien écrit, » montre toutes les richesses et toute la beauté de cette science à un point de vue autre que celui de la pure matière, et qui aide le professeur dans la tâche d'intéresser sérieusement les esprits en imprimant en eux des traces solides d'un enseignement qui élève et agrandit les idées, et publie si bien le nom et la gloire de Dieu.

(*Le Monde.*)

Pour se conformer au nouveau programme officiel de Cosmographie, commun aux élèves du Cours normal d'humanités et de la classe de mathématiques élémentaires, l'auteur ajoutera à l'article des cartes géographiques quelques *Notions sur les divers systèmes de projections*. Les quelques pages qui contiendront ces notions seront envoyées gratuitement aux personnes qui, ayant d'avance le Cours de M. l'abbé Menuge, réclameront ce très-court *Appendice* par une lettre affranchie. Rien ne manquera donc à cet ouvrage, si bien connu et apprécié du public, pour répondre complétement, *suivant les programmes de la prochaine année scolaire*, aux besoins de l'enseignement dans les lycées et les colléges, comme dans les séminaires et les institutions libres.

Paris. — Imprimerie de P.-A. BOURDIER et Ce, rue des Poitevins, 6.

MANUEL
DE LA
TRADUCTION
OU
COURS THÉORIQUE ET PRATIQUE
DE LA VERSION GRECQUE ET LATINE
SUIVI
D'ÉTUDES CRITIQUES SUR DIVERSES TRADUCTIONS
A L'USAGE
DES CLASSES SUPÉRIEURES ET DES ASPIRANTS AU BACCALAURÉAT

PAR

L'ABBÉ J. VERNIOLLES

CHANOINE HONORAIRE DE TULLE, SUPÉRIEUR DU PETIT SÉMINAIRE
DE SERVIÈRES

1 vol. in-12, cart. : 2 fr. 25.

L'importance de la traduction est aujourd'hui bien reconnue de tous ceux qui veulent de fortes et solides études classiques. Nous avons pu nous en convaincre par les suffrages publics et les adhésions particulières que notre *Essai sur la Traduction* a reçus de toutes parts, il y aura bientôt deux années.

Aussitôt après la publication de ce livre, des autorités respectables et des juges très-expérimentés nous ont conseillé de composer un Manuel qui pût servir de guide aux élèves dans le difficile travail de la traduction. Quelques professeurs nous ont même appris qu'ils dictaient à leurs élèves la partie élémentaire de notre ouvrage, et ils nous engageaient à publier séparement les règles et les conseils pratiques dont ils faisaient une application journalière dans leurs classes. Nous n'avons pas voulu céder trop vite à ces instances si honorables pour nous. Au lieu de donner simplement à nos collègues un extrait de notre premier ouvrage, nous avons fait des recherches plus approfondies ; nous avons puisé à des sources nouvelles ; nous avons expliqué et complété beaucoup de préceptes qui étaient seulement indiqués dans l'*Essai sur la Traduction*. Dans notre travail antérieur, nous nous adressions à des maîtres, et peu de mots pouvaient nous suffire pour être compris sur certaines questions. Mais ici nous avons écrit pour des écoliers, et nous avons cherché, par-dessus tout, à bien définir et à bien diviser, à préciser nettement notre pensée, à la rendre sensible par des exemples et des modèles.

Nous avons divisé notre *Manuel* en deux parties. Dans la première, nous donnons les règles et les procédés que doit connaître un élève pour résoudre les principales difficultés qui se présentent dans la traduction. Cette première partie, qui embrasse l'interprétation du sens et la traduction proprement dite, doit être étudiée soigneusement et apprise de mémoire. Ceux qui connaissent notre *Essai* verront aisément que les principes généraux que nous avions déjà posés ont reçu des développements considérables. La seconde partie est destinée à être lue par les élèves, ou mieux encore à devenir un sujet d'études intéressantes sous la direction du maître. Elle nous a paru un complément nécessaire de la théorie qui est exposée dans la première moitié de cet ouvrage, et nous espérons qu'elle sera utile aux professeurs qui veulent exercer le jugement et le goût de leurs élèves.

Ce qui donne à notre travail un caractère de nouveauté et aussi d'utilité plus générale, c'est que nos exercices, nos préceptes et nos exemples embrassent les deux langues classiques. Nous voulons que les élèves s'appliquent à comprendre et à bien traduire les auteurs grecs comme les auteurs latins. Jusqu'ici, ce nous semble, on a eu trop exclusivement en vue l'épreuve du baccalauréat, et on n'avait guère publié que des Manuels de la version latine.

(*Extrait de la Préface.*)

Paris. — Imprimerie de P.-A. BOURDIER et Cie, 6, rue des Poitevins.

A LA MÊME LIBRAIRIE

NOUVEAU COURS PRATIQUE DE LANGUE ANGLAISE, à l'usage des Lycées Impériaux, des colléges, des écoles professionnelles et autres maisons d'éducation, par Charles Jabœuf, agrégé d'anglais, chargé de cours d'un Lycée Impérial, 1 vol. in-8 cart. 2 fr.

NOUVEAU COURS GRADUÉ DE THÈMES ET DE SUJETS DE COMPOSITIONS, avec vocabulaires, pouvant s'appliquer à toutes les grammaires anglaises, suivi d'un appendice donnant l'explication des abréviations commerciales et la valeur relative des monnaies françaises, anglaises et allemandes; par le même. 1 volume in-8, cart. 2 fr.

NOUVELLE MÉTHODE PRATIQUE ET FACILE POUR APPRENDRE LA LANGUE LATINE, rédigée d'après Seidenstüker; par A. Merfeld, docteur en philosophie, professeur au Lycée Impérial de Nîmes, membre de la Société grammaticale de Paris, auteur de l'*Étude comparée de la langue anglaise.* 1 vol. in-12, cart. 3 fr.

EXERCICES MÉTHODIQUES DE VERSION LATINE, contenant trois cents extraits des auteurs latins, du siècle d'Auguste au cinquième siècle de l'ère chrétienne, précédés de conseils pour la traduction, à l'usage des aspirants au baccalauréat et aux écoles spéciales, par J. Monnier, agrégé des classes supérieures.

Première partie. *Textes*, 1 vol. in-12. 2 fr.

Deuxième partie. *Traductions*, avec commentaires historiques, géographiques et littéraires. 1 vol. in-12. 2 fr. 50

« Ces versions, disposées de manière à graduer les difficultés, ont pour résultat d'amener l'élève, par des exercices proportionnés à ses progrès et à ses forces, à surmonter facilement les obstacles du sens et de la traduction réunis à dessein dans les textes. Des notices littéraires sur les différents auteurs attirent aussi l'attention des élèves sur les qualités et les défauts du style, et la valeur de ces écrivains, et les préparent utilement à des notions plus développées sur la littérature. Des notes historiques et géographiques viennent compléter ces notions nécessaires que le professeur doit toujours chercher à faire sortir de son enseignement principal, et qui sont d'autant plus utiles qu'elles servent en même temps de délassement aux autres travaux de la classe.

« M. Monnier a cru devoir présenter aussi quelques conseils aux élèves sur la manière de traduire et de faire les versions. Rien de plus commun et de plus banal que ces avis, espèce de préface obligée de tous les ouvrages du même genre; mais l'auteur, auquel la pratique et l'expérience des classes semblent avoir donné l'habitude et l'usage de tout ce qui convient aux élèves, est sorti des généralités pour entrer dans l'application des règles et des procédés qui peuvent être l'objet d'une définition, et qui rendent la traduction plus facile et plus élégante. » (*Journal général de l'Instruction publique.*)

LA CLEF DU JARDIN DES RACINES GRECQUES, à l'usage des classes élémentaires, par un professeur de petit séminaire. 1 vol. in-12 cart. 1 fr. 25

Paris. — Imprimerie de P.-A. Bourdier et Cᵉ, 6, rue des Poitevins.

www.ingramcontent.com/pod-product-compliance
Ingram Content Group UK Ltd.
Pitfield, Milton Keynes, MK11 3LW, UK
UKHW022006170726
13837UKWH00001B/12

9 782019 999001